建筑消防工程施工研究

李　峰　刘忠瑞　欧阳俊　主编

图书在版编目（CIP）数据

建筑消防工程施工研究 / 李峰, 刘忠瑞, 欧阳俊主编. -- 哈尔滨 : 哈尔滨出版社, 2023.1
ISBN 978-7-5484-6830-1

Ⅰ. ①建… Ⅱ. ①李… ②刘… ③欧… Ⅲ. ①建筑物—消防—工程施工—研究 Ⅳ. ①TU998.1-

中国版本图书馆CIP数据核字(2022)第196985号

书　　名：建筑消防工程施工研究
JIANZHU XIAOFANG GONGCHENG SHIGONG YANJIU

作　　者：李　峰　刘忠瑞　欧阳俊　主编
责任编辑：赵海燕
封面设计：文　亮

出版发行：哈尔滨出版社（Harbin Publishing House）
社　　址：哈尔滨市香坊区泰山路82-9 号　　邮编：150090
经　　销：全国新华书店
印　　刷：北京宝莲鸿图科技有限公司
网　　址：www.hrbcbs.com
E - mail：hrbcbs@yeah.net
编辑版权热线：（0451）87900271　87900272

开　　本：787mm × 1092mm　1/16　印张：13.5　字数：300千字
版　　次：2023年1月第1版
印　　次：2023年1月第1次印刷
书　　号：ISBN 978-7-5484-6830-1
定　　价：68.00元

凡购本社图书发现印装错误，请与本社印制部联系调换。
服务热线：（0451）87900279

前　言

21 世纪以来，我国建筑行业的发展突飞猛进，建筑水平不断提高。建筑工程无论是在结构还是在规模上都发生着巨大的变化，特别是现在进入智能化时代，促使建筑工程不断往智能化方向发展，大量使用无人值守自动操控电气设备的情况也越来越多，如此一来，建筑物一旦发生火灾，火场面积会在短时间内迅速扩大，火情很难得到控制，必将造成巨大的经济损失，甚至人员伤亡。因此，在城市化的建设进程中，为了消除建筑物的先天性火灾隐患，不仅建筑工程的消防设计要达标，保证建筑消防工程的施工质量更是重中之重。对此，在建筑消防工程的施工管理中，一定要提高对消防工程施工的重视程度，多加强与其他施工环节之间的协调、配合，增强安全意识、质量意识和管理意识，确保各项消防施工技术标准和管理措施的有效贯彻与落实。

本书分为八个章节，从多个角度对建筑消防工程进行了详细的分析与阐述，对其中存在的各种问题提出了相应的建议以及改进措施和方法，从而为中国建筑消防工程发展贡献一份力量。

目　录

第一章　建筑消防相关知识

第一节　火灾基础知识

随着社会经济的持续健康增长，人们的安全思想意识逐渐转变，对于消防安全给予了更多的关注。全面了解和分析消防技术，认识灭火原理和灭火方法的各方面情况，能够为有效开展相应的消防安全防护工作，从源头上增强人们的消防意识和消防能力，提供良好的前提条件。对消防技术中灭火原理和灭火方法进行分析和研究，能够促进消防技术朝着更为科学化、合理化的方向发展，并能在一定程度上保障广大人民群众的生命财产安全，保障国家的基础设施安全。

一、消防技术中灭火原理分析

易燃物、温度达到燃点、存在氧气是火灾形成的三个必要条件，可以以此着手，分析消防技术中的灭火原理。

（一）降低温度

在开展消防工作的过程中，控制火势，防止火灾蔓延至关重要，而燃点则与其息息相关。一般来说，建筑材料和化学物质原料有着较高的燃点，在灭火的过程中，降低火灾现场温度能够将可燃物品表面温度控制在燃点以下，从而实现灭火和控制火势的目的。低温灭火原理虽然对消防技术有着较高的要求，但其不会威胁消防人员生命，以此原理来研究灭火方法有着积极的意义和重要的价值。

（二）隔离易燃物

火灾现场往往火势蔓延迅速，现场环境复杂，往往难以深入火灾现场降低可燃物温度，此时可以利用隔离易燃物的原理，通过阻断可燃物来实现灭火，阻止火势蔓延。

（三）降低氧气浓度

氧气是助燃剂，是成火的必要条件，充足的氧气会扩大火势，因此可以通过降低氧气浓度的方式来灭火，及时控制火势，逐步缩小火灾规模。但需要注意的是，如果火灾环境中氧气极度缺失很可能会出现夺氧反应而引发爆炸，因此需要合理地控制温度。

二、消防技术中灭火方法分析

消防工作越来越受到社会公众的广泛关注，积极采用切实有效的灭火方法，全面分析火灾点的实际情况，积极寻找到最为有效的方式，力求在最短时间内控制火情。消防技术中，最为关键的是全面阻碍各个环节的燃烧点，这需要根据具体情况进行具体分析，实际的灭火行动过程中，可以采用一种或者多种方法交叉灭火，这样才能够起到良好的效果。

（一）有效控制空气中氧气含量的窒息法

物体在燃烧过程中，氧气含量是一个十分重要的因素，研究实践表明，空气中的氧气含量占 21% 左右，通常情况下，当氧气浓度低于这个标准的时候，就会出现氧气不足影响燃烧的情况。因而在开展消防工作的过程中，需要积极采用有效方式针对空气中的氧气含量进行有效控制，窒息法就是这样一种减少氧气含量的方法。窒息法在实际应用的过程中，针对一系列主要含氧物体的含氧度和燃点进行全面确立和关注，具体到各项物质，即汽油、乙醇、煤油、乙醚、橡胶屑、棉花等，在减少这类物质的含氧度的时候，能够将这些物质燃烧的可能性进行有效控制，从而实现降低可燃物氧气消耗的情况，这样才可以有效开展灭火工作。需要注意的是，在实际应用窒息法的过程中，还能够充分利用二氧化氮、氮气等惰性气体稀释好空气中的含氧量，通过稀释手段，物体的燃烧在氧气稀薄的条件下无法得到有效持续，从而达到消防技术中的熄灭燃烧的目的。

（二）有效隔离可燃物和空气的隔离法

采用隔离法开展灭火工作，在日常消防工作之中十分常见，这种方法的工作原理是将可燃物和空气进行有效隔离，减少可燃物接触空气氧气的可能性，这主要是因为氧气本身具有较强的助燃作用，当氧气较为充分的时候，会促进可燃物的燃烧，从而扩大火情，增加火灾风险。隔离法在实际应用的过程中，能够针对物体的燃烧条件进行有效阻断，通常情况下，这种方法主要使用了石墨粉或者灭火泡沫等，这些物质能够直接阻断燃烧物和助燃物之间的良好联系。当燃烧物体无法直接接触空气的时候，火灾的燃烧缺少了必要支撑条件，自然也就难以继续有效燃烧，这就达到了短时间内灭火的重要目的，因而隔离法在众多的火灾事故中都能够产生积极效果。并且隔离法利用的物质较为简单，降低了消防成本，灭火所需要的时间较短，具体的灭火步骤较少，在实际生活中的应用范围较广。

（三）有效降低燃烧物温度的冷却法

温度在物体燃烧过程中，也是十分重要的一个因素。在开展消防工作的过程中，这种降低燃烧物质自身温度的冷却法，同样是十分常见的一种灭火方法，同时也是人们在面对火灾事故时候最容易想到和采用的方式之一。全面分析冷却法，能够发现，其灭火原理主要是将燃烧物体的燃烧温度尽可能地降低，使得燃烧物体无法满足燃点的要求，燃点和温度之间具有极其密切的关系，当温度达到一定程度之后，物体才会出现燃烧情况。冷却法的应用，就是有效阻断了物体外部的热源，使得物体无法有效正常燃烧，从而实现灭火的重要目的。采用冷却法进行灭火工作，需要充分利用消防水枪，将具有冷却效果的水直接喷射到正在燃烧的物体上，这样在一段时间之后，物体自身的温度就能够得到有效降低，无法满足燃点的需求，从而实现灭火目的。将燃烧物体和冷却物质进行有效接触，是一种较为简便直接的方法，在实际灭火工作中的应用程度较高，其能够对固体可燃物所引起的火灾进行有效控制，使可燃物质无法继续燃烧。

（四）有效抑制燃烧连锁反应的化学抑制法

化学抑制法，在实际开展灭火工作过程中，能发挥十分积极的作用，其需要充分借助一些化学手段，主要的灭火原理是，对有焰燃烧中的燃烧链进行有效控制，从而实现最终灭火目的。在采用化学抑制法的过程中，首先，需要针对燃烧物体中的氢含量情况进行全面考察，这主要是因为氢是促使可燃烧物质进行持续燃烧的重要物质，尤其是在一些碳氢化合物的燃烧火焰中，采用一些干粉灭火剂或者卤代烷灭火剂粉粒进行灭火，能够在最短时间内控制火情，实现高效率灭火目的。根据国内消防工作技术的实际应用情况来说，化学抑制法在实际火灾控制工作的实际应用中，能够有效发挥抑制火情的作用，是最为有效的灭火方式，近些年来，在消防工作中的应用程度逐渐提升。

三、采用消防技术中灭火方法需要注意的事项

采用灭火方法进行控制火情的时候，需要注意到以下几个方面：首先，需要针对着火区域的周围环境进行全面细致的分析，看其周围是否存在着一些不安全物质，尤其是可能引发爆炸、爆燃的物质，这时候是无法采用窒息法的，需要将着火区域中的门窗完全打开，及时采用冷却法开展灭火操作，这主要是因为在窒息法的作用下，密闭空间可能会引发爆炸。当火灾发生之后，救援人员需要及时准确地判断出周围环境的实际情况，寻找到最为有效的灭火方法，并采用科学措施有效控制好火情，减少火灾的蔓延，力争在较短时间内，实现灭火目的。其次，当燃烧的区域周围存在着一些化学物质的时候，就不能采用氮气或者二氧化碳进行灭火，针对原因进行分析，能够发现化学物质本身存在着较强的金属性质，当火情发生之后，再采用一些氮气或者二氧化碳的话，金属物质将会发生一定的化学反应，不仅达不到灭火的目的，相反还可能会加快可燃物体的燃烧速度。再者，泡沫灭火剂在实际应用的过程中，同样需要充分考量到火灾的发生条件，注意避开一些水性物质的燃烧情况，这是因为泡沫灭火剂之中含有大量的水分，一旦采用这种方式针对水性物质进行灭火，将有可能导致爆炸情况出现，影响到救援工作的顺利进行，同时还会给救援人员以及被困人员带来生命威胁。

总之，消防工作在当前社会中受到的关注度逐渐提升，尤其是城市化发展进程加快，高层建筑建设数量增多，一旦发生火灾，得不到有效的灭火处理，后果将不堪设想。在开展消防工作的过程中，需要针对消防技术的工作原理和灭火方法进行全面细致的分析和研

究，为实际生活中开展切实有效的灭火工作提供良好的前提条件。想要有效提升灭火效率，减少火灾损失，需要针对燃烧区域的火势情形等方面进行全面分析，从实际情况出发，选择科学合理的灭火途径，这样将能最大限度地在较短时间内控制火情，降低损失。

第二节　建筑消防设施的基本知识

在社会经济和城市现代化水平不断提高的背景下，我国建筑事业获得突飞猛进的发展，尤其是高层建筑的数量及规模不断扩大，受建筑结构复杂、装修形式多样等因素影响，火灾事故发生的概率逐渐增大。为保障建筑物稳定和安全，就要做好建筑消防设施设置工作，并对建筑消防设施实施全面、系统管理，在降低火灾发生概率的同时，使建筑消防设施防火分隔、火灾自动报警、应急照明等作用得到充分发挥，并将火灾造成的影响控制在一定范围内。基于此，笔者在下文中对建筑消防设施的分类、作用管理中存在的问题及管理策略展开分析和探讨。

一、建筑消防设施的作用

建筑消防设施是现代建筑中的重要构成部分，需要结合建筑实际规模、使用性质等，对相应类别及功能的消防设施进行科学合理设置，在保障建筑物使用安全的同时，及时发现潜在火灾隐患，即便是已经发生火灾事故，也能通过消防设施的有效运用，对火灾蔓延范围进行限制，并及时疏散人群至安全地带，将火灾影响及造成损失控制在最小。对建筑消防设施的作用进行总结，大致表现为：防火分隔、火灾监控、防烟排烟、安全疏散、应急照明、自动报警、消防电源保障等。

二、建筑消防设施的分类

随着现代建筑事业不断发展，建筑消防设施也日益完善，并且体现出较为明显的种类多、功能全、应用普遍等特征，这里我们从建筑消防设施的使用功能入手对其进行分类，主要包含：（1）防火分隔设施，通过防火分隔设施可以在较短的时间内，将火灾态势控制在一定范围以内，防止其肆虐到其他区域，造成更为严重的影响，对火灾有效控制和处理也非常不利，比较常运用的防火分隔设施主要有防火门窗、防火阀、防火隔墙等；（2）消防给水设施，作为建筑消防给水系统的重要组成部分，除了可以为消防给水系统提供充足水量和水压以外，还能够确保供水稳定性和安全性，常用消防给水设施有消防水箱、消防水泵接合器、消防供水管道等；（3）安全疏散设施，通过安全疏散设施发挥作用，可以在火灾事故发生时引导人群安全、快速疏散，常见设施包含疏散楼梯、消防应急照明、安全指示标志、安全出口等；（4）防烟排烟设施，在建筑防烟排烟设施中包含机械加压送风和开启外窗自然排烟两种类型，并且主要是由防火阀、送排风管道、送排风机等构成；（5）消防供配电设施，消防供配电设施是消防电源到消防用电最为关键的环节，直接影响到最终火灾防控效果，需要引起重视，常见设施有消防电源、消防线路、配电装置等；（6）火灾自动报警，通过该系统可以实现火灾发生前有效监控，实践中可以利用火灾探测器，将燃烧产生的热量、烟雾等用电信号表现出来，以指导人员及时采取措施进行火灾防控；（7）自动喷水灭火，该系统主要是由报警阀组、压力开关、洒水喷头等构成，在火灾发生以后，自动喷水系统可以自觉做出响应进行喷水灭火；（8）水喷雾灭火系统，这种灭火系统电绝缘和灭火性能较好，通过表面冷却、窒息、乳化、稀释等工作流程，可以取得较好灭火效果；（9）泡沫、气体、干粉灭火系统，通过这些灭火系统发挥作用，可以对防护空间火灾进行扑灭，实践中还可以将火灾自动探测系统与泡沫、气体和干粉系统有效联系起来，使之发挥联动作用，使火灾得到迅速扑灭和抑制；（10）可燃气体报警系统，通过可燃气体泄漏检测报警装置，可以对泄漏的可燃气体进行有效检测，当气体浓度达到设置警戒点以后，系统就会自动发出报警信号，以及时做好防控工作，避免事故影响扩大；（11）消防通信设施，主要包含广播系统、无线通信设备等，可以更好支持消防检查、火灾报警、消防调度等工作要求；（12）其他设施，如：灭火器、消防梯、防毒面具、消防手电等。

三、建筑消防设施在高层灭火救援中的作用

（一）高层建筑消防设施作用分析

1. 能够以最快速度发现火灾警情

高层建筑与普通建筑相比，其火灾隐患更多，只有全面提高消防设施设备性能，才能更好地起到预防作用，维护高层建筑安全稳定。高层建筑一旦发生火灾警情，很难快速进行救援，要想保证灭火救援效果，则需要把握好最佳时间，避免出现火势快速蔓延，在有限时间内全面完成消防救援任务，要充分发挥建筑消防设施功能，保证救援效果与质量。性能良好的消防设备设施，能够在第一时间发现火情，为初级火灾的扑救及后期的救援争取更多的时间。高层建筑消防设施能够对火灾进行警情预警，使人们能够有较多的时间快速进行疏散和灭火。当前，火灾自动报警系统包括烟感报警系统、温感报警系统、综合报警系统等。

2. 能够实现防烟和烟气排放处理

性能良好的消防设施设备能够对楼道内积聚的大量烟气进行排放，因为高层建筑起火时大部分烟气无法快速排放，对人体产生危害，如果排放不及时，就会导致人员中毒，增加死亡概率。通过良好的烟气排放，能够有效避免烟雾浓度过大导致的人员窒息事件。高层建筑设计时，都会设计良好的排风系统，通过必要的防火分隔设施，使烟气得到有效隔离，避免火势蔓延、防止浓烟扩散，通过良好的排风管道、风机设施，使高层内部烟气快

速排除，对空气起到净化作用。

3. 能够保证消防电源正常供电

高层建筑起火，正常的电源就会切断，启动备用电源，确保建筑物内部消防通信和消防保障电源系统能够正常使用，良好的消防设施则能够保证备用电源的充分供电，使内部人员通过疏散标志指示快速逃生，同时备用电源也能为消防救援工作提供支撑，为消防救援工作提供动力保障。

（二）火灾自动报警系统预警定位

高层建筑火灾自动报警系统能够第一时间感知到火情，对保证高层建筑安全起到非常重要的作用，通过预警定位，全面提高灭火救援效果，使相关人员能够掌握具体着火点，并对燃烧范围进行控制，反映火势蔓延基本情况。室外消防指挥人员能够根据定位情况，全面做好战斗部署，合理科学地组织消防人员进入现场，进行针对性的救援活动，确保救援的快速安全，有效提高救援的效率。

当前，随着技术全面创新与发展，高层建筑火灾自动报警系统技术也有了长足进步，各种新型设施设备得到实践应用，起到了良好的功能作用。很多高层建筑采取烟感探测器系统，对高层情况进行监管，安装这种探测器能够敏感地对周边环境进行监测，第一时间发现火灾火情，起到报警的作用。高层出现火灾后，消防控制中心就能够根据报警系统定位，全面掌握现场的情况，通过火灾报警器探测到的信号，全面显示起火具体地点，蔓延情况相关的信息，指挥消防人员能够详细记录信息，对火点位置进行科学分析。当前，我国高层建筑使用的火灾报警器都是带有地址编码型号的，不同位置的探测器能够及时体现具体地点的情况，在消防控制中心的计算机上就能够查到高层建筑烟感探测器位置顺序，很快判断得知火灾范围、合理制定灭火救援策略。

（三）自动灭火系统的初期控制

高层建筑消防工作非常重要，高层建筑建设必须要全面设计消防系统。当前，高层建筑中使用的自动灭火系统多数是自动喷水灭火系统，主要包括水源、管道、报警阀组、喷头、供水设备等。高层建筑火灾就是通过灭火或冷却来全面完成救援，整个系统的构成中报警阀组是最为关键的部件，要抓住重点部位进行控制，对阀组控制就能实现对整个系统的有效把握。一般情况下，自动喷水灭火系统主要由三种方式进行控制，包括手动、自动、应急操作三种类型，其中自动控制方式是最为常用的一种方式，由电气控制方式和湿式控制方式两种方式构成。电气控制即设置具备一定标准的温感和烟感探测器，把探测器和自动报警主机进行连接，当火灾发生后，后台的主机就会自动接收信号，然后再向自动喷水灭火系统传达收到的信号，通过信号控制启动报警阀组，自动打开进行灭火。湿式控制就是在建筑保护区域设置闭式喷头，使其与报警阀组进行连接，发生火灾后，喷头就会自动爆破并喷水，系统失压后报警阀组开启，同时开动水泵进行灭火。湿式控制方式不容易控制，往往受多种因素影响会出现失误，如果建筑消防设施用的是湿式控制方式，施工时没有严格设计规程、技术人员安装不当、审核把关不严等，都会出现自动喷水灭火系统压力波动产生异常的现象，往往在使用后会出现误操作喷水的情况，影响到消防性能。电气控制也很容易出现问题，直接受到影响的就是消防控制模块，如果控制模块出现了问题，直接造成的后果就是报警设备失效，自动灭火系统不能正常快速启动，影响到消防设施性能发挥。所以说，要想全面发挥好消防设施的功能，就需要做好日常的监督与检查，及时发现问题，对影响性能的部件进行更换，以此全面保证救援效果。电气控制方式也需在线路设计上做到科学合理，应该多线进行控制，这样就会提高单线控制效果，线路出现故障也不会影响到消防工作开展，其稳定性更强更好。湿式控制方式在安装时需要严格规程，由专业的技术人员进行安装，全面做好性能测试，确保闭式喷头和报警阀组连接正常，安装时要全面设计好线路走向，避免与其他设备或管道连接。

（四）消防水泵供水系统的运用

高层建筑规模大、面积大，同时还具有一定的高度，如果出现火灾，单靠消防车辆水源无法满足救援需求，火势不能在短时间内被控制住，所以说高层建筑在建设时，一定要全面做好消防设计，特别是内部的水源点位，一定要科学合理地进行布置，使楼内消防管网符合救援需求，消防车辆进入现场后，可以快速找到内部水源，这样可以保证灭火用水量，要不断提高水压能力，提升供水面积和供水高度，解决好消防车灭火高度有限、出水量不足等问题，使火灾现场能够得到及时控制，更好地保护人民群众生命财产安全。

（五）安全疏散通道的运用

高层建筑要设计畅通的消防通道，保证火灾发生后，能够快速进行逃生与救援。安全疏散通道对火灾来讲，具有良好的功能，主要体现在两个方面，一方面是建筑内部出现火灾后，相关的人员能够利用消防通道、安全出口、消防电梯等快速有序进行逃生，同时也能够保证消防救援人员进行火灾救援；另一方面，高层起火后，日常电源就会切断，电梯无法正常使用，人们会涌向楼梯间，造成拥堵，影响到消防救援工作开展，消防电梯是独立供电系统，即便遇到建筑物断电情况，也能正常使用，且具有比较高的防火能力，消防人员能够通过消防电梯、消防通道快速到达起火点，对建筑内部情况全面把握与控制，占据制高点，做好统筹安排，消防人员可以通过消防通道对被困人员进行快速转移，有效提升消防救援能力，保证救援的整体效果。

（六）防火分区设施与防烟排烟系统运用

高层建筑与普通建筑不同，其功能更加齐全、人员更为集中，物品较多，出现火灾则会导致更大的损失，为了避免相邻区域不受损失，则要在高层建筑内部建立防火分区，这是消防必备的设施内容，要全面保证分区合理性，才能更好地起到阻隔作用，有效保护人民群众生命财产安全。在进行防火分区设计时，要保证纵向防火分区和横向防火分区设施都能起到作用。高层建筑发生火情，往往会快速蔓延，导致更大的面积受损，发现火灾后，消防系统能够在第一时间快速进行启动并发挥良好作用，防火分区设施中的防火卷帘、防火门等要及时打开，楼内被困人员就能够得到有效保护，人们进入到相对安全的场所，可以等候消防人员救援，为消防救援提供充足的时间。另外，防火分区也能够对烟气起到阻隔的作用，防烟排烟系统正常使用，可以将部分有毒烟气排到建筑物外，给人们创造更加良好的空间环境，为逃生做好准备。排烟系统不但能够为通道提供新鲜空气，避免烟气弥漫、高温烘烤、人员窒息中毒等情况发生，更能够让救援人员看清楼内情况，及时对被困人员进行救援。

（七）消防控制中心火情侦查及引导人员疏散

消防人员接警以后，快速到达火灾现场，但是进入现场后，并不能盲目进入起火区域，要对区域内的情况进行了解熟悉，盲目进入则会导致更为严重的伤亡事故。当消防人员进入现场后，需要根据消防控制中心反馈的信息，对现场进行全方位的火情侦查，尽快掌握火灾具体形势，具体地点，同时也能够对燃烧物质理化性质、火点位置、燃烧范围、火势蔓延程度、被困人员数量等情况进行掌握，并根据掌握的信息，制订科学的进攻计划，达到快速救援的目的。火情侦察是较为专业的技术，要由专业且有着丰富经验的人员来完成，通过外部观察、内部观察、询问相关人士、仪器探测等对现场情况进行全面掌握。

高层建筑存放的各类物品繁多，而一般情况下，火灾燃烧物多数是丙类固体，具有易燃性，也会产生大量浓烟，影响救援工作的开展。通常，高层起火后，消防人员到达现场是很难看到内部情况的，特别是复杂的建筑，更不能盲目进入，良好的火情侦察能够使消防人员更加清晰地了解情况，根据信息指导，设计救援方案，同时发挥现场消防设施设备的功能，消防人员对消防控制中心要进行控制，通过信息反馈、及时指挥、快速疏散，使人们远离火灾发生区，为消防救援提供良好的保障。

（八）消防车与水泵接合器及管网的有机结合

对于火灾而言，水源是最为基本的救援条件，只有保证充足的水源，才能更好地对火灾现场进行有效控制，避免出现更大的火势蔓延，导致更多损失。消防队伍灭火最基础的条件就是供水问题，消防车辆自带水源无法满足整场火灾救援，要合理利用好楼内水源，快速为高层建筑着火楼层进行足够的供水，使相关楼层火势得到控制。高层建筑设计时，对消防供水设施要进行全面的设计，以此全面满足消防救援需求，为高层安全提供良好的保障。目前，高层建筑内部采用的方法有多种类型，包括室内固定消防给水系统供水方式、沿楼梯铺设水带供水方式、沿建筑外墙垂直铺设水带供水方式等。

对火灾现场进行救援，使用高层建筑本身存在的供水系统供水是最简单的方式，同时也是最方便、最为有效的方法，通过消火栓外接，为救援提供足够的水源。高层建筑设计时，已经对消火栓和自动喷水灭火系统进行水源的连接，当出现火灾事故，就会自动启动，发挥内部水源救治的功能。内部水源在设计上，充分考虑各楼层的差别，确保各个楼层都有足够水源供应，根据不同楼层水压的不同，合理科学地设计好压力表，对管网压力太大的，需要合理进行压力分配，保证系统平衡，通过不同的级别方式进行给水设计，确保更高层有足够的水源供应。消防人员进入楼层后，要随身携带水带和水枪，根据消防控制中心指示的信息，快速找到内部水源，并到达火点最近的消火栓进行连接，确保对火势有良好的控制。对于无法进行给水的，需要利用水泵增压，全面保证顺利供水，通过消防车和水泵结合器连接到一起，提高内部水源的压力。

对于年久失修的建筑，需要全面做好日常的检查检测，对高层建筑内部存在的消防给水系统供水灭火不足情况进行整治，确保内部水源良好。有的高层建筑内部消防水量不够、室内给水管网损坏，要想快速救援，则需要利用沿楼梯铺设水带的方式，向起火楼层延伸，使水源到达起火点位，进行快速救援。如果楼层过高，消防人员要在攀爬楼梯时携带水带，增加了铺设难度，楼梯拐弯多的情况下，就会影响到压力，控制不好就会造成爆裂或脱落，影响到消防工作开展。

四、建筑消防的设施管理中现存的问题

（一）消防管理体系不明确

步入21世纪以来，我国的消防管理系统改变了以往的中介管理，变成由各大企业部门对建筑工程进行维护，这样一来消防设施的管理责权就出现改变，在一定时间内形成了体系混乱的现象，比如建筑工程结束后没有消防管理人员进行后期维护，建筑的所属单位为了通过消防安全检查进行作弊，表面整修安全设施实则没有做出彻底维修，使得很多消防设施都不能正常使用，且找不到负责人。

（二）消防管理人员的专业素养亟待提升

建筑工程中的消防管理工作人员需要很强的专业技能，主要由于在日常的设施维护与检修中会遇到各个领域的知识，像电力、气体、水火等，对消防设施的使用工具也要有较全面的见解，至少在状况发生时懂得选取合适工具控制事态发展，因此消防技术人员掌握相应技能至关重要。当前，工作于消防设施管理岗位的人员大多未经过消防领域的专门培训，管理者的素质水平不高，专业技能也提升缓慢，往往出现不明白状况就开始管理工作的状况，使正常的设施管理工作混乱不堪，原本属于国家安全规定条例中的检查项目变成各大企业争名夺利的试验品，重心完全不在消防设施的安全问题上。同时，国家对建筑工程中的消防设施人员管理不够严格，并未对取得相应的职业资格证书开展教学，这样难免导致工作岗位的招聘不规范，专业领域人才缺乏的现状。

（三）对消防设施管理的忽视

消防单位对设施管理的忽视容易造成安全疏漏，思想认识上与消防安全无法同步。首先，建筑施工部门大多在工程结束后，把消防问题归结于定期来检查的人员身上，加上之前安装的消防设施，认为已经足够保护建筑发生突发状况时的安全，实则不然，若不进行内部的管理，消防设施老旧，一样起不到救灾的作用；其次，虽然每个建筑商都招聘消防

管理人员，并统一在办公室办公，但真正发生火灾事故时很少能进行专业扑救，其主要原因在于招聘员工时不考虑专业技能，并没有进行后期的学习培训，每个值班人员都负责多方面的工作，很难抽出时间探查建筑的火灾易发点；再就是忽视日常的设备管理，设备的使用时间有限，要经常维护维修并进行洗刷，以防紧急情况出现时设备不能使用，造成更严重的后果。另外，对消防设施的忽视还体现在员工有不满情绪或事务纠纷时普遍拿设备出气，以损坏消防设施来取得建筑商的注意，想借此解决问题。

（四）社会机构的管理维护不合格

除了建筑商自身没有重视消防设施的维护之外，相关的社会部门也没有尽到应尽的责任。第一，对消防设施的安装协议较为重视，但忽视消防建设在后期的维护管理；第二，社会负责机构对消防设施管理人员的专业技能培训程度还有待提升，很多消防员没有取得相应的上岗证件，即便在后期有开展讲座，但消防设施的管理维护还没有受到重视；第三，社会机构在消防问题上与政府部门的沟通联络不够积极，以至于很多情况下双方的信息接收出现重叠，对消防设施的管理就容易出现问题；第四，消防监督部门的专业素养也需要提升，与社会负责机构一样，若不具备专业技能，在工作时遇到突发状况就会束手无策，消防监督部门对建筑物的监督通常只是检查有没有消防设备，而没有对设备能否正常使用进行排查，对专业技能不熟练的监督人员来说，检查设备的运作原理时也一头雾水，即便有排查报废设备的意识也很难在操作中实现目的。

五、建筑消防设施管理策略

（一）加强建筑消防设施设置全程管控

由于建筑消防设施建设施工质量会对其功能作用发挥产生直接影响，就需要对建筑消防设施施工过程进行有效管控。具体措施包含：（1）对建筑消防设施设计和施工单位资质进行严格审查，尽量选择综合资质比较好的设计、施工单位进行合作，在实际设置施工之前，也要对制定实施方案可行性进行细致分析，并联系实际对执行方案进行完善和优化，以更加贴合建筑火灾防范要求；（2）加强建筑消防设施施工过程管理，尤其是针对消防供配电、通信、给水等环节施工，一旦出现差错也会对其他消防设施功能发挥产生直接影响，而对整个施工过程进行严格管理，就能够及时发现和解决施工中存在的操作不规范、技术把握不足等问题，相应消防设施施工质量也能得到有力保障；（3）对建筑物内相关辅助消防配套设施引起重视，除了要加大资金投入力度以外，还要确保建筑物内消防配套设施与实际消防设施功能相匹配，只有这样才能够充分发挥联动作用，将火灾事故扼杀在萌芽状态。

（二）禁止使用不合格消防产品

建筑消防设施涉及种类比较多，包含防火分隔、消防给水、防烟排烟、自动报警、消防供配电等等，针对不同设施，其构成也存在较大差异，一旦出现消防产品质量不过关情况，不仅会影响到建筑消防设施重要功能发挥，还会降低火灾事故防控效果，为此需要对消防产品质量进行严格把控。实践中需要结合建筑消防设施设置需要，由专业人员深入市场对消防产品类型、质量、价格、售后服务等进行细致考察，然后从中挑选优质厂商进行合作，同时加强消防产品运输和使用管理，只有经过严格检验并且质量过关的消防产品，才能够应用到建筑消防设施施工当中，以确保消防产品质量及使用性能。

（三）做好消防设施日常维护管理工作

在消防设施正常投入使用以后，为保证其时刻处于正常、稳定运行状态，就需要通过做好日常维护和管理工作实现。实践中可以联系实际对完整的维护管理制度进行建立，涉及的内容有消防设施质量标准、检查内容及频率、消防设施维护办法等，通过这些规章制度可以为消防设施维护管理工作提供有力依据，同时将责任、惩罚制度融入其中，可以帮助维护管理人员准确意识到自身工作职责，实际开展工作也会严格遵照规定要求进行操作，进而推动消防设施维护管理标准化和规范化进程，针对维护管理发现的消防设施问题，也能进行准确记录和采取对应措施快速处理，以保证消防设施正常性能发挥。

（四）提高消防设施管理人员素质水平

开展建筑消防设施管理工作，还需要一支优质队伍从旁提供支持，并且人员素质水平高低也会对最终管理实效产生直接影响，为此需要结合实际采取有效措施，使消防设施管理人员素质水平得到进一步提高。一方面可以遵照现代消防设施管理工作对人员素质提出的新要求，对外引进一批综合素质较高和业务技能扎实的人才加入到现有管理工作队伍当中，在促进人员优化配置的同时，提高整体队伍综合素质；另一方面开展教育培训活动，让工作人员积极主动参与其中，在对新时期建筑消防设施管理工作内容及要求进行准确把握的同时，对新型管理理念及方法进行应用，并高度重视人员业务技能培训和实践，使其能够更好胜任岗位工作，另外还可以将考核、竞争、奖惩等机制渗透其中，以提高人员工作积极性和消防管理工作实效。

总之，为使建筑消防设施防火、灭火作用得到充分发挥，就要从消防设施施工质量、消防器材合理选择、消防设施维护管理三方面入手，对建筑消防设施建设实施全方位监控，确保消防设施正常功能得到有效发挥，建筑安全稳定也能得到有力保障。

第二章 消防工程系统

第一节 消防水系统

在建筑行业发展水平不断提升的趋势下，工程建设的要求也有所提高，建筑工程给排水施工中消防水系统在其中发挥了重要的作用，对建筑的消防用水需求满足有着直接的影响，为了保证建筑的消防水系统的正常运行，需要进行合理设计及施工。消防水系统施工中安装的综合性较强，涉及的内容比较多，因此，应对建筑工程消防水系统安装内容进行分析，明确施工要点，使消防水系统能够更加完善有效，为建筑的使用安全带来保障，提升建筑工程的建设水平。

一、建筑给排水工程中消防水系统概述

建筑的给排水系统作为建筑供水及用水等功能实现的重要系统，当在建筑给排水工程施工中产生了问题，会使建筑的给排水系统的功能受到影响。建筑给排水系统中包含了多个组成部分，建筑的水源供应及污水排放等都是重要的功能，对建筑的使用有着直接的影响。其中，消防水系统的施工是建筑建设中的重要部分，消防水系统需要经过严谨的设计及施工来建立，对各部分系统的施工都有着相应的要求，根据要求及实际情况来建设消防水系统才能保证其作用。当消防水系统施工中存在漏洞的时候，会对建筑的安全造成巨大的影响。因此，建筑给排水工程消防水系统安装施工对建筑有着重要的意义。

二、建筑工程给排水施工中的消防水系统安装

对于当代的建筑项目来说，防火是非常重要的，消防系统在建筑工程项目中占据了非常重要的地位，关系人们的生命财产安全。随着建筑领域的发展，建筑结构复杂性进一步提升，极大地增加了消防水系统安装施工难度。为了保证稳定的消防用水，减少建筑项目中的火情隐患，在消防水系统安装施工过程中，企业方面要注重其质量，全力提升建筑安全性，为人们提供一个安全稳定的生活空间。

（一）建筑消防水系统安装施工要求

消防水系统安装是建筑给排水系统施工中的重点内容，系统的安装质量尤其关键，而且系统的设计方案必须要保证合理，消防水系统对安装施工质量有非常严格的要求，安装施工质量决定了系统的运行效果，与人们的生命安全存在一定的联系。基于消防水系统的重要性，在安装施工环节需要遵循一定的原则，具体来讲:（1）各种消防水系统设备以及原材料质量需要得到保证，作为系统运行的基础，如果设备或者材料出现问题，对系统产生的影响是非常大的，需要对各种设备和材料进行系统的检测，从根本上消除消防水系统安装施工隐患。（2）消防水系统安装施工需要秉持经济性原则，要尽量降低安装施工产生的费用，减少企业方面的资金压力，实现经济性的系统施工，但是在施工的过程中要在保证施工质量前提下，对资金的使用情况进行压缩，不能为了降低施工费用而随意地精简工序，使用一些劣质材料。（3）消防水系统安装施工需要满足建筑领域的通用标准，系统必须达到一定的防火能力，在安装施工完成以后要对系统的各种功能进行验证，保证消防水系统的重要作用可以得到充分地发挥，从而降低建筑火灾风险，消除火情隐患。

（二）建筑消防水系统安装现存问题

1. 消防给水管网安装存在问题

消防给水管网的安装工作是建筑消防水系统安装施工中的重点内容，消防给水管网在建筑消防系统中起到了非常重要的作用，水管网的运行，可以为消防系统提供水资源，消防栓以及各种喷淋设备才能起到扑救的作用。在建筑消防系统设计过程中，供水管网通常由 2 条以上的管道组成，这些管道需要与给水主管道直接连接，避免出现水供应不及时的情况。但是在实际的管道设计中，管道的接入数量无法得到保证，由于许多的企业在施工中不注重对管道的检查工作，管道中存在的问题无法及时发现，很容易出现渗透的问题，不仅会造成水资源的浪费，而且还会影响到消防系统的正常运行，给人们的生活带来隐患。

2. 自动喷水灭火系统存在问题

现阶段，在我国的高层建筑中已经出现了自动型的消防感知系统，充分体现出了建筑消防工程的发展程度，在这种感知系统的作用下，建筑消防功能可以得到显著提升，有效地感知火情，在做出火情警报的同时，自动地做出应对，对起火点进行喷淋，在现代化的建筑中起到了非常重要的作用。基于自动化喷水灭火系统的重要性，在对其进行施工的时候一定要注重工程质量，保证此系统的重要作用可以得到充分发挥。但是在实际的自动喷水灭火系统安装过程中，还存在许多的问题，系统稳定性无法得到保证，尤其是感温喷头的处理方面存在欠缺，无法有效地感知温度异常，削弱了自动喷水灭火系统的功能性作用。而且报警器的安装位置也存在问题，报警器距离值班室过远，在发生火情的时候，系统虽然会发出警报，但是值班人员无法听到警报，这种情况就会使火情风险骤增。

3. 室内外消防栓存在问题

针对建筑消防水系统消防栓的安装施工，我国的建筑部门做出了详细的规定，但是在实际的施工过程中，由于考虑问题的角度不同，这些规范经常会发生冲突，消防栓的重要作用无法得到充分发挥。此外，消防栓的安装位置也经常出现问题，位置上的不合理，给消防栓的使用带来了诸多不便，无法发挥其灭火作用，给建筑带来诸多隐患。

（三）建筑工程给排水施工中建筑消防水系统安装策略

1. 消防给排水管道安装要点

消防给水排水管道安装施工是一项非常重要的工序，安装质量会影响到整个消防系统的运行效果。在这个过程中，需要对管材的质量进行检测，结合实际的系统运行需求，对管道进行全面、专业的检测，发现管道自身存在问题要及时返厂，从根本上消除建筑消防隐患。排水立管的材质通常为 UPVC 管，而且为了降低排水噪声，需要选择螺旋消音管，在管道的连接位置安装胶圈，提升管道接口密封性。雨水管的材质通常也会选择 UPVC 管，由于雨水管位于室外，为了减少自然环境对其造成侵蚀，需要选择抗紫外线的材质。管道的安装需要有一定的坡度，在管道贴合的时候，为了提升安装效果，需要设置坡口，使用工具对管道口进行处理，坡口的长度不能小于 2 mm，这样才能满足系统的实际运行要求。

2. 消防给水阀门安装要点

阀门是建筑消防系统的控制器，在建筑给排水系统中发挥出了非常重要的作用，阀门的安装质量，直接关系到整个系统的控制效果，如果阀门安装出现问题，将会极大地增加建筑安全隐患，产生非常巨大的影响。在实际安装施工环节，需要结合设计方案，详细地比对阀门型号，避免出现阀门型号与实际系统运行不符的现象出现。在型号确定后，对阀门进行光洁处理，阀门必须要清洁，阀门在安装之前要处于密闭状态。阀门的安装要严格地按照规范进行，考虑后续的维护工作，实现稳定的消防系统控制。

3. 消防栓安装技术要点

在建筑消防水系统中，消防栓是其中的重点内容，在建筑消防中起到了非常重要的作用，而且一旦发生火情，消防栓也是火灾扑救的主力，所以，消防栓的安装施工质量需要得到严格地控制。在消防栓安装施工之前，消防部门需要对设计方案进行审核，验证设计方案的可行性，及时发现其中存在的各种问题，在得到消防部门确认后才能进行施工。在室内给水管网安装施工环节，为了保证稳定的消防给水，需要安装 2 根进水管，而且要采用环接的方式对其进行连接，需要注意的是，这 2 根水管在规格和材质上要保持一致。在消防栓安装完成后，要对其进行清理，把其中的杂物进行去除，消防栓的箱体要使用醒目的油漆进行涂刷，通常使用红色油漆涂写消防栓的字样，以便于在发生火情时可以及时地找到消防栓进行扑救。

4. 提升安装施工人员素养

在人员上岗之前，需要对其开展系统的培训工作，对消防水系统安装中的各种技术进行讲解，重点阐述消防水系统安装的要点内容和注意事项，提升人员专业能力，保证消防水系统安装工作的高效开展。在消防水系统安装过程中，需要有相应的管理人员对整体业务进行有效管控，管理人员需要全面把控自己职责范围内的所有事务，采用责任制的方式对人员进行管控，尽可能地提升消防水系统安装质量，发现质量问题要及时找到相应的责任人进行问责处理，消除人员因素对消防水系统安装产生的消极影响。

三、建筑消防水系统设计缺陷规避

（一）建筑消防水系统与后期运行管理的问题

1. 消防水系统设计问题

（1）自动喷水系统走道喷头布置

在建筑设计过程中，对于美观的要求往往被设计者作为设计的首要条件，譬如大部分建筑为了美观设计吊顶，从而将结构梁以及各类管道进行隐藏。通常条件下，管道会在建筑走道集中，水、暖通以及电力电信的管线需要进行分层布置，吊顶使得走道的净高变低，如果吊顶的方式为闷顶形式，闷顶的净空会要求在 800 mm 以上，由此使得走道的净空被进一步压缩。设计的时候就会出现自动喷水配水支管的上下方向都有喷头安装，且在连接喷头的数量上，与规范要求的八个以下不相符。另一方面，走道中自喷配水干管大管径与喷头小管径的连接节点很多，喷头在安装的过程中也存在隐患问题。

（2）消火栓系统水枪充实水柱长度

因为建筑设计过程中的经济效益所致，高层建筑在楼层的净高度上不会超过 4 m，按照相关的水枪充实水柱长度计算公式进行计算，充实水柱长度应该为 4.24 m。按照现行民用建筑防火规范要求，高层建筑以及厂房或者室内的净空高度在 8 m 以上的民用建筑，对于消防充实水柱则需要按照 13 m 进行计算，其他建筑则按照 10 m 进行计算。由此使得消防水枪的充实水柱在层高的控制下被限制，从而使得消防栓的布置难以合理化，两者相互影响下，消防效果难以如期达到。

（3）消防水系统管网设计

在火灾发生的过程中，较为有效的消防设施便是自动喷水灭火系统，能够在消防人员到达事故现场前对初期火势进行一定的控制，从而使得火灾损失大幅度减小。自动喷水灭火效果，较受消防水系统管网压力和水量的影响。在当下而言，自动喷水灭火系统存在着较多问题，其防火能力难以有效发挥，其中便是消防水系统管网的水量、水压没有满足最不利点的要求甚至超压。一般而言是由于消防安装中，对于消防水系统设计没有充分的考虑，导致因安装增加的局部损失过多而超过设计的上限损失的问题。自动喷水灭火水压较小时，控制火势的能力较为低下，而水压过大则会造成管道发生破裂，从而使得系统发生损伤，整体消防系统的功能性也由此消失大半。此类问题在建筑中出现频次较高，对于火灾的发生难以有效进行控制，造成了生命财产的安全性无法得到有效保障。

2. 建筑消防水系统后期运行管理问题

（1）消防水池及消防水箱

在消防水池以及水箱的有效容积无法达成要求时生活水池与消防水池并用，也是使得消防设计无法有效达成效果的条件之一。由于城市的人口基数庞大，用水紧张，市政供水对于消防用水无法有效保障，造成隐患。

（2）消防水泵的保护措施

在进行消防水系统后期管理过程中，消防水量的控制较差，从而使得水泵的消防水量无法达到预期流量值，由此就会使得水泵的扬程大于设计值，水泵的保护措施不足时，就会使得消防管网的压力过大，造成一定的安全隐患。

（二）建筑消防水系统设计与后期管理问题解决对策

1. 合理设计走道喷头

夹层与闷顶的净空达到 800 mm 以上、并存在可燃物，就需要在闷顶中进行喷头的设置，走道喷头设置对于建筑的安全性能有极大的提升。另一方面走道喷头设计时还需要满足合理性，避免在自喷配水管的上下直接进行喷头的安接，尽量对自喷配水支管进行连接，对控制配水支管的喷头数量进行合理安装。设置自喷配水管的小管径连接管件，从而使得安装能够较为便利，对走道的喷头进行完善的设计，能够使得后期运行维护少发生漏水问题。

2. 水枪充实水柱的正确验算

通过水力计算，从而对水枪充实水柱长度进行确认，根据水枪充实水柱的长度明确进行消火栓保护半径的计算。受高层建筑平面布局的各项因素影响，消火栓在使用的过程中效果受到限制。室内净高在 8 m 以上的民用建筑、厂房、高层建筑的消防水枪充实水柱长度按 13 m 进行计算，其他建筑则按照 10 m 进行计算，由此通过计算和查表确定后，消火栓的保护半径能够符合现行消防规范的要求。从而反推得到，充实水柱高度在 13 m 以上时，水枪喷嘴压力则应为 185 kPa，流量则达到 5.4 L/s。火灾现场的烟雾较大，热辐射大的时候，充实水柱的长度不足，便会使得火灾的扑救受到阻碍，这也是充实水柱首先需要准确验算确定的主要原因。

3. 安装水压检测装置

消防给水系统管网设计过程中，水压的大小没有合理的控制，从而使得自动喷水系统的效果难以达到相关要求。由此，管网中可以进行类似于并行电路的控压装置安装，主要存在水压监控与调整的功能，在监控中进行压力范围的设置，如果水压在范围内，监控装置则会持续运行；如果在控制范围外，则会使得监控装置断开，运行指示灯也因此熄灭，调整的装置就会联通并进行调整工作，直到水压在正常范围，便会自动断开。在调整装置短路后，监控装置便会重新连通，并监视水压变动。在该系统中，以设计阶段最小的成本实现了水压的长期控制，从而使得消防水系统能够保证使用性。

（三）建筑消防水系统设计过程规避后期运行管理问题

1. 消防水池及水箱问题规避

对于消防水池以及水箱的管理，需要按照现行民用建筑防火规范及有关行政主管部门的相关要求进行，当消防水池的容量在 500 m^3 以上时，需要进行分格设置；在 1000 m^3 以上时，需要进行独立的两座消防水池设立；消防水池应用两路消防供水的方式，在供水能够达成消防需求时，对消防水池的容积应根据相关要求进行计算与确定，但最小不能小于 100 m^3。仅设有消火栓系统时，最小则不能小于 50 m^3。另一方面，要求临时高压消防给水系统的高位防水箱的有效容积需要满足火灾初期 10 min 的供水要求。消防用水不能与其他水共同使用，因此需要对消防水池水箱的有效容积进行保障。有了设计阶段消防水量有效容积的保证，这样就能保证消防队在火情的易扑救阶段，火灾用水的可靠性。

2. 消防设备房间防冻措施不到位

屋顶水箱间，未设置采暖设施，外露管件未采取任何防冻措施，冬季经常出现管件冻爆现象，后期运行管理过程中，有些工程为了防冻，会将管网消防用水全部放空并关闭阀门，火灾时，却无水可用。根据以往经验，在设计过程中，专业之间提准条件，消防需要防冻的房间，水专业提条件给暖通专业，要保证值班温度，设计过程中容易解决的小问题，却在后期运行过程中造成很大的隐患。

3. 消防水管网爆管溢水问题

在设计时，可考虑将计算后的干管管径放大一号，如 200 m 长的消防干管，管径从 DN150 放大到 DN200，经计算可降低沿程和局部的水头损失 15 m，在不增加更多投资的前提下，降低水泵压力，减少安全隐患。在管材选用上，挑选优质管材并采用合理的焊接或卡扣连接的方式。均能有效保证后期运行过程造成的隐患。

四、消防水系统设施的维护管理

消防水系统的维护管理具有重要意义，做好系统维护管理工作，可以保证设备的安全运行。其在系统维护中涉及的内容较多，管理范围较广。因此，需要确定维护管理内容，针对不同管理要点采取专业性维护方法，尽量满足设备的管理要求，确保维护管理工作的稳定运行。

（一）消防水系统设施的维护管理重要性

随着科学技术的不断发展，消防水系统设施的设计更加具有合理性，完善度较之前具有大幅度提升，可以在建筑工程中稳定运行。不过，受天气、环境等因素的影响，系统可能会出现老化、使用异常状况，进而使其在正常使用中出现滴水、漏水以及压力不足状况，影响消防水系统的正常使用。因此，需要工程管理人员做好系统的维护、管理工作，对设备维护管理的重要性分析具体如下：

（1）目前，消防水系统多具有自动化性能，可以与智能化设备相连接，进而使整个系统构造复杂度也随之提升，系统整体技术含量高。不过，消防水系统多在火灾应急状况下使用，放置时间过长，容易造成管理人员的忽视，进而使系统在自然环境、人员等因素作用下出现性能下降，使用周期、稳定性也会随之降低。所以，需要管理人员定期对消防水系统进行维护，进而延长消防水系统的使用周期，保证系统安全运行，为相关企业减少经济支出。

（2）虽然消防水系统中已经安装有自动化系统，可以实时检测系统中设备运行状况。不过，具有该种报警系统的设备少之又少，目前只有火灾自动系统具有该功能。而消防水泵、消防云梯、湿式报警阀等设备不具有自动化监测性能，管理人员不可直接借助监测系统了解系统设备使用状态。因此，为了保证设备的安全运行，需要定期对设备功能进行检测，确保其可以长期在无障碍状态下使用，避免在应急状况中设备使用出现差错。

（3）消防水系统中蕴含多种智能化、自动化技术，系统包含设备的种类多。进而对系统维护管理人员具有较高要求，若单单只是依靠值班人员进行管理维护，系统中细小、隐匿的问题无法有效发现，所以设备的维护、管理以及检测工作需要由专业的技术人员来完成，还需要确定系统中设备的维护管理内容，细化管理要点。

（4）随着国家经济的稳定发展，人们生活质量也随之提升，对建筑物中消防系统的安全性也高度重视起来，进而加重消防人员、管理人员所肩负的责任。因此，为了更好管理、维护消防水系统，需要对管理人员、消防人员进行责任细化。

（二）维护保养主要内容、方法以及要求

1. 消火栓系统

消火栓系统为消防水系统的重要组成部分，其消火栓系统又包括消防水池、消防管路系统、稳压泵、稳压罐以及消防水泵等，不同系统中维护管理要点不同，具体分析如下：

消防水池，消防水池主要作用为蓄水，在灭火应急状态使用中具有重要作用。因此，为了保证设备系统的稳定运行，需要针对管理要点做好维护工作，由专业的管理人员严格记录每次消防用水使用状况，保证水箱中压力保持在安全使用范围内。此外，还需要管理人员每月检测补水设备，确保蓄水池具有稳定的供水源，每隔两年对蓄水池进行一次大清理。

消防管路系统，消防管路系统的维护管理要点主要包括外观检查、消除堵塞两部分。需要专业的维护管理人员定期对消防管路外观进行查看，确保稳压泵的使用启动频率处于正常范围中，检测管道有无外渗现象。若在检测中管路出现损伤、裂纹、腐蚀以及油漆脱落状况，需要及时对其实施处理措施。而消除堵塞主要是清理管道中残留的沙子、石块以及木屑，该种状况主要与建筑施工疏忽有关。除此之外，还需要每月对管道进行放水，以便保证管道中的水质，还可有效检测管道的报警功能，保证其安全使用。

稳压泵及稳压罐，稳压泵与稳压罐的检测要点为排气阀，主要检查排气阀的加压、减水性能，保证加压装置、供水装置的压力均能够保持在正常范围内。管理人员在进行排气

阀功能检测时，需要缓慢将阀门打开，避免阀门内压力过大导致大量气体喷射，对检测人员造成伤害。

2. 自动喷水灭火系统及消防水池系统

自动喷火灭火系统在消防水系统中具有重要作用，具体由三部分组成，分别为报警阀、自动喷淋头、管道以及干式预作用阀补气系统，对这些系统的维护管理要点简略分析如下：

报警阀。报警阀在消防水系统中运用比较多，涉及压力表、火灾自动报警、供水系统等。因此，需要管理人员做好报警阀检测工作，首先要对报警阀外观进行检查，具体检查要点为标志牌、压力表，在对压力表进行检测时注意观察使用前后压力指标，是否保持在合理范围内。除此之外，还需要每隔两个月对报警阀性能进行检测，具体包括开启性能、密封性能，保证其能够正常使用。另外，还需要对放水试验阀使用状况进行检查，查看该阀门的供水状况以及压力开关是否可以正常使用，警铃在危急状况下是否可以报警，阀门系统若出现异常状况，需要立即采取应对措施。

自动喷淋头及管道，自动喷淋头、管道的检测要点包括两部分，主要涉及外观检查与内部检查，管理人员对自动喷淋头外观检查时的要点为喷头损坏、锈蚀、出水不流畅等，若检测中出现异常状况需要立即对喷头进行更换，保证喷淋头安全使用。除此之外，部分喷淋头在使用后，可能出现泥沙堵塞，影响其正常出水，严重会对喷淋头的感温系统造成损坏，需要使用后及时对喷淋头进行清洗，如果出水还存在异常需要进行更换。另外，管理部门需要对不同型号的喷淋头进行储备，每一型号的实际储备量不少于 10 个。而管道设备的检测要点为外表有无油漆脱落、损坏，管道内部有无堵塞状况，一旦出现堵塞需要及时对其清理。

总之，我国建筑事业发展突飞猛进，而火灾总是威胁着建筑物的安全，因此，加大建筑消防水系统工程的建设，要严格消防工程的设计、审批和施工及验收工作，尤其是施工环节，要及时发现施工环节中出现的问题并积极做出处理对策。只有这样才能切实保障人民群众的生命财产安全。

第二节　火灾自动报警系统

由于火灾的破坏性较强，会对人们的人身安全以及财产安全造成直接损失，因此火灾防御工作一直都是社会关注的重点内容。为了有效对火灾险情进行控制，有效降低火灾破坏程度，人们开始加大了对火灾自动报警系统极其联动系统运用方式的研究力度，通过对该系统的合理运用，达到对建筑物内部人员与物品进行保护的目标。

一、火灾自动报警系统工作原理

目前使用的火灾报警系统，主要是由火灾报警装置以及触发器等装置组合而成的。当火灾发生时，火灾初期产生的热量与烟雾等物质，会经由火灾探测器转变为电信号讯息，并传输火灾报警控制器之中，使其发出声音以及光等报警信号，开启消防联动设备，以确保消防联动设备开始工作，有效降低火灾造成的破坏力。

在整体系统中，探测器会对火灾现场的气体以及温度进行感应，一旦达到预先设定的感应标准，就会将其认定为是火灾险情，及时生成并发出报警讯息。这种探测器会按照内部火灾响应参数，分成复合火灾探测器、烟检探测器以及热检探测器等类型，相关人员会按照探测器工作性能以及工作特点，将其科学安置在相应的区域内。而消防联动设备的关键作用，就是在接到火灾报警信号之后，整体消防系统会通过手动或者自动方式进行启动，同时将系统状态直观反映出来。此时自动灭火系统控制设备、火灾报警控制器以及常开防火门等设备都会在火灾中发挥作用，为人员逃生以及火灾险情控制提供了一定保障。

二、火灾报警系统的联动运用方式

（一）自动灭火系统

消防联动系统中的自动灭火系统多以自动喷水灭火系统为主，且按照喷水管道是否含水，可以将其分为干式灭火以及湿式灭火两种形式。在对该系统进行设计与安装时，相关人员要根据水暖情况来对该系统类型进行确定，之后要按照系统功能以及特点，来对电气以及其他相关安装内容进行明确，以保证整体系统的正常使用。由于干式灭火系统对周围温度的要求并不高，因此这种系统多应用于没有采暖设备的北方厂房之中。此类型系统仍由火灾报警系统所控制，在启动时会先将管网内的空气排出，并向管网内部充水，当水量达到相应点位之后，才会开始灭火。而湿式系统因此长时间都保持着水量充足的状态，因此与干式系统相比，这一系统的喷水时间较短，救火效率相对较高。但湿式系统因为管理含有水分，所以对周围温度有着较为严格的要求，只有室温始终保持在 5 ℃以上的状态时，才能确保管道水分的正常运行。一旦火灾发生，系统周围温度就会保持持续上升的状态，当温度超过系统喷头温度控制件标准时，系统喷头就会自动喷水，而且会同时向联动系统中的控制主机进行信息传达，实现火灾报警。

（二）防火卷帘与防火门运用

现代使用的防火门主要分为常闭式以及常开式两种，常闭式防火门主要是运用机械手段对闭门器进行控制；而常开式防火门平时则始终处于开启模式，当火灾发生，该类型防火门便可以通过手动或者自动方式对其进行关闭处理。防火门开启状态是通过对带电磁锁以及永久磁铁的使用来实现的，火灾发生时，消防控制装置会向防火门系统发出指令，电磁线圈便会产生对磁铁吸着力进行克服的力量，来对防火门进行关闭，避免火源进一步扩大。根据相关规范需求，探测器或者消防控制系统要在火灾发生时，对防火卷帘发出指令，使其能够按照指令自动开启卷帘控制设施，使其能够自然下垂到与地相距 1.8 米的位置，以便运用卷帘对火源范围进行控制。同时在卷帘处安装的控制模式，能够在卷帘下降到一定位置之后，对其实施手动式控制，使其能够再次上升，以确保被困人员能够从此处离开火灾现场，降低人员被困事件发生概率。

（三）消防电梯运用

按照火灾逃生常识，普通电梯无法在火灾发生时进行使用，但现代建筑多以高层建筑为主，为了在短时间内对火灾险情进行控制，将火灾破坏程度降到最低，消防联动系统加入了应急消防电梯这一设备。此设备只是消防员进行使用，并不做他用。而相关人员会通过对消防中心显示盘的操作，来实现对该类型电梯的控制。在火灾发生时，相关人员会将普通电梯控制到最底层，之后对其实施停运处理，而应急消防电梯会继续进行工作。

（四）紧急电话以及诱导照明系统的运用

当火灾发生时，由于温度以及火势等因素的影响，照明系统以及通信系统很有可能会发生故障，无法正常使用，这时紧急联络电话以及诱导照明系统就会发挥极大的作用，以实现对民众的引导以及火灾现场的联络。一般紧急电话的插孔都会设置在消防泵房以及消防控制室等重要地点，而主机则会安放在消防中心。

备用照明装置以及应急照明装置的供电都由应急照明配电箱提供，会在火灾发生时自动启动。同时这种应急照明箱通常都设有双重供电电源，为其在火灾中的正常运用提供了保障。

三、综合火灾自动报警系统

（一）火灾自动报警系统现状

火灾自动报警系统是建筑中最重要的消防设施，是人们对早期火灾的检测以及发出预警信息的重要手段。近年来，我国火灾自动报警系统的应用技术有了明显的提升，但在以下方面还存在明显不足。

（1）智能化程度低。虽然目前已经使用各类火灾报警传感器，但由于火灾自动报警系统的软件系统不完善，只采用较少的传感器原始参数，以至于不能准确地确定现场烟雾浓度、温度、光照强度、电磁辐射等指标，导致在火灾自动报警系统不能可靠运行。

（2）网络化程度低。目前火灾自动报警系统基本是以建筑物为单位的独立报警系统，与 119 报警系统联网的较少。没有构成一个系统的、区域性的火灾自动报警系统。

（3）火灾自动报警系统报漏率高。由于火灾自动报警系统中各类传感器的处理效果不好，会使自动报警系统对现场温度、烟雾浓度、光谱、辐射等信息出现误动作，导致发出错误的报警信息。

（二）火灾自动报警系统发展趋势

伴随着互联网技术的迅速发展，“互联网+”技术广泛的应用，以及智慧城市建设的发展，笔者认为火灾自动报警系统应向智能化、综合化、集成化方向发展，致力于建设以城市应急消防指挥为中心的综合火灾自动报警系统。

（1）使用高敏感度检测元件及开发成熟的软件控制系统，全面提升火灾报警系统的早期预警能力。

（2）完善、加强火灾发生时逃生指示功能。在火灾发生时通过火灾自动报警系统显示火灾发生的位置并指导不同位置人员逃生，减小因火灾而伤亡的人数。

（3）切实提高火灾自动报警系统扑救初期火灾的能力。根据建筑物的结构特点及火灾的主要类型，选择合适的灭火系统，并保证灭火系统安全可靠运行。

（4）通过互联网技术将建筑物独立的火灾自动报警系统与城市应急救援指挥系统相连。有利于火灾信息的传递，提高火灾救援响应时间，有利于减少人员和财产损失。

（三）综合火灾自动报警系统的组成

综合火灾自动报系统由传感器单元、火灾智能处理系统、灭火系统、信息提示系统、区域火灾自动报警系统、城市火灾报警系统组成。

传感器单元一般由感烟传感器、感温传感器、感光传感器、气体传感器和复合型传感器其中一种或多种传感器构成。传感器将空间内的烟雾、温度、光谱、气体等信号传输给火灾智能处理系统。

火灾智能处理系统由控制单元、电源单元、信号转换单元等组成。当空间内的烟雾、温度、光谱、气体等信号的数值超过设定的阈值时，火灾智能控制系统向灭火系统发出动作指令，同时向提示系统发出动作指令，并将火灾相关信息向区域火灾自动报警系统传输。

提示系统由声光报警器系统及逃生指示系统组成。作用在于迅速组织人员逃生。

灭火系统需根据空间实际情况选择灭火材料。主要形式为喷淋式灭火。

区域火灾自动报警系统可设置在行政区的应急消防部门。消防部门可根据火灾智能报警系统传输的数据确定火灾类型、火势及位置，便于迅速组织力量开展救援。并将相关信息向城市火灾自动报警系统传输。

城市火灾自动报警系统为综合消防应急指挥管理系统，统一协调调动城市消防救援力量。

（四）综合火灾自动报警系统的优势及实施要点

1. 综合火灾自动报警系统将区域内各个人员密集场所、火灾重点防控企业等单位的火灾自动报警系统通过互联网技术进行连通，其优势在于火灾信息的及时传递。在火灾发生的初期，建筑物的火灾自动报警系统通过灭火单元进行初期火灾的扑救，同时将火灾信息传输至区域火灾自动报警系统及城市火灾自动报警系统。火灾信息的自动传输可以有效减少电话报警人员因为紧张情绪导致对火灾情况的误报。综合火灾自动报警系统可以减少消防救援响应时间，提高消防救援效率，从而减少火灾带来的人员伤亡和财产损失。

2. 各类型传感器质量及整个系统的可靠性运行是综合火灾报警系统实施的要求。要防止因传感器的误动作及个别单位故障发出的误报警信息引起的误报警。从硬件质量和软件可靠性两方面提高综合报警系统的稳定性。

四、民用建筑火灾自动报警系统的设计要点

近年来，随着改革开放的不断深入，社会经济得到稳固的发展，人口向城市集中的趋势日益明显。高密度的人口和对高质量生活的追求，使各类高层建筑、大型商住综合体等随处可见，而这类建筑发生火灾的危险性较高，一旦起火，影响大且扑救难度高。对于火情，做到早发现、早疏散、早扑救具有重要意义。各类民用建筑中设置的能够提早发现火情的火灾自动报警系统设计水平的高低，直接关乎人们的生命财产安全，倘若设计不合理，势必会引发安全事故，一旦发生火灾将直接对人们的生命财产安全造成严重影响，所以要想确保广大群众生命财产安全，须采取科学的措施从多个方面来优化加强对民用建筑火灾自动报警系统的设计，进而降低火灾对人们生命的威胁。

（一）民用建筑火灾自动报警系统的基本组成

目前，从民用建筑火灾自动报警系统来看，其构成主要分为以下几部分，分别是火灾探测器、手动火灾报警器及火灾报警控制器等，每一个系统都发挥着不同的作用，这就需做好每一个系统的设计，这样才能在最大限度上降低火灾的危害，为人们营造一个安全舒适的环境。当然，对于不同的建筑应选择不同的方案对火灾报警系统进行设置，通常情况下，不对区域报警系统进行消防控制室的设计，大多数会将其放在值班室等区域，这也是火灾报警系统中联动控制的要求。另外，集中报警系统也非常重要，它主要是由火灾探测器、手动报警器及火灾声光警报器等组成，也包含防火门监控系统等，这些都是火灾自动报警系统中的重要组成部分。而为了减少生命财产威胁，还应制定可行措施来优化火灾报警系统的设计，比如，可将火灾报警控制器、消防设备电源监控主机进行集中控制，随后再将它们放置在专门的消防控制室内，以便获得最理想化的火灾防控效果。

（二）民用建筑火灾自动报警系统的设计要点

1. 消防配电设计

消防配电设计，对于民用建筑火灾自动报警系统来讲很重要，应优化消防配电设计，这样才能降低火灾的发生概率，确保人民生命财产安全，具体应从以下几点入手，首先，在实际消防配电设计过程中，设计人员须对当前建筑物进行充分分析，掌握内部实际构造及实物状态，在清楚和认真分析内部状况后，需结合工程建设情况来加强消防配电设计，确保配电设计的科学性与合理性。倘若设计存在不合理性，势必会引起诸多问题，因此，优化消防配电设计具有现实意义，这就需要我们设置发电机、EPS 等电源设备，进而为民用建筑提供不间断的供电服务，也可确保相应的消防系统安全稳定运行。其次，设计人员

在消防配电设计过程中，还要结合分区容量合理进行分区设计，这在整个火灾自动报警系统中也占据重要意义，所以在设计分区时也要确保各个分区能够满足消防要求，以便在最大限度上提高火灾自动报警系统的应用价值，以及达到提升建筑电气消防设计效果的目的。最后，为民用建筑提供更加安全稳定的服务。

2. 火灾探测器的设置

火灾探测器作为民用建筑火灾自动报警系统中的重要组成部分，需设计人员予以高度重视，并制定科学措施来合理布置，火灾探测器应结合实际建筑物状况来设置，一般情况下，探测区域划分的过程中需遵循以下原则：第一，需按照独立房间进行划分，或按照封闭区间来划分单独的探测区，这也是降低因火灾而引发安全事故问题的关键，即使发生火灾，内部的烟气也能及时被疏散掉。当然，还应将消防室与电梯竖井，以及走道等区域进行单独划分，虽然有一些电梯不是人员输送的必要选择，但我们也要对火灾探测器进行合理设置。第二，设计人员还应对容易发生火灾事故的电梯内部设置相应的火灾探测器，这样一旦发生火灾，高层电梯能第一时间发出警报，降低火灾对人们生命财产安全的影响，最重要的是，要在电梯竖井的顶部设置火灾探测器，这样才能提升整体火灾自动报警系统的作用和价值，为后续消防工作提供便捷。

3. 火灾报警系统设置

为进一步降低火灾事故发生频率，设计人员还应优化火灾报警系统设置，这直接关乎民用建筑内部人员的生命财产安全。首先，要准确定位火灾报警装置的位置，这就需结合实际建筑物内部状况来科学设置，其安装位置的正确与否关乎着火灾报警系统的使用效率，通常情况下，设计人员在设计时，应将火灾报警装置与手动火灾报警装置的位置设置成一致状态，大致在距离地面 1.8 m 的墙壁上。同时也要合理选择火灾应急广播扬声器，扬声器应放置于走道末端 12.5 m 左右处，这样才能降低火灾对人员生命的影响。其次，设计人员还应根据不同环境选择不同的扬声器，一般场所扬声器要求应不小于 3 W，特别是对于环境嘈杂区域来讲，更需合理选择扬声器，出现火灾时可最大限度地发挥作用。

4. 消防通信系统设置

不管是高层建筑还是民用建筑，内部都应设置一定的消防通信系统，这也是火灾自动报警系统中的重要组成部分。所谓“消防通信系统”主要是指，在发生火灾时能够第一时间以通信的方式向外界人员传达消息，以便于外界人员采取措施将火灾带来的经济损失降到最低，而这种通信方式也需进行合理的设置，倘若消防通信系统设置不合理，也会影响整个火灾自动报警系统的使用效率。这就对设计人员提出了更高的要求，在设计消防通信系统时，应根据建筑内部实际构造和功能建立一个完善的消防通信系统，提高灭火的效率，以及降低火灾对人们的生命财产的威胁。另外，设计人员还应将消防通信系统贯穿于整个火灾自动消防设计中，特别是要将通信系统放置于容易发生火灾的区域，如水泵房、变电所、空调房，或消防控制中心等，进而为后续消防应急工作的顺利展开夯实基础。在进行消防通信系统设计时，还要对消防通信系统中存在的问题进行处理，确保通信系统能够满足建筑物的实际需求，以便为人员疏散及消防工作争取更多时间。

5. 火灾报警控制器设置

火灾报警控制系统的选择也非常关键，这就对设计人员提出了新的要求，在进行火灾自动报警系统设计时，应结合实际建筑需求来选择适宜的火灾报警控制器，要选择信号好且质量佳的，因为这样才能降低火灾对人们的危害，倘若发生火灾，自动报警控制器会发出火警信号，进一步通知工作人员采取相应的措施来控制火灾。通常情况下，火灾报警器的设置应按照相关规范作业标准来进行，这样才能确保民用建筑内部人员的生命安全。另外，设计人员在选择火灾报警控制器的同时，也要充分考虑民用建筑内部的通信系统，要具备相应的通信接口，将报警控制器的作用发挥出来。大多数情况下，应将火灾报警控制器系统安置于消防控制室内，一旦发生火灾，控制器会发出火警信号并联动相应的消防设备，进而在第一时间内将火灾危险系数降到最低。

6. 优化布线与接地设计

除了要做好上述工作外，设计人员还应优化布线与接地设计，这也是提高火灾自动报警系统质量的关键，由于民用建筑内部组成结构比较复杂，更加需要结合实际情况优化布线和接地设计。作为一名优秀的设计人员，应结合消防的及时性和范围性特点，采取科学的措施来提升布线与接地设计的质量，在最大限度上对建筑物发生火灾时进行掌控，减少火灾对人们生命财产安全的影响，当然也要防止通信系统或警报系统出现问题，要对这些系统进行合理的管理，这样才能推动消防工作顺利开展。另外，布线和接地的设计应采取合理的方式来进行，常用的方法是采用具有阻燃性能的电缆，或是金属材质的管槽来优化设计，因为只有这样才能减少火灾对建筑物的影响，减少对生命财产的威胁，最重要的是要保护系统电路及手动控制装置线路，最终达到控制火灾蔓延的目的。

7. 灭火系统联动设计

当前民用建筑内部常用的火灾自动灭火报警系统就是水灭火系统，其主要是指在发生火灾时喷头开始工作，自动喷水灭火，进一步将火灾控制在合理范围内，但不同建筑形式的灭火系统也存在着差异，这就对设计人员提出了新的要求，应结合实际建筑物需求来优化设计消防灭火系统。首先，设计应根据民用建筑内部自动喷火系统的实际状况来进行，以便于提高消防工作效率且将火势控制住。其次，也要对相应的信号阀、压力开关等模块进行检查，确保它们与报警控制系统有效连接，一旦发生火灾，这些系统能自动启动且快速灭火，进而发挥火灾自动报警系统的价值，确保民用建筑内部人员生命财产安全，以及有效降低火灾的发生概率，提高整体火灾自动报警系统的应用价值。

五、火灾自动报警系统施工中的问题及解决对策

（一）火灾自动报警系统存在的问题

1. 特殊环境无法使用

火灾自动报警系统的探测组件和联动设备在高温或高湿环境下易受到损坏，导致报警系统无法正常工作，通常情况下工作人员会将出现故障设备进行屏蔽以保证其他系统正常运转。

2. 火灾自动报警系统判断不准确

火灾自动报警系统每一次使用均需要较高成本，由于部分设备是一次性产品，在后续检修时需要进行更换处理，且配件无法单独更换，需要对部分设备进行更换。因此，每次使用成本均较高。

火灾自动报警系统对火源检测时会出现错误，例如香烟的烟雾，系统无法准确进行判断，常意外激发系统启动。

3. 安装位置无法有效检测

设备有效运行的前提是安装位置合理，安装人员对火灾自动报警系统不够了解，安装设备位置无法进行全面监控。部分施工人员不按图纸进行安装或随意更改安装位置，导致设备无法使用。部分安装完成后，由于杂物堆放或建筑整改，导致火灾自动报警系统做不到全面有效的监控。

4. 火灾自动报警系统易损坏

由于火灾自动报警系统需要高灵敏度检测，高灵敏度的仪器需要定期维护，但部分维护人员对火灾自动报警系统不了解，在维护时易造成损失，尤其在大商场等复杂场地的检测，常由于检测点过多，存在漏检、检测不仔细等问题，从而导致火灾自动报警系统无法正常运转。由于检测人员手法过重，导致系统人为损伤，造成系统无法正常检测。

（二）解决对策

1. 加强施工人员培训与管理

（1）加强培训

在大数火灾检测失灵原因中，施工人员对检测系统了解不足是设备失灵的重要原因，因此，加强施工人员培训较为重要。施工人员应熟练掌握消防设备安装标准，以准确判断安装位置。

施工人员应根据安装单位的需求制定合理的应对方案，根据消防设备安装标准进行火源检测器种类的选择，以满足安装单位需求，保证系统检测准确性。

（2）加强监管

检测时由于检测人员知识储备不足等原因，无法有效检验，对此，应加强监管力度与健全审核机制，使用更严格的方式，使安装单位加强对检测人员的学习与培训。

消防部门应定期对安装单位进行指导与监督，促使相关单位对火灾自动报警系统进行责任落实，使安装人员可更加规范地进行安装作业，同时对施工过程进行及时查看与审核，保证每一个设备均可以正常使用，保证设备与设备间的有效关联，使其在火灾发生前可以正常工作。

（3）加强人员配合

在火灾自动报警系统施工中，工人间的配合尤为重要，每一个部位的安装与连接均应科学、合理，任何部件安装错误都导致系统无法运作。因此，应加强员工配合，确保设备间的关联准确性。

（4）提高审核需求

施工结束后，会审核各安装单位的项目是否合格，但部分审核人员自身专业素质不达标，无法及时发现存在的问题，导致审核工作不到位。因此，施工单位应加强对图纸的审核，实地查看图纸是否合格。施工人员应对安装数据进行详细记录，确保每一个位置的施工责任均可落实到个人。

施工时应在图纸上标记可能存在的误差，使其他施工人员发现问题可及时做出调整。施工结束后，应按照图纸标记进行检查，确保可以有效检测各个地方，使火灾自动报警系统更符合质量要求。

（5）加强后续维护

部分安装单位因维护成本过高，会延长维护周期，导致火灾自动报警系统无法正常使用，消防监督部门应定期进行督查与监管，督促安装单位进行定期维护。

2. 安装过程应规范化管理

安装火灾自动报警系统的大部分是临时组建的安装团队，安装系统时无法对安装细节进行较好把控，且很多安装人员对安装过程不重视，使后续设备关联产生问题，如两个施工团队同时进行排烟防火阀安装，由于施工人员不重视，导致排烟防火阀使用过程不连续。

（1）相连线路质量问题

部分安装团队为了节约成本，会在线路上偷工减料。线路安装在墙体内，无法直观显示，部分安装团队会选择使用劣质线路以降低成本。劣质线路在使用中可能会出现高温进而发生过热、短路等情况，引发火灾。火灾自动报警系统原本是预防火灾发生的工具，但劣质的线路会导致系统成为火灾的导火索。

（2）施工过程不认真

布置火灾自动报警系统线路时，应避免在穿线时管道有积水、碎屑等，但由于施工监管力度不够，导致施工人员在穿线时未清理管道，引发线路短路。

需要保证线路管道绝对干燥，但施工人员在对出线口密封时，没有进行有效密封，是引发短路的重要原因。

（3）火焰探测器安装不符合要求

安装火焰探测器时，应按照周围 50 cm 范围没有障碍物的安装规范，且温度探测器应安装在火焰探测器不足 10 m 的位置。部分安装人员未规范化安装，使安装位置距离过大，且部分安装人员为了快速完成安装任务，在线路未通的情况下安装设备，造成火焰探测器无法正常工作。

3. 认真负责地检测与保养

（1）火焰探测器

火焰探测器作为系统的核心部分，需要在消防单位的监督下进行检测，需要多方面进行测试，保证检测结果的准确性，对不能准确探测的部件应及时维修，同时应保证探测器检测的区域能够准确在报警控制器上显现。

（2）线路

线路是串联系统的重要部分，应定期检查线路是否存在老化、漏电、过热、断裂等问题，出现问题的线路须及时更换，保证设备与设备间可有效关联，使火灾自动报警系统可以有效运转。

（3）消防联动系统

消防联动系统具有保障群众及时逃离、降低火灾扩散的功能，检测人员需要定期维护、检修设备，保证在火灾发生时可及时启动。消防联动系统的检查项目主要为发生火灾时能否及时打开排烟管、快速打开逃生通道以及喷水系统、防火门的工作情况等。

（4）自动喷水灭火系统

自动喷水灭火系统能够有效扑灭初期的火灾，降低不确定性风险，抑制火源的扩散。长时间不使用易造成杂质沉淀，引起堵塞，因此，定期保养自动喷水装置较为重要。应定期更换喷水装置的喷头，定期排水，保证流水管道不会由于水里的杂质造成堵塞。

火灾自动报警系统的维护与保养是必须进行的部分，作为保证群众生命与预防火灾扩大的主要工具，必须对其进行定期维护，维护群众安全与财产。

总之，鉴于火灾险情控制工作的重要性，社会各界人士应加大对火灾自动报警系统的研究力度，要加大对其工作原理以及联动系统的了解，确保在火灾时，能够对该系统进行灵活运用，最大限度减少火灾所造成的影响，为民众的人身财产安全提供可靠保障。

第三节　消防联动控制系统

随着经济建设的快速发展，我国各种大型商业建筑、超高层建筑等逐渐地出现，现代化的建筑普遍存在规模大、要求高、人员密集、设备繁多，基于此，对建筑防火功能提出了更高的要求。为此，除了选择建筑平面设计、选用建筑材料、建筑、机电设备配置方面具有较多的局限性之外，还应当在建筑中配置关乎建筑发展的消防设施。目前，占据现代化发展重要地位的就是消防联动控制系统，及时通报火灾，避免或降低火灾带来的伤害，维护人们的生命及财产安全，要想实现这几点，不可缺失的就是火灾自动报警系统的相关设施。建筑中所设计的电气工程、安装、使用方面是否正确既影响到建筑的消防安全，又直接关乎着建筑中的各个消防系统是否充分地发挥出了自身真正的效用。因此，优化设计消防联动非常重要。

一、消防联动控制系统的特点和形式

消防联动控制系统是现代建筑物防火设计的一项重要内容。从总体来分可分为三类：现场联动；集中联动；现场与集中相结合联动。

（一）现场联动

设备是在现场人工动作或火灾情况下自行动作，用来在现场获取火灾信息并通过地址编码控制模块（以下简称控制模块或模块）发出联动信号。动作发生后，一方面由报警总线将报警信号送到报警控制器；另一方面由联动输出线将联动信号送到受其联动的设备。现场联动控制方式的特点是：

（1）布线少，设备量少，工程造价低；

（2）所有设备动作都以编码形式送到消防控制室，但不能在消防控制室实现操作；

（3）各设备之间的联动关系是靠现场布线实现的，不易修改，当需要层联动时布线较复杂。

（二）集中联动

除上述现场联动各功能外，增加控制和反馈信号，均由消防控制室进行集中控制和显示。此种控制系统特别适用于采用计算机控制的楼宇自动化管理系统。

（三）现场与集中相结合的联动

在一部分消防联动控制系统中，有时被控制对象特别多且控制位置也很分散，如有大量的防排烟阀、防火门释放器、水流指示器、安全信号阀（自动喷水灭火管网、支管上阀门，开闭有电信号的装置）等。为了使控制系统简单，减少控制信号的部位显示编码数和控制传输导线数量，故亦可采用将控制对象部分集中控制和部分分散控制方式（反馈信号集中显示）。此种控制方式主要是对建筑物中的消防水泵、送排风机、排烟、防烟风机、部分防火卷帘和自动灭火控制装置等，在消防控制室进行集中控制，统一管理。对大量的而又分散的控制对象，如防排烟阀、防火门释放器阀等，采用现场分散控制，控制信号送至消防控制室集中显示，统一管理。

总之，消防联动控制应根据工程实际规模、管理体制、功能要求合理确定控制方式，无论采用何种控制系统，皆应将被控制对象执行机构的动作信号送至消防控制室。

二、电气消防联动控制系统的设计

（一）配电系统设计

1. 配电系统要求

消防设备配电（两个电源或两回线路）应从总配电室或分配电室采用单独的供电回路，以放射方式供电。同时《高层民用建筑设计防火规范》规定，高层建筑的消防控制室、消防水泵、消防电梯、防排烟风机等的供电应在最末一级配电箱处设置自动切换装置。因消防控制室为独立房间，消防水泵有水泵房，消防电梯有电梯机房，最末一级配电箱设置在相应的房间内实现切换即可，而防排烟风机一般分布比较分散，每台风机负荷又不太大，在实际工程中低压系统设计时给每台风机两个配电回路比较困难。例如在某大厦的设计时，风机采用了树干式供电，几台防排烟风机共用两个专用回路，在一个配电箱处实现双电源自动切换，再由此配电箱配电至相应的风机控制箱，这样既符合规范要求，又使配电线路简单，施工方便。

2. 配电线路的保护

（1）消防用电设备配电回路不应设漏电开关。

（2）对特别重要的消防设备如消防水泵、防排烟风机不宜装设过负荷保护，如有过负荷保护应作用于报警而不应作用于跳闸。但当消防动力设备有备用设备时，热继电器作用于跳闸往往是实现备用设备自动投入的必要条件。可见，热继电器作为两台设备自投的必要条件，不能省略，应作用于跳闸，这一点是设计人员在设计中容易忽视的问题。

（二）消防水泵

1. 消火栓用消防水泵

按照相关的设计规范，在消防控制室应能对消火栓水泵作起、停控制。设计中常用的起动方式有两种，第一种是通过消防联动模块控制方式，将楼内任一消火栓按钮在现场的动作信号通过消防报警模块送至消防控制室的控制器，再由控制器自动发出信号到消防泵控制箱旁的一个消防控制模块起动水泵。在消防控制器上应同时设置手动起动按钮。第二种方式是将消火栓按钮开关量接点直接输入到消火栓水泵的控制箱起动水泵。按照规范要求，消火栓按钮控制回路应采用 50 V 以下的安全电压，因而按钮接点不能直接连接在控制箱中的 220 V 或 380 V 控制回路中，而应接入增设的控制变压器（36 V）的线路中来实现控制，从而保障消火栓按钮在火灾溅水时，也能安全使用。在高层建筑中消火栓数量较多，第二种方式连接控制线路过多过长，因此在设计中多采用第一种方式。

2. 自动喷水灭火系统消防水泵《民用建筑电气设计规范》规定，“自动喷水灭火系统中设置的水流指示器，不应作自动起动消防水泵的控制装置。报警阀压力开关、水位控制开关和气压罐压力开关等可控制消防水泵自动起动。”另外，根据规范要求，应在消防控制室设消防水泵的应急起、停按钮。

（三）电动防火卷帘

1. 一般在电动防火卷帘两侧设专用的感烟及感温两种探测器，声、光报警信号及手动控制按钮(应有防误操作措施)。当在两侧装设确有困难时，可在火灾可能性大的一侧装设：

2. 电动防火卷帘应采取两次控制下落方式，第一次由感烟探测器控制下落距地 1.5 m 处停止；第二次由感温探测器下落到地，并应分别将报警及动作信号送到消防控制室；

3. 电动防火卷帘宜由消防控制室集中管理。当选用的探测器控制电路采取相应措施提高了可靠性时，亦可就地联动控制，但在消防控制室应有应急控制手段；

4. 当电动防火卷帘采用水幕保护时，水幕电磁阀的开启宜用定温探测器与水幕管网有关的水流指示器组成控制的电路控制。

（四）排烟风机

火灾报警后，须启动排烟风机。当设在排烟风机入口处的 280 ℃防火阀动作后，应停止排烟风机入口处的运行。将联动模块的一个常开触点串入排烟风机的启动回路中，而将防火阀限位开关的常闭触点串入排烟风机的停止线路中。其动作原理为：当火灾报警后，联动模块接受指令。触点状态转换，排烟风机启动。当排烟风机管道入口处 280 ℃防火阀动作后，限位开关常闭触点断开，排烟风机停止运行。

（五）非消防电源断电及电梯的应急控制

1. 火灾确认后，应能在消防控制室或配电所（室）手动切除相关区域的非消防电源；

2. 火灾发生后，根据火情强制所有电梯依次停于首层，并切断其电源，但消防电梯除外，对电梯的有关应急控制要求应执行相关规范的规定；

3. 消防电泵（包括喷洒泵）、排烟风机及正压送风机等重要消防用电设备，宜采取定期自动试机、检测的措施。

三、案例分析——地铁消防联动控制系统研究

（一）火灾报警确认

火灾报警的确认有自动确认和人工确认两种方式。火灾自动报警系统（FAS）的控制盘具有火灾报警自动确认的功能。

1. 自动确认

在车站、车辆段、停车场、控制中心、主变电站同一个探测区域，如果有两个感烟探测器同时报警（含自动灭火控制盘发出确认报警信号），或者有一个感烟探测器或感温探测器报警，同时有一个手动报警按钮报警，则为自动确认报警，FAS 自动发出火灾模式指令至 BAS；FAS 自动启动消防联动模式。

2. 人工确认

当只有一个探测器或手动报警按钮报警时，系统只向车控室发出火灾预警信号，需要

人工对火灾预警信号进行确认。在人工确认为火灾时，由人工选择相应的火灾模式，向BAS发出火灾模式指令。人工确认的方式有人员现场确认和通过闭路电视确认两种。在车站级FAS收到火灾预报警信号后，若报警区域在闭路电视监视范围内，消防值班员通过闭路电视进行报警确认；若报警区域不在闭路电视监视范围内，则由车控室值班员通知现场值班员携带无线对讲机到报警现场进行报警确认。

在区间隧道内除自动（分布式光纤测温系统等）、手动报警火灾外，还可通过轨旁电话或车载电话向控制中心值班人员报警。在系统确认为火灾模式时（自动确认和人工确认），FAS自动联动相应消防设备，包括消防卷帘门。

（二）消防联动控制系统分工原则

火灾自动报警及消防联动控制系统的主要分工原则如下：

（1）火灾报警。火灾信息由火灾自动报警系统（FAS）提供。

（2）系统协调。火灾情况下，各系统之间协调由综合监控系统（ISCS）实现。

（3）联动控制。联动控制输出由环境与设备监控系统（BAS）执行。

FAS、ISCS均具有一定的联动功能。所有专用消防设备的火灾联动控制由FAS直接联动（车站专用排烟风机除外）；车站消防广播、乘客信息系统的联动控制由ISCS完成。

（三）车站内火灾时的消防联动控制

车站火灾探测及报警与消防联动控制是由BAS、FAS、综合监控系统共同完成。FAS实现火灾探测及报警功能，并实现专用消防设备的消防联动（即警铃、检票机、防火卷帘、门禁、消防水泵等）；BAS实现电梯、自动扶梯、照明导向、通风空调等设备的消防联动；综合监控系统实现消防广播、乘客信息服务、闭路电视监控、三级负荷总开关等设备的消防联动，并向控制中心发送报警信息。FAS发出的火警指令具有最高优先权，当发生火灾时，通过通信接口向综合监控系统和BAS发出报警信息和火灾模式指令，按模式指令BAS将其所监控的设备运行模式转换为预定的救灾状态。车站由综合监控系统设置IBP，用于手动控制消防设备。

车站火灾时，系统实现的联动控制功能有自动控制、半自动控制（包括控制中心手动模式控制、车站手动模式控制、车站综合后备盘手动模式控制三种方式）、就地点动控制。

1. 自动控制

车站火灾自动报警系统（FAS）检测到火灾信号并自动确认后，由火灾自动报警系统（FAS）自动下达火灾模式控制指令给环境与设备监控系统和综合监控系统，环境与设备监控系统自动进入模式控制程序，并将火灾模式指令执行信息反馈给综合监控系统。

2. 控制中心手动模式控制（半自动）

火灾自动报警系统（FAS）检测到火灾信号并确认后，一方面给车站环境与设备监控系统下达火灾模式控制指令，同时也将火灾模式指令送至综合监控系统。中央级综合监控系统在接收到信息后，全线消防救灾指挥中心的消防救灾指挥工作站（火灾情况下控制中心自动转换为消防救灾指挥中心、环调工作站自动转换为消防救灾指挥工作站）自动弹出相应窗口，值班员确认 BAS 是否执行消防联动模式指令，如未执行则根据接收到的火灾模式信息，将通过综合监控系统人工下达模式控制指令给环境与设备监控系统，环境与设备监控系统自动进入模式控制程序，并将火灾模式指令执行信息反馈给综合监控系统。

3. 车站手动模式控制（半自动）

车站火灾自动报警系统（FAS）检测到火灾信号并经人工确认后，车站级综合监控系统操作员工作站自动弹出相应窗口，值班员根据接收到的火灾模式信息，下达火灾模式控制指令给环境与设备监控系统，BAS 自动进入模式控制程序，并将火灾模式指令执行信息反馈给综合监控系统。

4. 车站综合后备盘手动模式控制（半自动）

由控制中心授权，车站值班员可通过综合后备盘手动按钮，下达火灾模式控制指令给 BAS，BAS 自动进入模式控制程序，并将火灾模式指令执行信息反馈给综合后备盘。

5. 就地点动控制

如果上述自动、手动方式均无法启动相关的火灾模式，可由人工在环控电控柜上进行相关操作，单台启停控制相应救灾设备。

（四）隧道火灾的消防联动控制

区间隧道发生火灾时，系统实现的联动控制功能有半自动控制（包括控制中心手动模式控制、车站手动模式控制、车站综合后备盘手动模式控制三种方式）和环控电控室就地点动控制。

1. 控制中心手动模式控制（半自动）

隧道发生火灾时，由控制中心根据区间火灾具体情况，人工给相应车站环境与设备监控系统发送区间火灾模式指令，由车站环境与设备监控系统执行控制指令，并将火灾模式指令执行信息反馈给综合监控系统。

2. 车站手动模式控制（半自动）

由控制中心授权，车站值班人员可通过车站级综合监控系统操作员工作站给环境与设备监控系统下达区间火灾模式控制指令，由环境与设备监控系统执行控制指令，并将火灾模式指令执行信息反馈给综合监控系统。

3. 车站综合后备盘手动模式控制（半自动）

由控制中心授权，车站值班员可通过综合后备盘手动按钮，下达区间火灾模式控制指令给环境与设备监控系统，环境与设备监控系统自动进入区间火灾模式控制程序，并将火灾模式指令执行信息反馈给综合后备盘。

4. 就地点动控制

如果上述半自动方式均无法启动相关的火灾模式时，可由人工通过环控电控柜单台启停控制相应救灾设备。

（五）控制中心大楼、车辆段及停车场消防联动控制

控制中心大楼、车辆段与停车场的火灾探测及报警与消防联动控制由 FAS、BAS 共同完成，当发生火灾时，FAS 启动消防水泵并监视水泵的状态、切断非消防电源、监控专用消防风机，BAS 实现环境机电设备消防联动。FAS 发出的火警指令具有最高优先权，当发生火灾时，通过数据接口向 BAS 发出报警信息和火灾模式指令，按模式指令 BAS 将其所监控的设备运行模式转换为预定的救灾状态。在控制中心大楼、车辆段与停车场由 FAS 设置消防联动控制柜。

（六）地铁消防联动控制系统需要重点关注的问题

1. 地铁消防联动控制供电的问题

地铁消防联动控制系统应确保在发生火灾时，地铁运行常规电路被切断的情况下依然能够独立运行。虽然当前主流地铁消防联动控制系统中的外控设备均采用独立供电系统进行供电，但由于设计初期未充分考虑到工程实际中，系统远端和最不利点因线路敷设距离过长造成电压损耗，进而出现相关设备无法正常启动的情况。因此，应在可能出现此类情况的设备附近增设联动电源，以提高有关设备的可靠性。此外，一些地铁工程在设计之初，存在控制线路和控制设备选型的适配度隐患，在火灾工况等极端情况下容易导致供电中断，致使系统无法正常联动。这就要求除了在系统设计之初对供电相关设备做好分析和统筹规划外，还应在系统投用后加强对供电线路的实时监控，对一些重要设备加装巡检设施，确保设备一旦发生异常，能够及时采取措施予以解决，确保联动电源始终处于正常运行状态。

2. 地铁消防联动控制系统的维护

地铁消防联动控制除了需要联动常规消防设施设备外，还需和地铁特有的相关设施设备进行联动，涉及多系统之间的协同，具有高度智能化、自动化、集成化的特性。为确保地铁消防联动控制功能的可靠性，必须定期对地铁的联动控制功能进行测试、维护和保养。在日常维护保养时，应提前做好充分准备，积极联系联动控制所涉设备的生产厂商或者经销商，提前获得相关产品的技术支持，同时在维保工作中确保现场相关零配件的余量供给。此外，在维保测试前要掌握特定场所、特定区域的联动控制工作原理，充分制定测试、维保策略，设定多情景、多工况的测试方案，查找联动控制中可能出现的短板和薄弱环节，进而改进和优化，同时，在维保测试时要合理建立场景、设备、状态和功能实现的整合清单，仔细比对排查，确保联动控制系统的可靠有效。

总之，消防联动控制设计，涉及建筑，给排水、暖通、电气，消防等各个专业，只有加强各专业间沟通协调，各专业人员熟练掌握运用各相关规范，了解掌握各相关专业规范中对有关设备控制方面的具体要求，把好设计源头关，使消防联动控制系统设计更加完善，才能确保工程消防联动控制系统设计的安全可靠，用一个完整的工程设计指导施工安装和运行管理。

第四节 防排烟系统

近年来，我国建筑火灾事故频发，严重威胁人们的身体健康、财产安全。众所周知，火灾发生后，可燃物燃烧过程中会产生大量的烟气，烟气中存在大量的有毒、有害物质，如 CO、CO_2、H_2S 等。吸入有毒烟气后发生窒息是火灾导致人员死亡的首要原因，所占比例高达 80% 左右。防排烟系统的主要作用便是加快烟气扩散，是火灾救援中的一项基本设施保障。为确保防排烟系统的作用可以得到充分发挥，须及时解决防排烟系统存在的问题，提高防排烟系统的有效性。

一、建筑防排烟系统的构造和功能

（一）防烟系统构造和功能

防烟系统是在楼梯间前室或消防电梯前室，安全性较好，通风较好、出入方便的位置。防烟系统设置有两种方式，一是采用自然通风的方式。如果建筑自然通风条件良好，就完全靠自然风力保持建筑里外空气的流通产生风压，把烟送出去。另一种是建筑设计不具备自然通风的条件，就必须在防烟部位安装机械加压送风设备，由室外加压送风机通过送风竖井送风，既能给室内输送新鲜空气，也能防止烟气进入安全疏散通道。发生火灾危险后，室内人员能通过疏散通道快速离开。

（二）排烟系统构造和功能

排烟系统一般设置在疏散通道、中庭，如果是商超或者人员聚集的娱乐场所会设置在人员比较密集的大厅或者可燃物较多的地方。排烟方式也有自然通风排烟和机械排烟两种。自然通风排烟出口不同于电梯间前室依靠窗户送风，排烟出口是专门设计的。自然风力的流动使可燃物的燃烧产生不均匀的室内外热压，从而自然排烟。机械排烟是依照建筑防火设计规范设置排烟系统的位置，但这里不具备自然通风条件，所以采用机械排烟设施。机械排烟设施主要有排风管道、竖井、排风机、防火阀等设备构成。排烟系统是发生火灾后，及时启动，把被污染的空气排放到建筑外面，同时在火区形成负压，防止有毒烟气向其他区域扩散，短时间内，建筑内部空气污染浓度不会太高。

二、保证建筑防排烟系统性能优良的重要性

在建筑设计过程中，一般将防排烟系统分为排风管道、管井、防火阀、阀门开关设备、排风机等设备，建筑防排烟系统包括机械加压送风的防烟设施和可开启外窗的自然排烟设施。

当建筑发生火灾时，现场人员一般会产生一些消极心理，比如紧张、焦虑、恐惧等，不利于在短时间内判断出正确逃离火灾现场的方向，从而耽误最佳逃离火灾现象的时机。所以在建筑系统内设置防排烟系统，有效控制建筑物中一些易燃与易爆空气的蔓延，有效阻止火势扩散，为人们逃生争取更多时间，因此说建筑物中防排烟系统是非常重要的。

（一）减少烟气的产生

在我国建筑防火设计防范中，将建筑的防火等级分为一级防火和二级防火，要求建筑的承重构件采用不燃材料，因为烟气是可燃材料燃烧的产物，当然非承重构件也应采用不燃材料。在室内装修时必须尽量采用不燃或难燃材料，室内装修实施过程中非常容易发生易燃材料使用，所以希望更多人保持行业操作规范，按照要求进行装修，最大程度减少建筑物内能够产生烟气的物品总量，为人们营造一个安全的生活和工作环境。

（二）控制烟气的蔓延

根据消防技术规范要求，在建筑物的水平方向应设置防烟分区，并且要求防烟分区不得跨越防火分区，面积不得超过 500 m^2。在建筑设计中一般采用梁、防烟垂壁、隔墙等维护设施将烟气临时控制在一定区域内，防止烟气在水平方向不断蔓延；采用防火堵料对建筑每层的管道井、电缆井、玻璃幕墙与外墙之间的空隙进行封堵，防止烟气在垂直方向上自然流动；通过设置前室、封闭楼梯间、入口设置疏散方向的防火门等手段防止烟气进入电梯井、楼梯间，以防止烟气迅速进入形成“烟囱效应”。

（三）及时消除烟气

为了能够在短时间内消除建筑物内的烟气，一般会在房间、内走道、楼梯间的外墙上设置可开启的窗户，且窗户面积不应小于房间面积的 5%、走道面积的 2%，靠外墙的楼梯间每五层可开启外窗面积不应小于 2 m^2，这样就能够保持室内外空气流动，从而将烟气自然排出。如果建筑物不满足自然排烟条件，就要通过设置机械排烟设施排出烟气，从而保证建筑物内人们的安全。

三、防排烟系统设计

（一）民用建筑防排烟系统设置场所

（1）防烟楼梯间及其前室、消防电梯间前室或合用前室、避难走道的前室、避难层（间）应设置防烟设施。

（2）设置在一、二、三层且房间建筑面积大于 100 m^2 的歌舞娱乐放映游艺场所，设置在四层及以上楼层、地下或半地下歌舞娱乐放映游艺场所应设置排烟设施。

（3）中庭应设置排烟设施。

（4）公共建筑内建筑面积大于 100 m^2 且经常有人停留的地上房间应设置排烟设施。

（5）公共建筑内建筑面积大于 300 m^2 且可燃物较多的地上房间应设置排烟设施。

（6）建筑内长度大于 20 m 的疏散走道应设置排烟设施。

（7）地下或半地下建筑（室）、地上建筑内的无窗房间，当总建筑面积大于 200 m^2 或一个房间建筑面积大于 50 m^2，且经常有人停留或可燃物较多时，应设置排烟设施。

（二）排烟设施设置

建筑排烟方式包括自然排烟和机械排烟两种方法，以前很多高层建筑都采用自然排烟方法，但随着建筑层高增加、建筑防火要求严格化，高层建筑自然排烟方式的弊端逐渐显露出来，比如设在迎风面的排烟窗口在火灾发生时不利于排烟，而且还可能发生烟气倒灌的可能性。所以现在大多数采用下悬窗、平移窗等幕墙保证排烟通畅，设计人员在考虑布置防烟分区时还要考虑热压影响作用，因为有的建筑受热压作用，建筑的高度有中和面，需要进行室内防火分区。排烟设施设置是为了保证建筑内部人员在相对安全环境中尽快逃生，但当烟气带火或烟气温度达到 280 ℃时，为了控制火势就需要将所有排烟通道关闭。

（三）防烟系统设置

防烟系统设置是为了最大程度保证排烟行为的有效性，将自然排烟与机械送风排烟进行比较，自然排烟的可靠性更好，排烟效果并不比机械送风排烟效果差。所以本文在此提出几点建议，促使自然排烟系统设置质量有所提升，保障防烟系统设置的可靠性和安全性。首先，重点考虑送风管道的材质和横截面积、送风口大小等，设计人员要严格按照建筑排烟相关规定，设计送风管时要考虑送风口大小和管道的横截面积，并且考虑不同送风管道必须使用不同材质，保证排烟系统构造合理性、科学性。其次，不断优化排烟系统的应用方式，比如当火灾发生时，发生火灾的楼层火势并没有对临近楼层构成威胁，那么就没有必要打开临近楼层的防烟设施，科学使用防烟设施才是保障人们安全的方法。最后，将关注重点放在排烟系统的送风量和漏风量测试上，实践证明，高层建筑内部电梯口和防火门总面积越大，排烟系统的漏风量越大，所以为了保证火灾发生时排烟系统的正常运行，按照规范要求设计加压区的加压值。

（四）防排烟系统与自动报警系统的联动控制

防排烟系统主要是在火灾发生初期起到一定控制作用，火灾自动报警系统正好能够及时发现和通报火灾，将两种系统联合在一起，就能够充分发挥两者各自的最大价值。但实际使用过程中，常会出现误报警现象，这些可能是由于设计中没有考虑周全分区问题、施工时没有按照标准执行，留下各种质量问题使得联动控制失去效果。所以正确设计、施工、维护、使用自动报警系统对于发挥防排烟系统作用是非常重要的。

四、建筑防排烟系统常见问题及改善措施

（一）选择的排烟、防烟方式不符合建筑实际需求

1. 建筑投资方为了控制建筑成本会采用自然通风的防排烟方式。但是实际建筑的构造

布局条件并不满足自然通风的条件。因为现代城市建筑布局密度较大，尤其市中心寸土寸金，通风效果并不太好。再者自然通风受季节影响，风向、风速变化很大，建筑排风口朝向、高差也会影响排烟效果，所以自然排烟效果很不稳定，选择排烟方式要综合评估，科学选择。

2. 科学选择排烟方式的方法和策略

首先，通风排烟设计规范规定除建筑高度超过 50 m 的一类公共建筑、高度超过 100 m 的民用建筑外，靠外墙的防烟楼梯间及其前室、消防电梯间前室和合用前室，宜采用自然排烟方式。但是也要考察建筑周边环境是否满足自然通风防排烟要求，要实事求是地解决消防安全问题。其次，自然通风防烟口面积也不能太小，消防电梯间前室和楼梯间前室，可以使用的通风口面积不小于 2 m^2。防烟楼梯间利用敞开的阳台、凹廊、前室或者使用不同朝向窗户自然排烟时，那么这个楼梯间就不用再另设防烟设施。最后，对于无法设置通风口的地下建筑、厂房、仓库等就必须要采用机械排烟。有些厂房、库房建筑对外观要求不高，所以用简易材料制作的采光带、采光窗进行排烟。但是有些单位选用代替材料，平时环境中不会熔化，但是排烟过程中会产生很大的热量会引发简易排烟通道熔化甚至起火。因此厂房、仓库这样的储藏大量易燃品的环境，选择防排烟设施要注意是否是正规产品，有没有质量保障。

（二）建筑排烟口、排烟窗设置不合理

1. 自然通风排烟口以及排烟窗的高度、分布、位置，排烟窗的面积等这些在规范上都有明确的规定指标，不满足要求就会影响排烟效果。由于我国建筑行业对防烟排烟系统并不重视，所以很多利用自然通风排烟的老建筑防排烟口、排烟窗设计不合理。常见问题主要有：

（1）排烟窗位置过低。因为烟和有毒气体会上升，为了保证人体呼吸区域内有毒烟雾浓度小一些，排烟口或者排烟窗的位置要高于人体身高，所以规范要求是烟口位置不低于其净空高度的 1/2，所以应该在 2 m 以上。

（2）排烟口控制区域过大。也就是说单位面积内排烟口的数量不够。

（3）排烟口距离安全出口的位置距离太小。因为燃烧烟雾还携带有粉尘和有毒气体，会影响视线，也会伤害呼吸道，所以要尽量远离安全出口的位置，以免阻挡视线，影响疏散。规范要求是不小于 1.5 m。

（4）控制排烟窗和排烟口的排烟阀装置缺乏手动备用装置。因为很多专用排烟口一般是关闭状态，而且位置较高，很多都在顶棚上，所以一般用遥控装置，紧急状态下还是需要手动装置。

2. 解决排烟口、排烟窗问题的方法

（1）排烟口、排烟窗位置要尽量高，最好设置在防烟分区顶棚上。排烟口、排烟窗分布均匀，数量不能太少，一个防烟分区控制最远点的水平距离不超过 30 m；排烟口的总面积要不小于防烟区面积的 2%

（2）控制排烟口的排烟阀一般与报警器连接，联动开启；但是如果发生灾害时，没有及时打开，就需要手动打开，要保证手动控制阀灵敏，方便使用。手动控制阀设置在墙面时，距地面宜为 0.8 ~ 1.5 m

（3）利用现代化联控装置把排烟口与排烟风机连锁控制，任何一个开启时，另一个就能自动开启，这样排烟设施就能更快地进入工作状态。

（三）防排烟系统排烟管道末端风口风量小

1. 防排烟系统风量偏小是建筑防排烟系统最常见的问题。笔者结合工作经验分析系统风量小问题原因，首先检查风机，风机功率偏小风压不满足排烟、送风需求；再就是风机设计的风量偏小。其次，风速过高，导致系统风量分布不均，部分风口的风量就会变小。最后，问题出现在通风管道内，施工时封堵不严或者没有完全封闭起来，所以造成传输压力不足；

2. 解决排烟送风系统风量不够问题的方法

排烟口末端风量小，第一，经检查如果是风机原因导致，就只能及时替换大功率风机，情况允许还可以增加一台风机并联使用。第二，检查排烟口、排烟阀、加压送风口部件，是否漏风量过大，把不合格的零部件更换就能解决问题。第三，风井漏风，就需要检查漏风点，抹灰堵漏。第四，设备本身不匹配，达不到设计要求只能要求厂家协助解决。

（四）建筑防排烟分区未按规范要求设置挡烟设施

1. 当前建筑防排烟系统还有一个常见的问题就是，采用机械排烟部位却没有按照规范要求在吊顶下设置挡烟垂壁。尤其是地下建筑、车库，虽然采用建筑的梁作挡烟设施，但排烟系统的排烟口并没有设在顶棚或靠近顶棚的墙面上，而是设在建筑梁的下面，这样根本发挥不了挡烟的实际作用。

2. 防排烟系统设计施工必须符合规范要求

防排烟系统设计者常犯的错误，就是片面地套用设计规范数据和条文，没有密切联系实际去考虑，这样的设计安排防排烟系统是否能正常工作，设施能否发挥实际作用。施工阶段，施工人员生搬硬套规范，没有认真审核图纸漏洞，施工完成后，看似符合规范，但实际发挥不了作用。就像挡烟垂壁，看似建筑梁可以替代，但是施工细节的配合完全没有到位。所以说无论是建筑设计者，还是施工方要慎重对待消防建筑消防安全设施的建设。

（五）其他问题和建议

1. 慎重对待隐蔽工程的施工和检测。技术人员要严格把关，按照规范的检测方法和频率检查。因为隐蔽工程质量发生问题，整改很麻烦，所以隐蔽部位要预留检查口，方便日后检查维护。

2. 保证建筑消防设施电源控制线路正常工作，线路不能发生裸露。电源线规格和品质也要符合规范要求，否则一旦发生火灾事故，电源线路出问题，防排烟设施就无法正常启动。

3. 要加强防排烟设施的日常检查和维护，保证风管、风井沿线穿梭的孔洞要密闭，防止风井内部堵塞。风管应尽可能削减转角次数，要检查转角，角度是否过小，影响送风、排烟。

4. 建筑装修或者改建，不能影响防排烟系统正常工作。很多建筑设计用途和实际用途不相符，所以可能造成就是防排烟设计不够人性化。再就是装修或者改建，造成设施不够完善。比如正压送风口数量偏少，楼梯间或前室未设置正压送风口，是因为根据建筑设计是不需要的，但是后来因为装修或者改建造成。

5. 送风口或排烟口的位置不合理。规范要求加压风机的进风口与排烟风机出风口要保证足够的间隔距离，防止排出的毒烟毒气，被进风口吸入，保证两者之间水平距离不能小于 10 米。

五、改善建筑防排烟系统问题的根本措施

（一）从源头重视防排烟系统的规划设计

当前人们不能只关注建筑的外观和实用性，更要关注其安全性，尤其是应对突发事件，预防设施是否符合要求。消防部门审核建筑防排烟方案时，应该对图纸进行详细的审查，保证其规划、布局、设计指标满足建筑实际需求，最后还要对应对方案的落实情况和防排烟实际功能进行全面检查，对于不合理的地方给出整改意见并保证整改措施有效落实。

（二）加强教育培训提升建筑从业者消防安全意识

要加强对建筑从业者的教育培养，提升其对消防安全建设的重视度。组织建筑设计人员、施工负责人和技术人员参与关于消防安全建设的培训指导。由消防问题的专家为大家普及建筑排烟设计、施工和保养维护的系统知识，提升一线工作人员的专业知识水平和实际操作工作能力。力争通过培训使相关工作人员的防火防烟意识提升。培训过程中要加强相关法律法规的普及，提升管理层的安全责任意识。

（三）加强防排烟系统施工管理

要保证防排烟工程的完成质量，就要加强施工管理，从技术、材料和完成质量上实行全面控制。因为施工过程是将图纸内容转化为成品的关键。加强施工管理严格按照规范要求施工。首先对施工原材料严格把关，按照规范要求对每个批次的成品和半成品进行检测，保证其合格才能用于施工。其次制定切实可行的施工方案，保证工程的工序流程和施工进度。最后建立施工质量管理体系，制定岗位责任制，对关键工程部位、涉及隐蔽工程部位要加强检查，经监理人员验收及认可签证后方能执行下道工序。防排烟系统建成之后，要进行联合试运行，不断调整，保证其正常运行，并且能良好地发挥防烟排烟的功效。一旦发现问题要根据消防的规定，及时整改，并且保证整改措施能有效解决问题，并且得到有效落实，客观地对系统的整体质量进行评定。

综上所述，建筑防排烟系统关系到用户的生命安全要慎重对待。随着社会经济不断发展，建筑的形式会越来越复杂多样，国家对建筑防火要求也会越来越严格，无论是作为建筑的防排烟系统的设计者，还是施工方或者验收管理部门都将会不断面临新的问题和挑战。我们要本着质量第一的原则，与时俱进不断提升技术水平和施工工艺，加强对建筑防排烟设施的维护和管理，把不安全因素控制在萌芽阶段，为人们建立舒适安全的生活环境。

第五节　消防通信系统

灭火救援是一项时效性非常强的工作，往往因为道路不明、通信不畅、现场情况不清、指挥调度手段落后等因素，致使火势得不到及时有效地控制，从而使小火蔓延成大火，甚至造成巨大的人员伤亡和财产损失，因此充分利用现代科学技术的最新成果，综合利用计算机网络、全球卫星定位（GPS）、无线移动通信、地理信息系统（GIS）、数据库技术等多学科先进技术，与消防通信调度指挥工作特点紧密结合，为灭火救援工作提供实时可靠的监控调度手段，为消防车辆快速、准确地到达火灾现场提供通信导航，为指挥员提供多样信息支持，有效地提高消防部队的指挥调度与快速反应能力，确保现场灭火救援工作快速、准确、顺利地展开，最大限度地减少人民的生命和财产损失，建设基于地理信息服务的消防移动通信调度指挥体系非常重要。

一、消防通信系统的基本介绍

随着近年来国内科技发展水平的不断提升，通信技术也得到了飞跃式的发展并广泛应用于各个领域。在消防无线通信技术中，最常见的技术主要包括短波通信和微波通信。其中，微波通信主要是应用在卫星通信中，通过在地球站或移动站之间建立相应的卫星中继站，从而完成微波通信联系的建立。通过利用无线网络运营商的公网信号，能够实现数据的远距离传输。利用超短波组建的通信网络，目前仍是现场通信的主要手段，目前 Mesh、公专网融合的通信类型产品正在逐步推广中，以进一步提高现场通信的效率和可靠性。

二、国内消防通信系统的基本现状分析

（一）消防通信系统应用范围相对有限

随着近年来国内城市化发展进程的不断推进，目前我国大部分城乡地区已经实现了对道路以及建筑的改造。然而，在此过程中，各类建筑高楼的不断增多，电磁环境也日益复杂，也给消防通信系统的构建和使用带来了一定的阻碍，导致系统覆盖范围受到极大的限制，大多数地区很难达到覆盖率 95% 以上的目标。与此同时，随着消防通信盲区的日渐增多，再加上由于当前消防通信系统中仍会出现信息缺失的情况，导致在火灾事故发生后，救援

人员无法确保可以即刻通过通信系统进行通信活动，从而给消防救援工作的进行带来了严重的影响。

（二）消防通信系统极易受到火灾现场影响

一般情况下，由于火灾现场往往都是浓烟且高温的环境，会给消防设备的正常使用以及电磁信号的传播带来一定程度的干扰，从而会导致传统消防通信系统无法正常工作。系统一旦受到此类影响，必然将给火灾现场的方案的紧急修正、指挥调度以及救援战术调整等工作带来不利，导致紧急信息无法及时准确传达，反而给火灾抢险工作的开展增加了负担。与此同时，一旦消防通信系统出现问题，现场消防工作人员无法及时接收通知，对具体情况了解有限，无法真正按照合理的救援方案进行操作，必然也将给工作人员以及现场其他人民群众的人身安全带来严重的威胁。

（三）通信技术手段种类相对较少

相较于部分发达国家，当前我国消防通信系统的发展仍处于起步阶段，通信技术手段的种类相对较少。与此同时，虽然无线通信系统已经大范围应用于消防通信系统中，但并未得到全面的发展和普及，这也是导致相关技术呈现为单一化的原因之一。目前来看，在国内大部分中小城市中，当地消防部门并未认识到无线通信技术的使用方法以及意义，同时由于缺乏应用通信系统的经验，也将会导致消防通信系统最终无法得到真正的应用，给消防工作的开展带来了不必要的负面影响。除此之外，在目前大多数消防通信系统中，系统内部仍旧存在功能不足或操作漏洞的问题，长期应用下去也必然会给消防工作的开展以及消防事业的发展带来阻碍，导致消防预警工作失效、消防执勤工作无法顺利开展以及火灾险情无法及时得到抢救，对人民群众以及工作人员的生命财产安全造成影响。

三、消防应急救援通信系统建设

（一）消防应急救援通信框架设计

消防应急救援通信系统在进行框架的设计过程中，应按照快速反应、机动灵活、指挥高效以及通信畅通的整体目标和需求进行。在框架设计的过程中，可以在常规的通信网络基础上，以卫星通信专网为主线展开以公用卫星电话、短波设备、超短波电台等为主要基础模块，进行消防应急救援通信系统的各项环节的建设。通过各方面的技术措施和方法，保障消防部队在进行各类灾害的救援过程中，任何的区域和地点都能够有效地进行指挥和通讯，从而解决了区域跨度大、范围广以及沟通难等多方面的问题。特别是在面对重要突发性事故过程中公用网络瘫痪的问题，此方面的框架设计能够有效地对其进行解决。

1. 大灾害消防卫星通信专网的建立

卫星通信设备的造价相对比较高，在使用过程中的经费支出也比较可观。同时，卫星通信专网的使用，对于相关技术人员的整体素质要求比较高。因此，在日常过程中使用的概率相对较低，不适宜在常规现场中进行应用。从卫星通信专网的使用范围来看，一般用于承担重特大自然灾害的通信保障方面。为尽可能降低费用消耗，在获取信道资源上宜采取长期租用和临时租用相结合的方式。

2. 公用卫星电话通信网的建设

公用卫星电话通信网的使用和建设具有重要的作用。在消防应急指挥系统中，公用卫星电话通信网使用的范围比较广，在我国各级消防机构大量配备使用。通常来看，公用卫星电话可以分为车载式和便携式两种类型。这两种类型所使用的范围和人员，可以根据实际需求而设定。一般来说，便携式可以保障灭火救援分队的机动通讯，而车载式可以有效保障整个部队进行及时高效的通讯。在使用过程中，可以有效结合数据及图文传输功能，来应对长距离话音通讯以及灭火救援指挥命令的下达。

3. 消防超短波通信网的优化

进一步优化消防超短波通信网具有重要的现实意义。超短波通信网是消防灭火救援部队通信的一个主要手段，同时也是短距离作战指挥的高效方式。消防超短波通信网可以根据需要进一步增加配备的数量，从而提高使用的效果和效率。在使用的过程中，通常会制定一些简单有效的通话规则，快速进行现场的沟通和交流，从而可以实现高效的灭火救援工作。消防超短波通信网的优化，能够有效解决现场各类突发性的问题，从而保障灭火救援工作的全面高效展开。

4. 消防短波无线通信网的设置

从消防短波无线通信网的设置和使用来看，消防短波无线通信网一般很少在普通部队进行使用。因为消防短波无线通信网的设备相对来说比较昂贵，而且在使用过程中受天气的影响比较大，同时，该设备对于相关操作人员的素质要求比较高。消防短波无线通信网一般适用于陆地搜寻与救护基地，一般不在发达地区基层消防机构进行配备。其主要目的在于高效解决远距离指挥问题，特别是在救援分队与指挥部的紧急联络方面使用较多。

5. 移动通信公用和专用网络

移动通信公用和专用网络广泛应用于消防应急救援通信中。在消防救援工作展开后，现场救援人员可以通过移动通信进行信息传输，高效地处理突发性事件。尤其是在一些较为复杂的环境区域内，移动通信设备将能够发挥出较为明显的优势。随着通信网络技术的快速革新和发展，3 G、4 G、5 G 图像的清晰度逐步提高。而且，相关的图像和视频的传输速度也得到了大幅度提升。3 G、4 G、5 G 图像传输设备借助专用网络，可以实现信息的快速传输和交换，为各级指挥部及时掌握现场救援情况提供诸多便利。这将有利于快速制定消防应急救援方案，为工作的全面展开打下坚实的基础。

（二）消防应急救援通信系统建设

1. 消防无线通信网的层次结构

从当前消防无线通信网的层次结构来看，一般可以分为三级组网。第一级网络为城市消防辖区覆盖网。其主要功能是保障城市各区域与本级和上级消防指挥中心的联络。城市消防辖区内的固定位置和移动中的消防力量，可以在灭火救援过程中进行及时有效的交流和通信联络，从而保障灭火救援行动的高效展开。第二级网络主要是指现场指挥网。现场指挥网主要在保障灭火救援作战现场范围内进行。现场指挥网可以实现各级消防指挥人员之间的快捷通讯联络。第三级通讯网为灭火救援战斗网。灭火救援战斗网主要是保障消防中队指挥员、战斗员、驾驶员等人员之间的通讯联络和沟通。

2. 消防应急通信组网技术体系的建设

消防应急通信组网技术体系的建设能够使得各个区域有效衔接，促使多队伍协同作战能力显著提高。消防应急通信网络技术体系主要分为 4 个层次，分别为战斗分队救援行动通信、消防中队救援行动通信、消防支队救援指挥通信以及消防总队救援指挥通信。通过各通信网的建立，实现多个区域、多个部队协同联系、相互支援，形成一个整体的作战单元。其次，消防应急通信组网技术体系的建设，还可以有效监控任意一个作战单元的通信设备，从而极大程度地提高整体的作战能力和水平。

3. 消防通信组网管理平台系统的建设

消防通信组网管理平台的搭建，能够使指挥中心对平台以及内部组网进行统一管理、统一调度，实现一个集中式的管理模式。这种管理模式可以实现在不同通信系统之间建立桥梁、建立搭接，实现一种动态组合。具体消防通信组网管理平台可以采用以下四方面的技术进行接入：多种通信技术系统接入模式，跨频段跨网络的通讯交换信息模式，通信用户、终端管理模式以及统一指挥通讯控制模式。

4. 移动指挥中心的建立

移动指挥中心的建立对于整体的消防救援行动是至关重要的。一般来说移动指挥中心可以分为三个部分，分别为部局移动指挥中心、总队移动指挥中心以及支队移动指挥中心。移动指挥中心主要负责现场火情状况跟踪、实时的信息获取，对于现场进行一个整体的调度管理。通过信息、语音、图像和数据等方式与现场进行通信联络和信息传递。同时，移动指挥中心可以向辖区指挥中心汇报相应的灭火救援行动状况，为辖区指挥中心下达综合性的指挥方案提供支持。在救援行动过程中，各级移动指挥中心与辖区指挥中心保持信息的交互和信息的沟通，其通过语音、图像以及数据等媒介方式进行传播。

总体来看，移动指挥中心能够实时地根据现场火情救援情况及时对现场进行指挥调度和管理，能够在第一时间组织现场进行有序的救援。同时移动指挥中心也为辖区指挥中心提供相应的现场解决临时方案，这也为辖区指挥中心对救援行动进行整体的规划和调度提供了前提和保障。

四、无线通信技术在消防通信系统中的具体应用及发展

目前来看，无线通信技术包含的内容极广，卫星通信、短波通信、移动数据通信以及

微波通信等都属于其范畴。一般情况下，微波通信都具有较宽的波段以及较高的频率，该通信技术不仅成本较低、施工较快，还能够很好地实现对语言文字以及图片的快速传输，高质量地完成对信息数据的准确采集、传输、检测以及交流。总的来看，无线通信技术在当今社会的发展过程中扮演着相当重要的角色，该类技术的合理应用，能够在极大程度上减少操作人员的工作量，降低日常工作中常出现的细节失误量，帮助操作人员迅速、准确地做出最佳决策。无线通信技术的发展和应用，同时也有效促进了国家科技水平的提高，为广大人民群众的工作生活带来了极大的便利。

（一）无线通信技术应用于消防现场

无线通信技术的优点主要包括高覆盖率以及高传播效率，可以很好地实现与消防通信系统的相互连接。因此，在消防救援现场，无线通信技术的良好应用往往可以有效地提高现场救援效率。同时，对其他消防工作效率的提高也有着明显的优势。一般来看，消防通信系统覆盖面积达到95%以上，是确保无线通信技术能够顺利展开的重要前提。举例来说，国内相关规定明确指出，现场救援人员在抵达事故现场后，需要在5 min内完成抢险措施的初步拟定，这就要求现场救援人员能够在极短的时间内成功抵达灾害核心区域或者在抵达现场前通过通信系统提前了解更多的现场情况，前一个方面就对现场救援人员的体能、技术战术储备有着极高的要求。而后者的有效发挥作用，则能降低前一个方面的需求，进而有效提升现场救援人员的救援效率，也能为进入现场的救援人员提供可靠的引导和安全保障。

（二）无线通信技术应用于信号反馈

通常情况下，在消防通信系统的应用过程中，信号反馈可以用来提升系统整体的预警水平。近年来，伴随着无线通信技术的迅猛发展，相应的反馈机制也在逐渐优化完善，这也在极大程度上增强了消防通信系统的火灾预警功能。举例来说，作为消防通信中的主要设备之一，消防电话系统能够在火灾报警时及时提供相应的信号反馈，因此，消防电话系统在整个报警系统以及消防控制系统中都发挥着至关重要的作用。一般来看，大多数信号反馈系统中都包括专用的通信专线，便于现场消防工作人员通过无线通信设置与外界取得联系，并实现与指挥控制室的沟通联络，这将有效减少火灾事故带来的损失。通过设立无线基站以及无线中继器，或通过提升发射功率，都能够有效防止信号在消防通信系统中传播时出现不稳定、衰弱等问题，更好地降低各类干扰因素给消防通信信号反馈带来的影响，为国内消防事业的稳定发展打好基础。

（三）无线通信技术应用于通信系统

在日常工作中，消防工作人员想要更好地完成调度指挥、灭火救援等工作，需要确定通信系统是否能够正常运行。目前国内大多地区都表现为消防盲区较多、高层建筑数量日益增多，导致系统无法正常运行，给消防工作带来极大不便。无线通信技术具有极高的传播效率及覆盖率，能够实现与车载调度设备的连接，帮助消防工作人员更方便快捷地进行指挥操控。同时，通过对视频进行联动调动，能够提升视频自身的稳定性，进一步提高照片的清晰度。虽然当前国内该类技术及系统的发展水平仍与部分国家存在一些差距，但随着技术的不断研发创新以及系统的逐步优化，消防通信系统的应用水平也将日渐提升。同时，消防报警装置以及调度线路也取得了明显的进步，为此，相关工作人员更应不懈努力，推动消防通信技术更好更快的发展。

（四）无线通信技术及消防通信系统的发展

在信息时代的大背景下，消防队伍对无线通信技术的重视程度也在不断提高，这将进一步促进无线通信系统在方案制度、消防演练以及相应新消防领域等多个环节的发展和进步。因此，有关部门应积极引进技术人员，促进消防通信技术的进步和创新，为无线通信技术及消防通信系统的发展打下基础。同时，消防队伍应为每位进入救援现场的工作人员发放通信手持设备，并合理利用地铁专用网、公网、自组网设备等，进一步提升灭火救援指挥工作水平。总的来看，随着消防通信系统的不断进步，有关部门应对技术标准进行完善统一，改变以往单一的通信模式情况，促进宽窄带融合、公专网融合通信系统的发展。相关部门还应建立起可靠的数据库，实现资源的共享，确保消防工作人员能够在险情发生的极短时间内接收到最新的信息资源。最后，为了进一步促进无线通信技术及消防通信系统的健康发展，相关部门还应注重加强对接警工作人员的综合能力的培养，从而有效提升系统的反应速度，增强系统的事故抵御能力，为广大人民群众的生命财产安全提供更多的保障。

五、消防专网通信系统的创新应用

前消防现场通信保障主要存在着救援力量纷杂，装备种类繁多；频率资源有限，缺乏统一管控；救援队伍通信装备水平参差不齐；部分救援队伍以民用设备为主，设备体积过大，防护等级低；公网通信缺少“保底”网络覆盖手段的问题，建设消防专网通信系统，规范技术体制与通信协议，优化利用频谱资源，实现应急通信装备的标准化与统一化，是解决上述问题的有效手段。

（一）消防专网通信系统的概念

消防专网通信系统包含固网与无线网两个层面。固网主要指现有的指挥调度网，目前已经建成并使用。无线网主要包括基于4 G专网基站、Mesh基站、语音基站、卫星便携站等共同组成的应急通信移动无线专网和根据应急管理部统一规划即将建设的370 M窄带通信无线专网。这里重点论述无线网在实际工作中的应用，4 G专网基站、Mesh基站、语音基站的组合是当前业内主流的现场应急通信组网方案，4 G专网基站具有高通量、广覆盖的显著特点，是现场专网通信的核心设备。Mesh技术具有无中心自组网的特点，特别适用于高层地下等复杂现场的宽带信号延伸，可与4 G专网基站配合使用，可快速搭建覆盖现场及周边1~5 km的宽带网络，为现场指挥提供了可供各类应用流畅运行的基础网络。

基于同播 PDT 技术的 370 M 窄带无线集群通信专网是应急管理部要求建设的语音通信网络。网络建设充分考虑了当前应急部门窄带频率数量的实际，从广覆盖与重点区域保障两个维度对窄带专网建设进行了充分考量。既满足在建城区应急通信大话务量的需要也充分考虑了广大的乡村、山区的应急通信基本需求。现场应急通信专网与 370 M 窄带无线集群通信专网共同构成了消防指挥专网的基础。公网主要保障日常勤务，专网注重应急通信。公网与专网的互为补充，各司其职，逐步转变了传统依靠公网通信的保障模式，丰富了保障手段，提高了保障可靠性。

（二）消防专网通信系统的优势

由于我国在公网通信中未为应急部门预留专用信道，造成消防在现场使用公网时需与民用争抢基站接入服务与带宽，同时公网状态不好掌握，特别是建筑物内公网覆盖情况不明，造成依托公网开展通信保障存在大量盲区且不具有进行公网补盲的能力。与公网通信相比，消防专网通信系统具有网络可看、可管、可控、可延伸的显著优势。主要表现在以下几个方面，一是灾害事故现场断电或人员大量聚集极易造成现场公网出现暂时性中断，在楼宇内部、地下空间公网存在大量信号盲区。应急救援无法选择灾害事故地点，应急专网可根据灾害事故发生的地点进行精准网络覆盖，可以相对准确地预估现场专网通信设备覆盖的范围，辅以现场扫频、信号强度检测等手段，可有效保证事发生地网络的稳定可靠。二是可以根据需要对现场网络进行拓展与延伸。可根据现在作战实际，对建筑物内部或主要进攻方向进行网络信号加强与延伸覆盖，特别是对高层地下建筑内部的型号延伸是公网通信无法通过现场调整做到的。三是可以提供高带宽的网络通道，目前 4 G 专网单基站上下线带宽可达 1 G，国内高通量 Mesh 设备的带宽也可达到 100 M 以上，完全可以满足现场高清视频、各类数据的传输需要，为前场决策指挥提供了基础保障。四是专网窄带通信具有穿透能力好，抗干扰能力强，保密性能好的优势，作为现场语音通信的保底手段，其低延时、高可靠与多信道群组通话机制，具有公网语音通信无可替代的优势。同时窄带专网补盲简单，单个基站覆盖可达 5 公里以上，可完全不依赖即设网络，特别适用于大型灾害事故现场。五是专网可管性强，现场通信员可随时掌握网络内用户登录情况，带宽、信道占用情况，对所有网内用户实行限制登录、限制带宽甚至遥毙操作，同时可为重点用户预留通信通道，保障重点作战方向的通信畅通。

（三）消防专网通信系统的应用

1. 高层地下等复杂建筑救援现场的应用。在处置高层地下火灾时，在灾害现场平面区域部署 4 G 专网基站，用于灾害现场 5 公里区域的 4 G 专网信号覆盖。同时，在高层建筑和地下空间通过 Mesh 中继台进行信号的接力传输。消防员配备的单兵图传采集的图像信号通过 Mesh 和 4 G 专网传输到前方指挥部的 4 G 专网基站，再通过公网回传前方指挥部或后方指挥中心。

在光线阴暗的场所，通过热成像仪采集现场的红外热像图，热成像仪、消防员配备的空气呼吸器采集装置、生命体征监测装置以及室内定位装置与消防员随身携带的智能接入网关相连，智能接入网关会根据所在区域的信号强度（Mesh、4 G专网）将信号回传。

2. 地质性灾害事故救援现场的应用。地质性灾害事故救援应急通信系统由图像、数据、语音等信息采集设备，运营商公网、政府无线专网、消防卫星专网和消防无线专网等信息传输设备，移动指挥终端、通信调度台等现场指挥设备以及智能电源箱等辅助保障类设备组成。

由于灾害发生前期公网基站瘫痪、道路损毁，为了第一时间回传灾害现场的音视频信号，需要消防员携带便携装备深入灾区。宽带数据传输方面，携带重量不超过15公斤的轻型卫星便携站、重量不超过5公斤的小型消费级无人机以及单兵图传、音视频布控球、云台摄像机等图像采集类设备。其中，轻型卫星便携站通过消防部队租用的亚洲九号卫星通信网与前方指挥部、后方指挥中心的卫星站互联，建立双向音视频传输链路，无人机、单兵图传、音视频布控球等设备采集的信号通过卫星便携站实现第一时间回传。

（四）消防专网通信系统的难点与解决思路

1. 技术体制方面

目前国内应急部门尚无国家批准的宽带频点，370 M窄带频点仅有39对，受到频率资源的影响，在应急领域应用专网宽带通信设备易受到各类不明信号源的干扰，在不同现场仍可能需要临时调整频率。370 M窄带通信虽有频点，但数量的不足制约了消防部门通信专网的建设，按照公安PDT集群网的建设思路，现有资源无法满足大规模建设需要，同时消防业务需要以广覆盖和现场保障为主，与公安以城市为主、以核心区为主的需求也存在一定的差异，在基站建设、应急通信组网上存在一定的区别。如何利用最新通信技术，深挖现有资源潜力是当前技术领域需要解决的重点问题。在专网应急通信设备设计制造上应更加突出小型化、模块化，更为强调设备的易用性与实用性，减少冗余功能，聚焦现场通信保障条件下快速布设、一键开机、自动成网、无缝延伸核心需求。同时加强行业资质与认证体系建设，建立应急通信行业标准。

2. 自身建设方面

十三五以来，消防应急通信保障人员数量、质量得到了较大提升，各地相继成立了应急通信保障队伍。在人员构成、队伍训练、器材装备上有了极大的发展。但是从整体上看，目前的人员素质能力与大型灾害事故现场通信保障需要还存在着一定差距。一是应急通信保障队伍对大型现场的应急通信认识不到位，主要局限在现场图像回传这一简单层面，没有把现场通信覆盖与通信组织作为首要任务来抓。二是对宽窄带融合等专网应急通信设备、中继设备等新型通信装备训练较少，缺乏实战经验，在大型现场存在不会用、不敢用的现象。三是应急通信人员还是较少，特别是支队以下级，通信人员不足已经成为制约现场保障的根本性问题。尚需在关键应急通信装备配备，日常通信操法训练，现场通信战术编成等方面做文章，最大限度发挥装备效能，提高人员作战能力。

六、基于 GIS 技术的消防通信指挥系统

在现代科技迅猛发展的环境下，GIS 技术应运而生，同时还凭借其鲜明的优势得到了社会诸多领域的关注，并在社会生产生活领域进行广泛运用，同时收获了诸多优秀的反馈结果。在城市化和城镇化建设步伐加快的过程中，建筑密度与建筑楼层有所增多，使得经济社会的发展环境以及居住环境日益复杂化，相应的各类灾害事故发生率与频率都逐步上升。频发的灾害事故，很容易给人们的生命财产安全带来巨大的威胁，进而给社会带来极大的不稳定因素。当今，GIS 技术在消防通信指挥系统建设当中扮演着重要角色，有助于消防队伍快速针对灾害特点做出反应，保证救灾及时有效。

（一）GIS 技术概述

GIS 实际上就是地理信息系统，是基于先进计算机技术手段与完善化硬件系统，收集地理空间数据，并完成对数据信息的分析、管理、显示以及操作。该系统类似于信息服务系统，会伴随着网络信息技术手段的发展而不断加强，当然在信息收集和处理能力方面也会不断强化，逐步拥有更加完善的功能。对 GIS 技术进行广泛应用，尤其是在消防领域进行推广，如今已经非常普遍，其中 GIS 技术当中的消防地理信息数据库内容要点，主要涉及以下方面：（1）消防地图广域性。消防地图必须要全面服务于消防工作的开展，由于消防现场救援工作难度大，非常复杂，对于细节要求高，那么地图必须要详细，同时包括范围也要尽可能地扩大，尤其是要包含所有的城市道路、县地图、消防站点分布、消防水源等信息，并且随着时间的推移，进行诸多信息资料的更新。（2）清楚记录地图消防设施。在 GIS 系统当中，必须清楚记录各个地图消防设施情况，这样可以在灾害事故发生之后，第一时间调取最近力量迅速处理。（3）及时提供灾害点周围地图并进行信息反馈。在对各技术进行应用当中，需要保证该技术可以提供灾害地点周围的地图以及消防要点，使得消防指挥系统能够在接收到信息之后，有效设计救援方案。

（二）GIS 技术在消防通信指挥系统中应用的必要性

在消防通信指挥系统的建设和运转过程中，GIS 技术有着不可替代的应用价值，用好这一技术手段已经成为提高消防工作质量和指挥成效的关键措施。把 GIS 技术应用到消防通信指挥系统当中的必要性主要体现在以下几个方面：（1）消防事业发展的内在需求。经济事业的快速发展，推动了生活水平的提高，也带来了日益增加的建筑物数量和规模，更推动了城市化和城镇化建设。人们在享受经济事业发展带来诸多便利条件的同时，也开始面对大量接踵而至的社会问题，尤其是各类灾害事故频发，威胁到了人们的生命与财产安全。对此，各级政府必须提高对消防事业的重视程度，加大消防信息化建设力度。消防通信指挥系统是整个消防信息化建设系统工程的有机构成部分，在系统建设当中引入 GIS 技术，可以为消防队伍建立迅速反应机制，迅速精准把握消防地理信息带来极大的便利，从而为消防现场作战争取时间。（2）满足消防技术升级的需要。把 GIS 技术应用到消防通信

指挥系统当中，可以让指挥员迅速接收消防地理信息，剖析灾害地点周围的详细数据信息，并结合获得的分析结果制定有效的救援方案，恰当运用针对性强的消防手段提高消防工作的整体效果。进一步助推消防技术升级，就要用好这一技术手段，在科技辅助之下助推消防事业的稳步发展。

（三）GIS 技术在消防通信指挥系统中应用的有效措施

1. 查询相关地理信息

在 GIS 技术应用以及 GIS 系统构建知识就已然记载了不同类别的矢量性电子数字地图，把相关的道路信息、消防站点信息、消防设施信息等纳入到系统数据库。通过发挥数据库的积极作用，能够迅速把握灾害地点、主要建筑区域的实际情况，了解消防栓的具体分布、行政区划、水源分布等相关情况。这些信息的报告以及综合研究，能够给接下来的救援带来多方面的资源支持。当然还因为能够把道路交通和重点保护单位的分布情况纳入到消防通信指挥系统的把控范围，为减少损失和影响范围创造良好条件。

2. 协助制定消防预案

GIS 系统涉及大量的卫星搜索收集的实时性动态化地理信息，能够给消防通信指挥工作的推进，提供数据和资源方面的支持和保障。丰富的信息数据库资料能够让指挥员把握灾害事故发生点的周围信息，做好信息的规律性组合。由于该系统有着很强的精准性以及智能化特征，可以在组合的诸多信息支持之下获得最近和最为省时的救援路线。与此同时还能够确定出离灾害事故发生点最近救援力量的分布情况，这样就可以确定出救援出动装备与人员力量的分配，获得最佳救灾预案，及时处理灾害事故。

3. 有效定位救援车辆

GIS 技术是非常典型的集成联动性技术手段，除了能够基于卫星系统归纳收集大量信息资源之外，还能够进行信息的接收与反馈。这样可以在消防车辆上安装 GPS 系统，以便有效确定消防车辆的位置，判断并评价消防车辆和灾害事故发生点的距离，然后把这些信息反馈给消防指挥员，使其能够动态标注并跟踪消防车辆行驶情况。在处理大型灾害事故时，可联动调动消防车辆救援，并利用定位技术了解消防车辆是否依照正确路线行进，一旦发现路线行进有误就能够立即进行反馈和纠正。现如今这样的应用已经实现了常态化，从中也可以体现出 GIS 技术在整个消防通信指挥系统当中不可忽视的反馈指挥能力以及定位跟踪能力。

4. 助推消防信息化建设

在实际的消防接警当中，GIS 技术的运用已经达到了常态化的发展阶段，而且技术的成熟度在日益提高，在反馈灾情方面的优势越来越明显，不单单可以及时接通信息，还可以在技术支持之下做好针对灾情的应急处理、科学决策，增加数据准确度。这样消防指挥通信系统人员在获得这些信息之后，就可以迅速做出反应，通过判断与计算确定要分配的消防车辆以及救援人员人数，给出最佳的行进路线。GIS 技术的运用有助于推动消防控制体系信息化建设，顺应信息化时代发展要求。

5. 集成处理消防信息

在处理消防事件时，准确反馈显现出地图上的灾害区域与分布情况，对数据进行整合，整理成信息数据之后能够为接下来的救援方案制定奠定基础，尽可能地降低灾害的破坏性，最大限度地减少人员生命和财产损失。与此同时，可以基于 GIS 技术构建灾害事故隐患信息管理系统，也就是把各类灾害事故多发地点或者是有可能发生某类灾害事故的地点录入预警系统并做好系统管理。在这些信息的支持之下，可以方便做好科学决策与评价工作，提前预测突发性灾害，方便有关部门开展督查。

七、消防通信技术存在的问题和发展趋势

（一）消防通信技术网络系统应用问题分析

在我国社会发展的过程中，计算机网络技术的应用较为重要，尤其在消防通信中的应用受到广泛重视，但是，在消防通信系统中应用计算机信息技术，经常会出现一些难以解决的问题，无法提升其自动化与科学化的系统运行效率，导致消防通信技术应用可靠性无法保证。

1. 常用消防通信系统网络问题。首先，在消防通信系统中，常用的消防通信网络容易出现问题，例如：电缆、光线等，无法提升其运行效率。或是卫星与微波不能达到使用标准等。同时，常用的消防通信系统信号特征不同，很容易出现不同情况的使用质量问题，难以达到良好的发展目的。

2. 有线通信网络技术应用问题。在消防通信系统实际运行的过程中，有线通信网络技术的应用经常会出现一些难以解决的问题。首先，报警电话接入系统与报警信息查询专线等出现故障问题，难以提升消防通信技术的应用质量。其次，消防通信技术的应用，经常会因为消防不了解各类灾害问题，无法快速做出响应，难以提升系统的运行效率与安全性，甚至会出现一些无法解决的问题。最后，在公安专线网与市话网实际运行过程中，经常会出现指挥部门联动功能不完善等问题，无法提升火警受理终端的应用效率与质量，难以增强其发展效果。

3. 无线通信网络技术应用问题。在消防无线通信网络技术实际使用的过程中，相关技术人员可以将其应用在重要信息传递工作中，有效提升信息传递的准确性与可靠性。在利用此类方式传递信息的情况下，相关技术部门需要重视无线通信网络系统的运行质量，及时发现其中存在的各类问题，并且采取有效措施解决问题。然而，目前部分消防通信技术在实际应用的时候，还没有发挥其应用作用，无法提升技术应用效率与质量，甚至会影响消防通信系统的正常运行，难以提升其运行质量。

4. 消防通信技术系统建设问题分析。消防通信技术在系统建设期间的应用还存在较多难以解决的问题，无法提升技术的应用质量。首先，在消防系统实际运行期间，其稳定性较差，尤其在遇到雷雨天气的时候，受到雷电的干扰，很容易出现通信系统的故障等问题，

无法保证报警数据信息接收的稳定性，导致无法接收到警报信息，难以保证消防通信技术的应用质量。其次，在消防通信技术实际应用的时候，计算机技术的应用较为滞后，难以提升计算机系统的应用价值，甚至频繁出现故障问题，无法全面控制消防通信技术的应用成本，难以解决其中存在的各类问题。最后，消防通信技术的应用，存在制度不完善等问题，无法保证消防通信系统的安全性与稳定性，难以提升消防通信系统的运行质量。

（二）消防通信技术的发展趋势分析

目前，在消防通信技术实际应用的过程中，还存在较多难以解决的问题，无法提升技术应用质量，难以优化技术体系，甚至会降低消防事故的解决效率。因此我国消防通信技术的应用发展前景较为广阔，主要会向着以下几个方向发展：

1. 移动通信指挥中心功能会逐渐完善

在我国消防通信技术实际应用的过程中，移动通信指挥中心功能也会逐渐完善，在实际使用过程中，移动通信指挥中心也会发挥良好的作用。在消防通信技术实际应用情况下，移动通信指挥中心会逐渐完善火灾现场的指挥方案与资料查询工作体系，逐渐提升现场灭火控制工作效率与质量，减少消防工作中存在的各类问题，提升消防通信技术的应用质量。

2. 消防数据信息的共享

在消防通信技术应用过程中，相关技术部门会加强信息共享工作力度，保证可以提升其工作效率与质量，减少其中存在的各类问题。对于消防数据信息而言，相关技术人员会通过良好的计算机局域网等功能处理方式，科学连接计算机等系统，提升水资源与消防车的数据信息应用质量，减少化学危险品的检测问题，同时，相关技术人员会及时更新数据信息，并且对于消防安全数据有着较高的要求，可以准确地对其进行传输处理。

3. 构建完善的消防模拟训练系统

消防通信技术的应用，需要相关部门构建完善的消防模拟训练系统，保证可以创新消防模拟训练方式，逐渐提升消防通信技术的应用质量。首先，相关部门要建设高素质人才队伍，积极开展模拟训练活动，并且开展消防工作人员训练工作，为其创造逼真的训练环境。对于消防模拟训练系统而言，相关技术人员需要保证火场环境的仿真情况，积极设置各类对抗性的训练，在模拟扑救的情况下，准确地评估各类灭火情况，保证可以提升其工作效率与工作质量，减少其中存在的各类问题。其次，消防模拟系统的建设，需要相关部门培养消防人员的灭火能力，提升消防人员心理素质与思想素养，增强其各类工作能力。最后，在建设灭火辅助系统的时候，技术人员需要保证火场条件数据资源的共享情况，结合指挥员的实际要求，制定完善的灭火方案，逐渐优化灭火工作的实际体系，保证人民的生命安全与财产安全。

总之，构建完善有效的消防通信系统，是促进社会稳定健康发展的必然要求，是我国现代化建设的必要保证，是让广大人民群众生命财产免受侵害的必要措施。在对消防通信系统进行优化建设和功能完善的过程中，加强对先进科技手段的应用是非常必要的，可极大提升对灾情的迅速处置能力。

第六节 应急照明系统与疏散指示系统

消防应急照明和疏散指示系统是对消防作业、疏散人员提供灯光照明和疏散指示的重要消防设施，主要由各类消防应急的灯具和人群流动指示的指示牌组成，是建筑物中安全保障体系的重要组成部分，特别是在建筑物发生火灾或者其他一些紧急情况时，消防应急照明和疏散指示系统对于人员安全疏散至关重要。当前，消防应急照明和疏散指示系统整体还较为落后，与国家安全要求标准还存在一定差距，在系统的产品选择、安全装置、维护管理等方面都有很大的漏洞。因此，必须要做好消防应急照明和疏散指示系统的设计工作，在应用过程中能更好地保障人员的安全。

一、消防应急照明和疏散指示系统简介

所谓的消防应急照明和疏散指示系统，主要就是指当建筑物发生火灾时，该系统能够自行启动并且发挥其应用的价值，指引建筑物内部的人员及时快速地撤离建筑物，避免造成大量的人员伤亡，该系统是当前大型建筑物中存在的一个重要组成结构，比如大型商业中心、写字楼、电影院、剧场以及医院、酒店等，都需要构建该系统来确保建筑物使用的安全，尤其是随着消防安全重视程度的不断提升，这一系统的重要性也越发突显，其不仅仅具备着照明系统的相关应急照明和指引作用，还能够发挥一定的监控和报警联动作用，为消防系统的完整发挥自身应有的价值。

对智能消防应急照明和疏散指示系统来说，其在设置过程中必须要保障其准确性和明确性，准确性主要就是指该系统能够有效地指示建筑物内部的相关人员以最为便捷的途径逃离建筑物，避免其出现绕路或者是步入盲区，影响其逃生的速度，而明确性则是指该系统的应用必须要具备较强的可理解性和显著性，即一旦发生火灾时，建筑物内部的所有人员都应该能够第一时间发现这一系统的存在，并且能够按照这一系统的指示行动，尽可能地减少人员寻找逃离路径的时间。

二、消防应急照明系统类型

《消防应急照明和疏散指示系统》明确规定，消防应急照明系统及疏散指示系统是为人员疏散、消防作业提供照明和疏散指示的系统，由各类消防应急灯具及相关装置组成。按系统形式分为集中电源非集中控制型、自带电源非集中控制型、自带电源集中控制型、集中电源集中控制型。

（一）集中电源非集中控制型

采用集中设置的蓄电池应急电源，疏散应急照明灯具内不带有电池。疏散应急照明灯

一般取自备用应急照明灯具的一部分或全部，即疏散应急照明与备用应急照明部分或全部合成。存在的主要问题如下：

1. 蓄电池用量很大且占地面积大。蓄电池是易耗性产品，安装使用后约每 4 年更换一次，造成资源的浪费且用户更换成本较高。

2. 由于这种形式的消防应急照明灯具与普通照明灯具外观相同，实际使用中很难分辨出消防应急照明灯具，日常维护和检修难度很大，同时没有集中监控系统，因此在火灾发生时不能保证消防应急照明灯具瞬间点亮，安全性能差。

（二）自带电源非集中控制型

自带电源型应急疏散照明及标志灯，是目前应用最广的产品，存在的主要问题有以下几条：

1. 绝大部分自带电源型应急疏散照明及标志灯使用的电池均为镍镉电池，而镉是有毒重金属元素，蓄电池是易耗性产品，约每 4 年更换一次，对环境污染较大。

2. 常用的自带电源型双头应急疏散照明灯属于非持续类产品，灯具的供电电源一般来源于备用（应急）照明配电电源。当火灾事故发生时，该线路不能立刻被联动切断，只有在电源线被烧断之后才会点亮应急灯，但这个阶段点亮应急灯已经失去其主要意义，因为它并没有有效地帮助人们迅速逃生。

3. 自带电源型应急疏散照明灯为了保持装饰协调性，另一种比较常用的做法是使用单个、一对一的应急灯电源与任意的照明灯具（如吸顶灯、筒灯、日光灯）配接使用，这是一种非标准的组合方式，会使可靠性下降。

4. 自带电源型应急疏散照明灯由于没有集中的监测系统，加上灯具检修工作量巨大，不能保证火灾发生时灯具一定完好，因此存在一定的安全隐患。

（三）自带电源集中控制型和集中电源集中控制型

这两种系统是最近几年推进使用的模式，是较之前两种类别更高层次的系统产品，它们具有以下特点：

1. 灯具内不带电池，应急照明电源带有电池。

2. 应急照明电源、应急照明分配电箱及灯具带地址编码，具备本系统自身的通信控制模式。

3. 直接可监控到灯位，不需要对应急照明电源、应急照明分配电箱进行控制。

（四）国家标准要求

《建筑设计防火规范》规定在封闭楼梯间、防烟楼梯间及其前室、消防电梯间的前室、公共建筑内的疏散走道、人员密集的厂房内的生产场所及疏散走道等区域应设置疏散照明，且对疏散照明的地面最低水平照度做了规定。

《火灾自动报警系统设计规范》明确了针对各类型的消防应急照明和疏散指示系统的消防联动控制设计。

《消防应急照明和疏散指示系统》强调了消防疏散照明及指示灯系统的完整性。要求消防疏散照明灯从过去的与备用（应急）照明灯合二为一的方法中分离出来，强调控制设备、应急照明电源、应急照明配电装置或应急照明配电箱（消防级）、疏散照明灯及疏散标志灯是不可分割的系统，同时要求对整个消防应急照明系统进行自检以及故障报警。

三、火灾应急照明的设置

（一）火灾应急照明灯具的选择

火灾应急照明灯具的光源必须具有能够瞬时可靠点亮的特性，例如白炽灯、快速启动荧光灯、高频荧光灯、小功率卤钨灯等。但在审核和验收中我们发现，一些商场、超市、展览馆、体育馆等场所为了将疏散应急照明灯具作为备用照明的一部分，而选择了大功率的金属卤化物灯光作为光源，这是错误的。因为这种灯属于高强度气体放电灯，灯从冷态到全辉度需要 4 ~ 8 min，如果突然停电，则需要 4 ~ 5 min 冷却才能启动，不符合火灾应急时的照明要求，因此严禁采用高强度气体放电灯。

（二）火灾应急照明电源的选择

1. 不同电力来源的电源

不同电力来源的电源主要是指来自电网和正常馈电回路分开的电源。此类电源转换时间较短，转换时间可以满足各种不同情况下的具体需要，连续工作时间长，并且工作中的安全性能好。因而，此类电源广泛应用于各种场合，特别是大中城市、大中型工厂，这种电源更易取得。在一些生产和工作场所，如果具有电网备用电源，此类电源应该成为首要选择。

2. 柴油发电机组电源

将柴油发电机组投入应急发电需要比较长的时间，而且往往处于备用状态的发电机组在停电时自启动时间需约 15 s。因而，此类电源只适用于疏散和备用照明，不宜单独用于火灾事故照明。

3. 蓄电池电源

蓄电池电源可分为三种电源类型，分别是灯内自带式、集中设置式和分区集中设置式电源。灯内自带式电源也就是自带电源型的应急灯具，这种电源的优点是可靠性高、转换迅速、电池损坏影响面小，现民用建筑中较常用；集中设置式电源和分区集中设置式电源的优点是可靠性好、转换迅速、投资较少、维护管理方便，缺点是空间需求大、出现故障影响面大、线路复杂且要求较高，适用于灯具集中的规模建筑，现民用建筑中单独使用该系统较少。

四、消防应急照明和疏散指示系统设计的常见问题

（一）自带电源型消防应急照明和疏散指示系统采用切断非消防电源方式触发

一些采用自带电源型的消防应急照明和疏散指示系统设计的建设工程，直接将应急照明灯具或者疏散指示灯具接入非消防电源，在火灾探测器、手动报警按钮、消火栓按钮等确认火灾后切断相应分区的非消防电源，此时灯具由蓄电池供电并发光工作。这种方式看似实现了火灾发生后启动消防应急照明和疏散指示系统工作的要求，实则违反了以下两点：一是其实现点亮的过程不符合《自动报警系统设计规范》相关规定："集中控制型消防应急照明和疏散指示系统，由火灾报警控制器或消防联动控制器启动应急照明控制器实现"，"自带电源非集中控制型消防应急照明和疏散指示系统，应由消防联动控制器联动消防应急照明配电箱实现"（指设置火灾自动报警系统的情况下）。由此可见，此种依靠切断非消防电源点亮消防应急照明系统的方式，应急照明灯具不受火灾报警控制器或消防联动控制器的控制，即无法远程手动点亮，其"联动"点亮方式也不是真正的联动，系统的操作方式种类缺失。二是《自动报警系统设计规范》规定："当确认火灾后，由发生火灾的报警区域开始，顺序启动全楼疏散通道的消防应急照明和疏散指示系统"。该种错误的设计方式通常是将消防应急照明灯具接入非消防用电的照明回路，确认火灾的防火分区仅会机械地切断非消防电源，显然无法实现顺序启动全楼疏散通道的消防应急照明和疏散指示系统的功能。因此，自带电源型消防应急照明和疏散指示系统的设计应严格按照规范要求，对其系统组成和联动控制进行设计。

（二）未设置应急照明配电箱

一些建设工程的设计，直接将消防应急照明和疏散指示系统的分配电设备安装在了建筑的楼层配电箱，根据《全国民用建筑工程设计技术措施：电气》（2009 年版）对应急照明的电源的要求，规定消防用电负荷为一、二级建筑物应按照防火分区设置应急照明配电箱，有困难时可由临近防火分区内的应急照明配电箱引单独回路供电；高层公共建筑楼梯间的应急照明，每层或最多不超过 4 层设置应急照明配电箱。

（三）火灾确认后立即切断正常照明电源

根据《自动报警系统设计规范》规定，在非供电线路发生火灾的情况下，确认火灾后，一般来说正常的照明电源不宜立即切断。该条文主要是考虑到正常照明的照度普遍比消防应急照明照度要高得多，更利于人员疏散。且部分采用柴油发电机为应急电源的集中供电型应急照明系统，正常照明电源切断至消防应急照明电源供电点亮的过程中，有一定的时间间隔，期间会造成人员恐慌，易发生踩踏事故。《自动报警系统设计规范》规定正常照明"宜在自动喷淋系统、消火栓系统动作前切断"，对于切断信号未做明确规定。这里认为，

可采用自动喷水灭火系统的报警阀压力开关、室内消火栓系统干管低压压力开关及高位消防水箱流量开关，结合火灾自动报警系统确认火灾情况来切断正常照明较为合适。

（四）利用通向相邻防火分区甲级防火门作为安全出口未配套感温探测器

一些一、二级耐火等级的建筑，由于某个防火分区的安全出口数量、疏散宽度、疏散距离等无法满足规范要求，通常会采用通向相邻防火分区的甲级防火门作为安全出口。相应的，该甲级防火门处应悬挂“安全出口”字样的疏散指示灯具，根据《自动报警系统设计规范》规定“需要联动熄灭‘安全出口’标志灯的安全出口内侧”宜选用点型感温探测器。规范此处的要求是为了防止借用安全出口的情况下人员误入着火的防火分区，目前很多的设计会忽略此处的感温探测器设置。

五、智能消防应急照明及疏散指示系统

（一）系统组成

智能消防应急照明系统是一个二线制的智能应急疏散照明通信及管理系统，由三部分组成。

1. 监控管理层

包含控制器主机和 CRT 图形显示装置。其中控制器主机是全系统下层设备及灯具的设置、显示、控制、存储的中心设备，具备与 FAS 系统进行信息交流的功能。CRT 是全系统的平面图显示、扩展存储、输出打印及外部网络信息的交流中心设备，但一般不赋予 CRT 设置及控制功能。

2. 设备层

包含 DC216 V 电池主站、DC24 V 电池分站及控制器分机。DC216 V 电池主站机内配接 18 节 12 V 蓄电池组，应急电压为 $18 \times 12 = 216$ V；DC24 V 电池分站机内配接 2 节 12 V 蓄电池组，应急电压为 $2 \times 12 = 24$ V。控制器分机分为 DC24 V 安全电压型（输出电压在正常及应急状态均为 DC24 V）、交直流隔离型（输出电压正常状态 AC220 V/50 Hz，应急状态 DC216 V）和混合型（安全电压型回路输出电压在正常及应急状态均为 DC24 V；交直流隔离型输出电压正常状态 AC220 V/50 Hz，应急状态 DC216 V）。

电池主站、电池分站及控制器分机均带设备地址，每个输出回路均有地址子码，可实现远程监控。

3. 终端层

终端层即为集中电源集中控制型消防应急照明灯。分为安全电压 DC24 V 型和 AC220 V/DC216 V 型两种。同时针对不同照明高度和照度要求可采用不同额定功率的灯具。每个消防应急照明灯均赋予其地址编码、带存储器和传感器、采用高亮 LED 光源并由软件控制其开关。

（二）系统各部分设备和灯具的通信关系

1. 第一层通信架构 T C：每一台带中央 CRT 的计算机通信主机可配出 1~2 路通信线，每路通信线可连接 8 台控制器主机，采用手拉手连接模式，控制器主机可构成积木式或分布式架构。

2. 第二层通信架构 E-BUS：每一台控制器主机可配出 1~ 8 路通信线，每路通信线可接 32 台电池主 / 分站及控制器分机，宜采用手拉手连接模式，共可佩戴 256 台直流电池主站 / 分站及控制器分机。

3. 第三层通信架构 E-BUS：每一条输出支路一般可佩戴 25 个灯具（32 个监控点），一台 8 路控制器分机可佩戴 200 个灯具（256 个监控点）。

（三）系统各部分设备和灯具的供配电关系

1. 电池分站每一条输出回路额定容量为 10 A，每一条输出回路所佩戴的控制器分机总负荷一般在 0.15 kVA/6 A 范围内，最大不应超过 0.2 kVA/10 A。

2. 电池主站 USB216 V 每一条输出回路额定容量为 10 A，所佩戴的控制器分机总负荷一般在 1.3 kVA/6 A 范围内，最大不应超过 2.2 kVA/10 A。

3.DC24 V 安全电压型控制器分机每一条输出回路的额定容量一般为 5 A，可佩戴灯的负荷每支路小于 7 5 W/3 A；交直流隔离型控制器分机每一条输出回路的额定容量为 10 A，可佩戴灯的总负荷每支路小于 1.3 kVA/6 A，最大不应超过 2.2 kVA/10 A。混合型控制器为前两种的综合。

（四）系统的特点

该系统最核心、本质的功能为：完整的疏散照度功能及指示功能；带有自动静态监控、动态功能性测试及放电性测试；确保系统在火灾发生前，所有灯具、控制器分机电池主 / 分站是完好的，无任何故障且蓄电池容量能保证规范要求的应急时间。此外该系统还可实现以下功能：

1）消防照明设备的强制点亮。火灾事故信号一经送入，所有疏散照明灯均瞬间点亮，不需要用消防模块来进行复杂的分区联动点亮；编程进行应急选层运行：可预设选择性投入应急运行，以调整系统电池能量用途。

2）每 24 h 进行一次动态功能性测试。确保所有灯具、控制器分机及直流电池主站应急转换无任何故障。

3）每 3 个月进行一次放电性测试。确保蓄电池容量能保证规范要求的应急时间，本系统为恒功率负载系统，比其他动态功率负载系统更稳定、可靠。

4）静态监视及故障报警。铜芯、（直流）电池主站、控制器分机及灯具的故障进行实时声光报警，声报警可手动消除，光报警保存到故障消除时消除。

5）动态应急疏散预案程序。避免人员误入着火区域；引导人员尽量避开可能的浓烟区；避免人员无序转向；可预设标志灯进行频闪 / 流动控制。

（五）智能消防应急照明系统在工程中的应用

以某厂区一栋办公楼（401号建筑物）为例，采用智能消防应急照明及疏散指示系统进行设计，厂区总消防控制室设在503号建筑物内。

1. 传统的消防应急照明设计

在采用智能消防应急照明系统之前，办公楼的应急照明一般采用以下三种方式：

（1）将走廊、门厅、电梯前室等普通照明灯具的一部分作为应急照明灯具，采用双电源供电方式，一路电源来自市电，另一路电源来自供电系统中有效地独立于正常照明电源的专用馈电线路或自备发电机组。实际上，这种供电方式将消防疏散照明与消防备用照明混淆。在相关防火规范中有明确规定，消防备用照明是指消防控制室、消防水泵房、自备发电机房、配电室、防烟与排烟机房以及发生火灾时需坚持工作的房间的备用照明；而消防疏散照明是为了使人员在火灾情况下，能从室内安全撤离至室外（或某一安全地区）而设置的。

事实上，配电室、发电机房、消防泵房及需要的全部备用照明由双电源构成的备用（应急）照明电源提供即可。若电网及发电机电源全部断电，则灭火工作应停止，工作人员应撤离现场。而保证工作人员能迅速、有效撤离的照明是消防疏散照明，其照度应满足《建筑照明设计标准》规定的疏散照明的地面平均水平照度值，即水平疏散通道不应低于1 lx，人员密集场所、避难层不应低于2 lx，垂直疏散区域不应低于5 lx。

（2）消防疏散照明采用双头应急灯（即自带电源非集中控制型的消防应急照明系统）。

（3）部分工程设计中采用自带电池的荧光灯、筒灯或吸顶灯。实际上自带电源的消防应急照明灯很难做到经济美观，如40 W荧光灯要满足180 min、100%转换亮度时，其电池箱应是灯箱体积的2~3倍，价格也很高。

2. 智能消防应急照明及疏散指示系统设计

采用智能消防应急照明及疏散指示系统进行设计，各部分设备设置如下：

（1）在厂区总消防控制室（503号建筑物）内设置智能消防应急照明系统的中央监控主机以及CRT图形显示装置。

（2）在该办公楼（401号建筑物）一层的总配电间设置控制器主机以及中央电池主站。控制器主机电源由该办公楼内的消防双电源自动切换箱提供，中央电池主站的充电电源由照明配电总箱或消防双电源自动切换箱提供。电池主站容量由下层控制器分机按全部消防应急照明灯和标志灯容量计算。

（3）在办公楼内按防火分区（该办公楼每层为一个防火分区）设置控制器分机，给集中电源集中控制型照明灯 / 标志灯供电及通信。控制器分机一路供电电源由办公楼的照明总箱提供，另一路由电池主站提供。

（4）在走廊、门厅、电梯前室以及其他需要进行消防疏散照明的位置布置安全电压为DC24 V的集中电源集中控制型消防应急照明灯（3 W）以及消防应急标志灯（1 W），应急照明灯的设置满足《建筑照明设计标准》规定的疏散照明的地面平均水平照度值。

由此可见，采用智能消防应急照明和疏散系统将消防应急照明与普通照明及备用应急照明彻底分离，保证了消防疏散照明及指示灯系统的完整性。

综上所述，火灾应急照明系统一直以来都是建设照明系统中最重要的一部分，高质量的火灾应急照明系统有助于减少火灾中不必要的人员伤亡。因此，我们要合理设置建筑物内的应急照明，按规范做好应急照明与疏散照明系统的设计与实践应用工作，以保障火灾应急系统的工作质量，保证系统的安全运行才能确保人民群众的生命安全。

第七节 消防广播系统

越来越多的大型建筑拔地而起，在火灾面前消防系统又显得尤为重要。将广播系统与消防系统结合在一起可以有效应对突发的火灾，可以将灾难带来的损失降至最低。一个建筑的消防广播系统的设计是否合理，将直接影响到大楼的后期运行，因此在消防广播系统设计时，应严格执行国家相关规范的规定。

一、系统的构成

公共广播称有线广播，亦称 PA（Public Address）广播。公共广播设于公共场所，平时播背景音乐，且自动回带循环；发生火灾时，则兼作事故广播，指挥疏散。广播音响系统通常由四大部分组成：节目源设备、信号的放大和处理设备、传输线路和扬声器系统。

（一）节目源设备

节目源通常有无线广播（调频、调幅）、普通唱片、激光唱片（CD）和盒式磁带等。相应的节目源设备有 FM / AM 调谐器、电唱机、激光唱机和录音卡座等。此外，还有传声器（话筒）、电视伴音（包括影碟机、录像机、激光唱机和卫星电视的伴音）、电子乐器等。通常可为用户提供 3~5 套背景音乐节目。

（二）信号放大和处理设备

信号放大和处理设备包括调音台、前置放大器、功率放大器和各种控制器及音响加工设备等。这一部分设备的主要任务是信号的放大——电压放大和功率放大；其次是信号的选择，即通过选择开关选择所需要的节目源信号。调音台和前置放大器作用或地位相似（当然调音台的功能和性能指标更高），它们的基本功能是完成信号的选择和前置放大，此外还担负对重放声音的音色、音量和音响效果进行各种调整和控制的任务。有时为了更好地进行频率均衡和音色美化，还另外单独接入均衡器。总之，这部分是整个音响系统的控制中心。功率放大器则将前置放大器或调音台送来的信号进行功率放大，通过传输线路去推动扬声器放声。

（三）传输线路

对于礼堂、剧场、歌舞厅、卡拉 OK 厅等，由于功率放大器的距离较近，故一般采用低阻大电流的直接馈送方式，传输线即所谓的喇叭线，要求截面较大的粗线，由于这类系统对重放音质要求较高，故常用专用的喇叭线。对于公共广播系统及客房广播系统，由于服务区域广、距离长，为了减少传输线路引起的损耗，往往要求采用高压传输方式，由于传输电流较小，故对传输线路要求不高。这种方式通常也称为定压式传输。另外，在客房广播系统中，有一种与宾馆 CATV（共用天线电视系统）共用的载波传输系统，这时的传输线就使用 CATV 的视频电缆，而不能用一般的音频传输线了。

（四）扬声器系统

扬声器系统也称音响或扬声器箱。它的作用是将音频电能转换成相应的声能。由于从音响发出的声音直接放送到人耳，所以其性能指标将影响到整个放声系统的质量好坏。音箱通常由扬声器、分频器、箱体等组成。按照箱体形式分类，音箱可分为封闭式音箱、倒相式音箱、号筒式音箱、声柱等几种。按组合音箱的分频数分类，可分为二分频音箱、三分频音箱、四分频音箱。按照用途分类，可分为高保真用音箱、监听用音箱、公共广播（扩声）用音箱、其他专门用途（如防火、防水、报警等）音箱。从箱体来说，通常采用封闭式和倒相式音箱。声柱则适合于会场语言扩声系统。而在性能上，以监听用音箱要求最高。

二、系统设计要点

1. 宾馆走廊、门厅、电梯间、商场等公共区域以及宾馆客房多采用定压式传输，传输线采用双绞线。

2. 办公室、生活间、客房等可采用 1~2 W 扬声器。一般每间一个。

3. 对于走廊、门厅及公共活动场所的背景音乐、业务广播等扬声器可采用 3~5 W；走廊一个扬声器可覆盖 6~8 m 的长度；公共活动场所一个扬声器可覆盖 40~60 m^2。

4. 功放的选择通常每个分区一台，其额定容量按额定负载阻抗值小于或等于所有扬声器并联总阻抗确定。

三、系统功能

符合中华人民共和国国家标准《火灾自动报警系统设计规范》中有关消防广播的相关规定，即火灾应急广播与公共广播台共用时，应符合下列要求：

1. 火灾时应能在消防控制室将火灾疏散层的扬声器和公共广播扩音机强制转入火灾应急广播状态。

2. 消防控制室应能监控用于火灾应急广播时的扩音机的工作状态，并应具有遥控开启扩音机和采用传声器播音的功能。

3. 床头控制柜内设有服务性音乐广播扬声器时，应有火灾应急广播功能。

4. 应设置火灾应急广播备用扩音机，其容量不小于需同时广播的范围内火灾应急广播扬声器最大容量总和的 1.5 倍。

5. 将消防应急广播和背景音乐、客房床头柜音响集合为一体，即共用一个负载网络，不需重复投资，可节约资金。

6. 集合为一体的广播音响系统应具备两个主要功能；平时为各广播区域提供背景音乐、客房广播或寻呼广播服务；火灾发生时则提供消防报警紧急广播，消防广播在系统中具有优先权。

7. 公共场所播放背景音乐的音源由广播室统一控制选择；客房内床头广播内容由客人自己控制选择，并任其调节音量、开启或关闭。所有这些，均不妨碍消防广播信号的强制切入。

8. 整个系统的负载根据所在建筑构造或营业要求实行分区控制，区内可调节音量、开启或关闭。火灾时不仅本区能强制切入消防紧急广播信号，而且根据消防规范，其相邻区域（或上下两层）也能自动识别并切入消防紧急广播信号。

9. 消防紧急广播信号接通时，能自动录音，提供现场实况记录。

四、智能建筑消防广播系统的设计

近年来科技发展迅速，越来越多的智能技术应用在现代建筑中，智能一体化管理成为现代建筑正常运转不可缺少的一部分。智能消防广播系统是智能一体化管理中的重要组成部分。下面，以一个具体案例来介绍智能建筑的消防广播设计过程。

（一）DSPPA 智能建筑消防广播系统达成的效果

（1）紧急广播优先；（2）全区域覆盖报警功能；（3）紧急情况下可插播预警广播；（4）消防控制功能为手动自动一体化，并在控制室内可以显示广播区域。

（二）智能建筑消防广播设计依据

每个行业设计都有所遵循的依据，智能建筑消防广播设计依据为《中华人民共和国公安部火灾自动报警系统设计规范（摘录）》。结合具体建筑的使用要求，经济要求提出最佳的设计方案，使建筑的消防广播系统在满足国家规范要求的同时，在使用功能的各项指标上力求达到先进水平。为实现这一设计思路，需重视以下几个方面：

1. 先进性和扩展性

现代科技日新月异，发展速度已超出我们的预期。鉴于现代科技发展迅速，因此在消防广播系统设计时尽量使设计方案具备先进性和扩展性。新技术不断问世，新产品也随之呈现在人们眼前。因此，在消防广播系统设计时，首先应了解该系统的投资情况，在不超预算的情况下尽可能使该系统体现现代科技，尤其是先进的数字技术等，使该系统尽可能长时间内保证先进，不被社会所淘汰。扩展性是指该系统可以预埋一些管线、预留出多种接口，为系统的后期功能扩展留下可操作性。这样首先可以使系统具备较高的性价比，其次还可以为甲方的后期升级节省开支。

2. 科学性和规范性

在消防广播系统中，广播系统不同于普通的音响系统，它较音响系统更为先进、更为复杂。因此，必须按照国家制定的相关规范及标准，严格审查系统的设计方案，对系统的施工过程要加强监督，这一系列的工作都要以高标准要求。待验收合格后，该系统测试过程中的全部资料应一并交给甲方整理归档，以备后期维修维保工作需要。

3. 安全性和可靠性

公共广播系统是消防系统中的重要组成部分，该系统的使用情况将直接影响整个消防系统的运转，它将直接影响整个智能建筑、人员的生命及财产安全，因此安全性及可靠性是该系统的设计目标之根源。在本例设计方案中，采用的是目前国内较为成熟的消防广播系统产品。在系统的施工过程中，对于铺设线路、安装设备等核心工作均严格把控，对于系统的调试工作也做到万无一失。在甲方后期运行工作上，对于专业操作人员严格选拔，加强业务培训，均满足消防广播系统的安全性、可靠性要求。对于该方案所选取的设备，也是选自通过国家质量认证的企业，对于该系统的后期维修维保售后工作全力支持。

（三）设计思路与达成效果

整个建筑由 16 个分区组成，包括宾馆、酒店、KTV 等功能，甲方要求消防广播系统要覆盖整个大楼。针对此情况，我们首先对建筑的施工图纸及现场情况进行了解分析，以建筑的使用功能作为分区的依据进行分区。首先在大楼的经理办公室设置遥控话筒，经理可以在自己的办公室对整个大楼的各个分区进行语音通知。考虑分区的使用功能，以 64 m^2 作为一个单元进行划分，每个单元设置一只天花喇叭。以人流量的大小进行区分，人流量较小的地方的天花喇叭为 3 W 的功率，人流量较大的地方天花喇叭功率为 6 W，保证满足功能的情况下减小用电损耗。大楼的消防紧急广播系统为手动与自动一体化的切换方式。

（1）在正常情况下，喇叭作为正常音乐播放功能使用，在紧急情况下作为消防预警、找人信息广播功能使用。这时可以采用手动方式进行切换。

（2）对于夜间等无人值守时间，可以将该系统以时间顺序进行设置，定时播放音乐或准点报时等内容。

本大厦的消防广播切换原则是紧急情况下保证警报广播优先，因此在消防传感系统传递信号之后，广播系统立即停止之前的工作，切换到警报广播工作状态。

DSPPA 智能化系统的消防切换包含以下集中切换方式：

（1）全切：当大楼的任何一个区域出现了火灾等紧急状况，事发的整个楼层广播系统将开始警报广播，同时未发生事故的楼层也将停止之前的背景音乐播放，开始播报预警内容。

（2）局部切换：与全切不同的是，在遇到紧急情况时，不是所有的楼层的广播系统都切换为警报广播，而是只有相邻楼层的广播系统切换为警报广播，而其他楼层的广播系统依然播放背景音乐等内容。这种切换方式的原理为涉事楼层的消防设备传感器的信号只传递到相关楼层，进而启动对广播设备的控制。而其余未收到信号的楼层则正常运行。

（四）消防广播与背景音响

1. 三线制。若所有背景音响广播的功率不是很大，则可以采用三线制系统，背景广播和消防广播完全兼容。该系统消防广播采用总线制，由强电工种完成；弱电工种仅负责广播机房内的背景音响系统设计及将线路引到消防联动控制模块即可。

该系统的优点：（1）线路简单，采用总线制，共用公共零线，整个广播干线系统只要三根线即可。（2）背景音响广播和消防广播完全兼容，节约设备投资。

该系统的缺点：（1）系统不够灵活，背景音响必须一起广播。（2）消防广播没有设置的场所，如卫生间等处无法进行背景音响广播。（3）楼层不能进行调音及开关的操作。

2. 多线制（与消防线分开）。若大楼背景音响需要按楼层进行控制，背景广播仍由消防广播兼带。该系统消防广播仍采用总线制，由强电工种完成；弱电工种负责将广播机房内的背景音响系统及线路引到消防联动控制模块即可。

第八节　消防电梯

电梯主要应用于高层建筑中，是竖向联系的最主要交通工具，电梯的主要类型有乘客电梯、服务电梯、观光电梯、自动扶梯、食梯和消防电梯，消防电梯一般与客梯等工作电梯兼用。所谓消防电梯是指建筑物发生火灾时，运送消防员尽快抵达和撤离火灾现场的交通工具，同时还可以用来疏散乘客。因此，消防电梯有较高的防火要求，防火设计十分重要。

一、火灾情况下电梯的用途

从建筑和电梯技术发展实际情况可以看出，火情下电梯的用途主要有以下几个方面：

（1）应急返回。在建筑物撤离层进行手动召回装置的设置，这种装置和建筑火灾报警系统进行联动。在建筑产生火情时，采用联动装置，或者手动动作，使得运行过程中的电梯不开门就可以直接运行至建筑的撤离层，将层面打开后轿厢当中的乘客进行撤离。若是返回到基站，电梯不需要对每层的召唤信号和轿厢当中的指令进行响应，只有火情解除或者基站中手动召回装置复位后才能够响应。这种功能主要应用在对电梯轿厢当中的乘客进行撤离使用，避免火灾或者灭火行为导致乘客被困，从而由于井道当中的烟雾导致人身伤害情况出现。

（2）消防员运行。相对于电梯井道以及电梯部件和电梯自身的功能供电系统使用相应的火灾防护对策，使得电梯可以在出现火灾时还能够继续运行一定的时间。并且，在电梯井道外部，消防员入口层进行消防员电梯开关的设置，在对该开关进行动作之后消防员能够获得电梯的唯一控制权。消防员可以对轿厢当中的按钮进行控制，使得电梯到达目标楼层，在到达之后电梯停止运行并等待后续的指令。这种功能主要在灭火作业当中，使用电梯进行消防人员和设备的运输，消防作业利用时间得到有效提升。

消防电梯设置必要性

消防电梯指的是高层建筑有火灾发生时，可为住户及消防人员提供疏散、救援和灭火功能的电梯。近几年，越来越多人开始意识到在高层建筑设置消防电梯的必要性。发生火灾时，高层建筑内的普通电梯将在第一时间停运，此时，住户往往会选择由安全通道撤离，如果出现安全通道受阻的情况，消防电梯将成为连接建筑与外界的唯一渠道，其作用不言而喻。数次的消防演练结果表明，住户经由安全通道逃离着火建筑时，极易出现与消防人员相遇的情况，这既不利于住户疏散撤离，还会给灭火工作的开展带来阻碍，救援速度以及效率均会受到影响。而设计消防电梯的目的，主要是为消防人员开展灭火与救援工作提供便利，在减少消防人员进入建筑所耗费时间的基础上，显著提高救援速率。由此可见，从高层建筑的角度来看，消防电梯有其存在的必要性，具体表现为：对其进行合理且科学的设计，可为灭火、救援工作的开展提供物质基础，在避免双方冲撞的基础上，帮助消防人员解决长时间登高体力大量消耗的问题。

二、建筑内部消防电梯的设计要点

在对消防电梯进行设计时，有关人员不应照搬普通建筑设计方案，而是要结合高层建筑特点与需求，制定可使其价值得以实现的全新方案，新方案涉及以下内容：

（一）范围与数量

1. 电梯范围

消防电梯应被设置在不同分区内，确保一旦有火灾发生，消防人员能够从不同位置开展灭火以及救援工作，避免出现耽误灭火时机的情况。因此，电梯所处平面应当满足连通外界的要求，基于此开展的设计工作，通常要做到以下几点：①确保疏散区和所设置电梯互补，通过隔离消防人员灭火区域的方式，为住户安全提供保护；②对楼梯和消防电梯进行分割，这样做可有效解决二者互相妨碍，导致灭火工作受阻的问题；③防火分区内房间和所设置电梯的最大距离为 30 m，这是因为如果二者距离过长，将会使消防人员安全受到严重威胁。

2. 电梯数量

有关人员应根据建筑面积对消防电梯数量加以确定，现行规定见下表：

建筑级别	建筑标准	电梯标准
一类民用建筑（≤ 32 m）	塔式住宅，层数≥ 10 单元式住宅 / 通廊式住宅，层数≥ 12	设置消防电梯
其他二类公共建筑（＞ 32 m）	建筑面积＞ 1500 m^2/ 层 1500 m^2/ 层＜建筑面积＜ 4500 m^2/ 层 建筑面积＞ 4500 m^2	消防电梯 1 台 消防电梯 2 台 消防电梯 3 台

虽然关于电梯数量的规定极为严格，但在实际施工时，有关人员也应对成本有所重视。出于提高电梯利用率的考虑，一部分设计人员会选择将客梯 / 工作电梯和消防电梯结合，这样做的前提是确保消防电梯功能不会受到影响，无论是客梯 / 工作电梯，还是消防电梯，均应时刻保持畅通状态。

（二）周围环境布局

消防电梯功能和普通电梯存在很大区别，其安全性往往更高，在火灾发生后，普通电梯难以做到正常运行，无论是连接绳索被点燃，还是大量烟雾涌入电梯，均会对内部人员安全造成威胁。

消防电梯的特殊构造，决定其既具有良好的防火性，又可使烟雾蔓延的速度得到控制，为消防人员争取尽快扑灭火情的机会。在诸多可能给电梯安全性带来影响的因素中，最应当引起重视的因素为环境布局，常规消防电梯井均为竖向管井，而火势蔓延趋势也为上下蔓延，因此，消防人员往往会选择沿竖向管井寻找并拔除火源。如果存在防火措施不合理或隔离措施不当的问题，将无法避免烟火在短时间内扩散的情况。另外，消防电梯往往连接着走道、普通电梯和各层房间，一旦火势快速蔓延，住户安全必然会受到威胁。

在对电梯环境布局进行设计时，有关人员应着重考虑以下几点：首先，确保电梯与电缆电线及其他易燃物体保持安全距离；其次，利用防火门或具有良好耐火性的材质，打造封闭空间，对电梯和周围物体进行隔离；再次，单独对电梯井进行设计，切记不可将输送甲乙丙类液体或可燃气体的管道设置在电梯井内；最后，电梯井壁只能存在通气孔和电梯门洞，不得存在其他孔洞。除此之外，被用来隔离电梯井的材质，其耐火极限不得少于 2 h，并且不得使用栅栏门作为电梯门。

（三）供电系统设计

建筑内部发生火灾时，给消防电梯供电的主体为消防电源，因此，高层建筑应采取双电源，确保消防电梯不受外界影响，始终处于正常运行状态。现阶段，仍有部分高层建筑没有按照规定开展电缆 / 电线铺设工作，导致电梯运行难以得到保障，其功能自然无法得到充分发挥。

要想彻底解决上述问题，关键是以实际情况为依据，制定切实可行的供电系统施工方案，确保所铺设电缆 / 电线，均可为电梯运行提供保障。首先，配电线路所用电缆以铜皮电缆为主，这是因为铜皮电缆具有良好的耐火性，可减少外界因素给电梯运行所带来的负面影响；其次，利用金属管 / 金属线槽对顶棚电气线路进行布置，通过增强消防电气对住户所具有救助作用的方式，为住户财产以及生命安全提供保护；最后，在铺设电缆 / 电线时，有关人员应将线路起止点分别设置在配电间、电梯机房，经由电梯井道完成铺设工作，这样做能够在一定程度上减弱火灾给电缆造成的侵蚀，延长电缆正常工作的时间。

（四）排水与防烟设计

1. 排水设计

在设计消防电梯时，有关人员极易忽略前室堵 / 排水设计的情况，一旦出现该问题，将会有大量水涌入电梯，导致电梯无法正常运行，这不仅会妨碍灭火工作的开展，还会增加住户被困概率，甚至造成无法挽回的人员伤亡以及经济损失。由此可见，在开展设计工作时，有关人员应对堵 / 排水设计给予重视，一方面，在电梯门口设置下水坡，在阻断水流入电梯的渠道的基础上，加快水从电梯内流出的速度。另一方面，通过设置排水槽的方式，确保水能够被统一输送到集水井，避免水涌入电梯引起不必要的问题。

2. 防烟设计

要想确保住户在火灾发生后能够及时前往无烟区域并借助消防电梯逃往安全的室外，为后续灭火工作的开展提供便利，关键是要对消防电梯进行防烟设计。国家现行规定明确指出，在电梯前设置消防前室很有必要，消防前室是阻断烟气进入电梯的途径。另外，有关人员还应在外墙设置排烟口，确保火灾产生的大量烟气能够经由该窗口自然排出，为消防电梯提供保护。

一般来说，民用建筑的电梯前室面积不应少于 4.5 m^2，而公共建筑的电梯前室面积通常为 6 m^2 及以上，如果建筑布局为防烟楼梯间和消防电梯共用消防前室，民用建筑前室面积则需要增加到 6 m^2 以上，公共建筑前室面积则不应少于 10 m^2。

与此同时，电梯前室出入门的防火等级应当达到乙级，并在首层设置安全出口，确保安全出口与室外相连。若建筑不具备设置安全出口的条件，可用安全通道替代，且安全通道最大长度为 30 m，这样设计的目的主要是为消防人员前往电梯入口并展开灭火工作提供便利。

近几年，经过大量的实践，防烟设计也具备了更加系统且完善的方案，相较于原有方案，新方案增加了以下内容：①在前室内设置消火栓，消防人员进入建筑的首选途径为消防电梯，而设置消火栓的目的，主要是确保通道能够以最快的速度打开；②在前室设置送风系统，通过增加前室压力的方式，减少烟气进入量，为灭火工作的开展提供便利。

三、消防电梯的防火、防水设计

虽然国家标准允许消防电梯在没有火灾时可以当作乘客电梯使用，但明确规定为了降低当消防电梯处于消防服务时入口被阻止的风险，在没有火灾的时候，消防电梯是不允许当作货梯来使用的。因为人进出电梯需要的时间一般情况下比在电梯里装卸载货物需要的时间要少得多，不会在火灾发生时阻碍消防服务功能的启用。

乘客电梯具有的消防返基站功能，消防电梯完全具备，但消防电梯的其他很多功能和特殊要求，比如耐火和防水是乘客电梯所不具备的。消防电梯既然是电梯，它一定和建筑有关系，而火灾发生时建筑物内一定有火，既然消防电梯是消防员救火时需要搭乘的设备，因此消防电梯必须防火，至少在一定的时间内耐火。另外，救火时一定会使用大量的水，所以消防电梯还应当是防水的，并且这种防水要求最主要是针对电气控制部分，因为电气部件淋湿后很可能会出现故障，甚至无法正常工作。

（一）消防电梯的防火设计

在建筑物发生火灾时，要以速度最快最安全的方式进行火灾救援。消防电梯是建筑中火灾救援比较有效的方式，所以对消防电梯的防火性要求较高，在对消防电梯进行防火设计的过程中，要充分地考虑到建筑的防火要求，最大限度地利用消防电梯进行施救。

1. 消防电梯前室的防火设计要求

消防电梯必须设置前室，以利于防烟排烟和消防队员展开工作。前室的防火设计应考虑以下几方面：

（1）前室位置。前室的位置宜靠外墙设置，这样可利用外墙上开设的窗户进行自然排烟，既满足消防需要，又能节约投资。其布置要求总体上与消防电梯的设置位置是一致的，以便于消防人员迅速到达消防电梯入口，投入抢救工作。

（2）前室面积。前室的面积应当由建筑物的性质来确定，居住建筑不应小于 4.5 m^2，公共建筑和工业建筑不应小于 6 m^2。当消防电梯和防烟楼梯合用一个前室时，前室里人员交叉或停留较多，所以面积要增大，居住建筑不应小于 6 m^2，公共建筑不应小于 10 m^2，而且前室的短边长度不宜小于 2.5 m。

（3）防烟排烟。前室内应设有机械排烟或自然排烟的设施，火灾时可将产生的大量烟雾在前室附近排掉，以保证消防队员顺利扑救火灾和抢救人员。

（4）设置室内消火栓。消防电梯前室应设有消防竖管和消火栓。消防电梯是消防人员进入建筑内起火部位的主要进攻路线，为便于打开通道，发起进攻，前室应设置消火栓。值得注意的是，要在防火门下部设活动小门，以方便供水带穿过防火门，而不致使烟火进入前室内部。

（5）前室的门。消防电梯前室与走道的门应至少采用乙级防火门或采用具有停滞功能的防火卷帘，以形成一个独立安全的区域，但合用前室的门不能采用防火卷帘。

（6）挡水设施。消防电梯前室门口宜设置挡水设施，以阻挡灭火产生的水从此处进入电梯内。

2. 消防电梯井及轿厢的防火设计要求

消防电梯是电梯轿厢通过动力在电梯井内上下来回运动的，因此，这个系统也应有较高的防火要求。

（1）梯井应独立设置。消防电梯的梯井应该独立设置，避免与其他应用功能的管道和竖向管井合用。梯井内，严禁与消防电梯无关的线路和管道敷设。梯井的井壁应该使用耐火等级较高的材质，至少可以阻隔两小时。避免在梯井的隔墙上设置空隙，如果必须设置时，需要安装防火等级较高的防火门。

（2）电梯井的耐火能力。电梯井耐火能力的高低是保证消防电梯是否能够正常运行的重要保障，所以电梯井的隔墙一定要具备很高的耐火等级，一般情况下，其耐火时间至少要在 2.5 到 3 小时以上。我国目前的建筑中，使用的钢筋混凝土一般耐火等级都在 3 小时以上。

（3）井道与容量。消防电梯井内最多可以容下 2 台电梯，且在消防电梯井的顶端应该设置排烟系统，以便将井内的烟雾和热量及时地排出。在设计轿厢时应该充分地考虑到消防队员的人数、体重和其所携带的消防设备，至少应该承载 800 公斤以上的重量，净面积要在 1.4 m^2 以上。

（4）轿厢的装修。轿厢的设计是考虑到内部人员安全的因素，所以轿厢的材质应该是不燃的，在其内部的传呼按钮也应该具备防火措施，不会因为烟热而丧失功能。

3. 消防电梯电气系统的防火设计要求

消防电源及电气系统是消防电梯正常运行的可靠保障，所以，电气系统的防火安全也是至关重要的一个环节。

（1）消防电源。消防电梯所使用的电源应该配备两路电源，一路是在日常使用中应用的普通电源，另外一路是在火灾发生时使用的电源。因为在火灾发生时，一般的电源都将被切断，所以专用的备用电源在此时可发挥作用。在专用电源的外部应该设有明显的标识，线路的敷设应该符合消防用电的标准。

（2）功能转换。因为消防电梯在平时是可以和普通客梯兼用的，所以应该设置转换功能，在火灾发生时，将其切换到消防电梯状态，此时一切功能和条件都将符合消防需求。

（3）应急照明。消防电梯及其前室内应设置应急照明，以保证消防人员能够正常工作。

（4）专用电话及操纵按钮。消防电梯内的专用电话是电梯内的人员与外界保持联系的工具，操纵按钮是消防队员自己操纵电梯的装置。

（二）消防电梯防水设计方法

消防电梯的控制面板都不具有防水功能，而在发生火灾时，都要用大量水来扑救火灾，即使按现行规范要求设有挡水设施，由于大量水流入，消防电梯也很难在火灾扑救过程中坚持正常使用。不让水流到电梯井里是很困难的，最重要的是在电梯底坑设排水设施，而在前室门口设门槛也不符合常规，所以规范对挡水设施的要求是有规定的。大家都知道高层建筑消防电梯专供输送消防员救火和疏散人群用，因此其井底坑不得积水，但是救火时还有相当部分灭火回水量流入井底，当无条件重力自流排走时，必须用潜水泵及时排走，否则将影响消防员的灭火操作以及生命安全。因此消防电梯井的排水引起了设计者们的重视。经过多方面的调查，有以下几种方法可供防水设计考虑：

1. 在消防电梯井坑底最深处设潜水泵，这种方法实际上处理比较麻烦，一般这种方法在工程中不采用。

2. 在消防电梯井坑底设一横向排水管，将水引致地下室一个角落处的开口深坑内，再设潜水泵排水，一些星级酒店大都采用这种方法。

3. 当高层建筑普通电梯和消防电梯并排相挨时，利用普通电梯只能到底层不能到达地下室，而消防电梯则可以做到的这个特点，将两个井筒都做到地下室，普通电梯则做到底层井坑面 –1.63 m 以下部分至 –5.9 m 可利用空间，作为一旁的消防电梯井坑集水井室及排水潜水泵泵房，可以开门出入并且设有铁梯，方便今后检修。经过对比，消防电梯井坑底面适中，这样消防电梯井坑水可以全部排，至隔壁排水井室和潜水泵房间，确保安全。例如一些高级公寓运用其布局实现可用价值。

4. 消防电梯井底应设有排水口和排水设施。如果消防电梯不到达地下层，可以直接将井底的水排到室外，为防止雨季水倒灌，应在排水管外墙位置设置单流阀。如果不能直接排到室外，可在井底下部或旁边开设一个水池，用排水量不小于每秒 10 升的水泵将水池的水抽向室外。消防电梯基坑的排水是不容忽视的问题，因为灭火时排水量很大，这些水进入消防电梯，如不能及时排除，就会严重影响消防电梯在灭火过程中的的正常使用。在设计中，应在消防电梯基坑的附近位置设置独立的消防排水集水井，集水井与基坑之间预埋排水管，保证排水的需要。

5. 加高消防电梯前室的地坪高度，并设置排水管，做出斜坡让水流自动流入排水管，计算建筑的消防用水量，来计算排水管的大小。例如，根据各类建筑消防电梯前室面积不同，用水量也不同，可以计算出每根排水管的直径。例如，对于建筑为 12 层公共建筑的排水管一般 100 mm 就可以了。对于高层住宅也在 100 mm 左右。如果采用多根排水管可以更好地防止积水。

6. 消防电梯的电路防水措施也很重要，因为泡水产生漏电事故而影响灭火作用。电路电线要求必须是阻燃的，它的绝缘保护套是天然材料并且韧性好。经得起磨损和弯曲的考验。

四、消防电梯使用中的实际问题

（一）前室和候梯厅处容易进水，影响电梯的使用

《电梯制造与安装规范》防火建议关于“消防员用电梯”中指出，若厅门和候梯处洒有水，消防员用电梯同样不能安全的运行。只有借助建筑物的合理布局才可能避免消防水流入电梯井道。厅门和候梯处洒有水的可能性主要有两个方面：一方面建筑物内设有自动喷淋灭火系统。消防规范对自动喷水灭火系统的布置要求中没有明确规定消防电梯前室是否设置喷头。若候梯厅设有喷头，当喷头洒水时消防电梯不能安全运行，故消防电梯候梯

厅应该被理解为消防规范所讲的“不宜用水扑救的部位”，但工程实例中往往在候梯厅处设置喷头，如果有火灾侵入候梯厅的时候，消防电梯候梯厅作为放置必须的消防救护器材（如消火栓），并能顺利地进行火灾扑救的一个地方，设置喷头是有利的。另一方面消防规范规定消防电梯候梯厅应设室内消火栓。从救火的可靠性讲，把消火栓设在消防电梯候梯厅，可以使消防人员迅速使用消火栓灭火和开辟道路，对扑救火灾而言是有利的。但从另一方面说，它又是“层门和候梯处洒有水”的原因之一。

（二）消防电梯易受火灾破坏

首先由于电缆、风管穿墙产生缝隙，机房防火门不能保持常闭等情况的存在，火灾情况下，电梯的心脏设备极易受到高温作用，导致瘫痪。其次供应消防电梯电源的电缆，一般都是由大楼的强电井道排至顶部，再用桥架排入电梯机房。尽管使用防火电缆，有一定的耐火能力，但在大楼火灾的情况下很难永久保持正常供电。更合理地布置电缆是关键。

（三）消防电梯易受烟气侵害

由于前室防火门在发生火灾时不能保证关闭状态、机械正压送风失效、以及机械加压送风口的设置位置不当产生涡流、电梯轿厢的上下运动活塞效应作用等情况的存在，都会导致有害烟气侵入消防电梯井道，进入消防电梯轿厢，影响轿厢里人员的安全疏散。

（四）消防电梯井底排水设施设计中也存在问题

在电梯基坑下设集水坑，结构上不容易处理，施工也困难，更主要的是潜水泵及压力排水管进入集水坑的位置放在哪儿，除非加大集水坑面积，大于电梯井面积的尺寸，由此带来不必要的结构困难、施工困难、投资大等。消防电梯底坑排水设施，是为了防止电梯底坑积水。在设计中应保证设置排水装置后底坑不得漏水或渗水。

（五）消防电梯自身无可靠的安全性能

现行使用的消防电梯大多无防坠落功能，轿厢内也没有紧急逃生口。产生以上问题的原因很多，有标准的问题、也有技术问题、更有设计、施工、管理问题。任何环节的疏漏、脱节，都会影响消防电梯的使用及安全性。

（六）消防电梯的控制方式尚未统一

由于国家无统一的标准，所以有的消防电梯有消防专用的消防启动按钮，有的则要通过专用配套钥匙的开启才能实现同样的功能；有的专用按钮启动后，轿厢自动迫降到首层门打开，内部按钮可供消防人员使用，外部楼层按钮自动失效，而有的消防电梯专用按钮启动后，消防电梯仍然可以正常使用，轿厢不迫降到首层或外部楼层照常可以使用，无法起到消防电梯的使用要求。

五、消防电梯改进的几点建议

消防电梯要想起到实际的作用，首先要在设计中解决各种可能遇到的问题。

1. 消防电梯的功能要求。设计人员在设计高层建筑时，根据国家规范，将消防电梯的功能设计为与客（或货）用电梯兼用，当发生火灾时，受消防控制中心指令或首层消防队员专用操作按钮控制进入消防状态的情况下，要求消防电梯应该达到：①电梯如果正处于上行中，则立即在最近层停靠，不开门，然后返回首层站，并自动打开电梯门。②如果电梯处于下行中，立即关门返回首层站，并自动打开电梯门。③如果电梯已在首层，则立即打开电梯门进入消防员专用状态。④各楼层的叫梯按钮失去作用，召唤切除。⑤恢复轿厢内指令按钮功能，以便消防队员操作。

2. 在工程实践中我们可以按消防规范的要求，在消防员用电梯各层站地砍前面设有 2 ~ 5 cm 的坡以防止水流入井道。通过候梯厅的防火门将候梯厅与建筑物的其他部分分开，不但可以防止火灾蔓延到候梯厅，而且可以使消防洒水不易流到候梯厅，同时这种布局还可以在消防电梯不能安全运行时保证消防员通过进入楼梯疏散。

3. 在设计中消防电梯井底排水及地下室其他部位，至少有一处的排水集水坑及排水泵应满足相关要求，另外必须设备用泵，两泵之间自动切换，集水坑高、低水位自动控制水泵的启、闭。电源必须是消防电源，建议采用备用泵，一用一备，两条压力排水管宜各自独立。

4. 修订完善消防电梯技术标准，提高消防电梯自身的可靠性。（1）明确消防电梯技术标准，统一控制程序，明确消防专用功能的优先权，统一在首层设置消防专用启动按钮作为消防功能转换开关。（2）对消防电梯的防水问题可以在调查摸底的基础上提出相应的技术要求，以逐步向防水电梯方向发展。（3）增设消防电梯断电情况下的并层功能，通过机械手段设置防坠落功能及电梯轿厢顶部增设紧急逃生口。

5. 消防电梯设置的其他措施。（1）改进消防电梯的防烟设计。目前规范强调消防电梯前室正压送风，以提高前室风压的方法来达到阻止烟气进入的目的。由于正压送风口设置位置及防火门难以保持常闭的原因，此方法实际防烟的效果不一定理想。通过消防电梯井道送风加压的效果可能更为理想，其阻止烟气进入前室、轿厢的效果应更为明显。（2）改进消防电梯电缆的敷设方式。现行方式敷设的电缆容易受到火灾威胁，可以将消防电梯电缆由其井道直接从下部配电间接入电梯机房，以减少火灾对电缆的威胁。（3）适当降低建筑配置消防电梯的条件。消防电梯要想真正发挥作用，其设置要求相当高，且高层建筑相对集中的城市都配有 45 米左右的消防登高车，为降低建筑成本，建议将设置消防电梯的标准，由建筑高度 32 米调整到 45 米，甚至更高。

总之，消防电梯的设计要达到合理设计的目的，建筑设计过程中及其配套设施的安装应尽可能满足消防电梯的安全运行的要求，保证电梯的良好性能，使电梯在消防状态时能达到设计具备的各种功能，从根本上保障人民的人身安全和财产安全。

第九节　消防控制室

建筑火灾作为最常见的火灾形式，占火灾总数的 90% 以上。消防控制室作为设置火灾报警控制器、消防联动控制器等消防设备的专门场所，具有接收、显示、处理火灾报警信号并控制相关消防设备的功能，在整个建筑消防系统中有着至关重要的作用。因此，如何合理地规划消防控制室，做到既满足设计要求，又能便于管理，方便使用，精简运维成本，这对于整个建筑尤其是建筑群显得尤为重要。

一、消防控制室的设置

消防控制室的设计主要参考《建筑设计防火规范》《火灾自动报警系统设计规范》《消防控制室通用技术要求》及《民用建筑电气设计规范》等。《火灾自动报警系统设计规范》规定，具有消防联动功能的火灾自动报警系统的保护对象中应设置消防控制室。

根据规范中对于火灾报警系统的描述，消防控制室的设置规则理解如下：集中和控制中心型的系统需要设置消防控制室；区域型的系统可以不设置消防控制室，但需要将火灾报警控制器设置在有人值班的场所。

区域型报警系统不需要联动自动消防设备，由火灾探测器、手动报警按钮，声光报警器及报警控制器等组成。但对于建筑群，很难有区域型系统存在。日常设计中涉及的建筑群一般都是厂区、园区等性质的建筑群体，这些建筑附属于一个集团进行管理，通常设置一套火灾自动报警系统，这套系统一般为集中或控制中心型系统。

二、消防控制室的数量

（一）规范要求

《火灾自动报警系统设计规范》规定：

（1）仅需要报警，不需要联动自动消防设备的保护对象宜采用区域报警系统。

（2）不仅需要报警，同时需要联动自动消防设备，且只设置 1 台具有集中控制功能的火灾报警控制器和消防联动控制器的保护对象，应采用集中报警系统，并应设置 1 个消防控制室。

（3）设置 2 个及以上消防控制室的保护对象，或已设置 2 个及以上集中报警系统的保护对象，应采用控制中心报警系统。

根据该规范，一般可以推测，控制中心报警系统含有 2 个及以上的消防控制室。但标准仅为设置消防控制室的充分条件，在实际设置中存在非必要的情况，需要单独分析。

（二）设计中遇到的问题

日常设计中对一个建筑群内应设有消防控制室并没有问题，但经常会对该建筑群内是否应在某个单体建筑内设置消防控制室存在质疑，这也是《火灾自动报警系统设计规范》施行以来经常困扰电气设计人员的地方。这版规范在内容描述上更主观，强调人、财产的重要性，所以对规范的理解不同。

在某项目的审图中收到意见“火灾报警控制器应设置在有人值班的场所”。通过和审图部门沟通，了解到审图人员意见是：建筑如采取本地设置火灾报警控制器的方案，则应设置在有人值班的场所，但该场所不限于消防值班室；如设置火警接线箱将所有信号接入上级控制室，则可以设置在无人值班场所。

针对该审图意见，采取了取消该建筑火灾报警控制器，改为设置火警接线箱的解决方案。但该审图意见略为苛刻，同时改正办法有些矫枉过正。

该意见混淆火灾自动报警系统和火灾报警控制器的概念。审图部门对于火灾报警控制器设置在无人值班的场所考虑过慎，而设计人员对于设置消防控制室的原则不够明确，误以为有联动型报警控制器就必须在建筑内设置消防控制室。此次审图之后影响了后续工程中设计方案的确定，导致设计人员不敢轻易在建筑中设置火灾报警控制器，全部用火警接线箱的形式解决。

如果有火灾报警控制器，且需要联动自动消防设备就需要在本建筑设置消防控制室，则消防控制室的数量会非常多，这是不符合实际管理的，也不符合《火灾自动报警系统设计规范》的初衷。

虽然该审图仅为个例，但是却恰好说明电气设计人员对于合理设置消防控制室有不同认识。这里通过对各规范、图集的论述，并结合项目的实践，希望能够对合理设置消防控制室给出统一的解释，消除从业人员对于此部分设计的困惑。

三、消防控制室数量的确定

（一）参考消防泵数量

目前设计中很少依据消防给水系统来确定消防控制室，仔细研究《消防给水及消火栓系统技术规范》，发现两者还是有联系的。

《消防给水及消火栓系统技术规范》中指出，消防水泵控制柜应设置机械应急启泵功能，并应保证在控制柜内的控制线路发生故障时由有管理权限的人员在紧急时启动消防水泵。机械应急启动时，应确保消防水泵在报警 5.0 min 内正常工作。该时间包含管理人员从控制室至消防泵房的时间，以及水泵从启动到正常工作的时间。如果按照人步行速度为 1 m/s，消防水泵的启动时间为 2 min，则步行距离不宜超过 180 m。因此，消防控制室宜配合消防泵房一起设置，在不被电磁干扰情况下越近越好。

《消防给水及消火栓系统技术规范》同时指出，建筑群共用临时高压消防给水系统时，工矿企业消防供水的最大保护半径不宜超过 1200 m，且占地面积不宜大于 200 hm^2；居住小区消防供水的最大保护建筑面积不宜超过 500000 m^2。设计中将综合考虑《消防给水及消火栓系统技术规范》和建筑群分区、分期建设、可靠性及方便管理各方面来设置消防泵房，消防控制室可以配套同时考虑。

（二）受供电距离限制

消防控制室内应设置专线用于启动、停止防排烟风机、消防补风风机，控制消火栓泵、喷淋泵等消防水系统。火灾自动报警及消防控制系统采用 Dc24 V 供电，线路过长会造成电压降过大，如果线路末端电压低于设备的最低工作电压，将导致消防设备无法启动。考虑所有总线连接的自动报警及控制信号均可通过接入火灾报警控制器后借助光纤联网方式上传。因此，为保证火警系统的正常运行，需要保证多线控制信号的电缆线路压降控制在正常范围内。

消防控制室通过消防专线连接排烟风机、消防补风风机、消防水泵的控制回路中中间继电器来实现远距离直接手动启动，其可控“距离”受继电器能否正常工作的制约。

实际工程中，考虑环境、导线、施工质量等各种因素，需要对上述估算保有余量，因此不管是厂家还是设计，普遍按照直流输出控制可传输 1000 m 来规划系统。

工程中还可以在设备允许范围内，采用更大的线径来获得更有保障的传输信号；通过提高电压或转为光信号传输的方法来延长消防专线直启距离。当建筑物体量过大，含有需要手动控制设备的建筑距离消防控制室较远（超过 1000 m）时，可考虑增设消防控制室。

（三）考虑施工和管理因素

建筑群开发往往不是同期建设的，一个区域建筑完工后相关室外道路会配套建设。还有一些企业分为新区、老区或跨越市政道路、桥梁。如这些道路在前期未考虑预留管线，后期需要破路或顶管施工。尤其是市政道路地下情况复杂，如两个地块面积较大，可以考虑分设消防控制室。

多线控制信号具有距离限制，但每个建筑不能设置一个消防控制室。这主要是从便于管理和控制运营成本的角度进行考虑的。按照国家规定，消防控制室必须实行每日 24 h 专人值班制度，每班不应少于 2 人。其值班人员需要持证上岗，含消防中控操作证和巡检证。因此，在满足要求前提下，消防控制室越少，人员开支越少，同时管理更方便。

四、消防控制室的位置

关于消防控制室的位置，在《建筑设计防火规范》和《民用建筑电气设计规范》中有明确要求。《建筑设计防火规范》规定，附设在建筑内的消防控制室，宜设置在建筑内 1 F 或 -1 F，并宜布置在靠外墙部位；不应设置在电磁场干扰较强及其他可能影响消防控制设备正常工作的房间附近；疏散门应直通室外或安全出口。《民用建筑电气设计规范》规定，消防控制室应设置在建筑物的 1 F 或 -1 F。当设在 1 F 时，应有直通室外的安全出口；当

设置在 -1 F 时，距通往室外安全出入口不应大于 20 m，且均应有明显标志；应设在交通方便和消防人员容易找到并可以接近的部位；应设在发生火灾时不易延燃的部位；宜与防灾监控、广播、通信设施等用房相邻近；同时宜符合有关机房设置的相关环境要求。当建筑为飞机库时，或建筑内设置有消防炮灭火系统时，还应符合相关规范的要求。

五、火警自动报警系统和火警报警控制器

当一个建筑群作为整体来运营时可以统一规划火灾自动报警系统，通常为集中或控制中心型系统，但系统中可以有多个火灾报警控制器。

（一）规范要求

区域报警系统的火灾报警控制器应设置在有人值班的场所。火灾报警都是通知火情的，因此本条是可以理解的。“有人值班的场所”可以是消防控制室，也可以是有专人值班的房间或场所。区域报警系统不需要联动自动消防设备，是指不需要通过输入、输出模块对设备进行控制及接收反馈。区域报警系统允许使用火灾报警控制器的输出接点不经过模块直接控制设备。但是目前市面上的适用于该系统的小型火灾报警控制器的公共火警输出点并不多，并且这类输出点都是一旦有信号报警即会立刻动作，更适合用来连接声光警报器等设备。

（二）集中 / 控制中心报警系统和火灾报警控制器

集中报警系统仅有一台集中报警控制器，系统中如有其他控制器，均为区域型。控制中心报警系统可以含有区域和其他集中报警控制器。区域报警控制器应与消防控制室内的集中报警控制器联网，可以对消防设备进行自动联动控制，但是直接手动控制需要通过消防控制室内的手动控制盘实现。

根据《火灾自动报警系统设计规范》规定，集中和控制中心型系统中的区域报警控制器在满足下列条件时，可设置在无人值班的场所：

（1）区域内无需要手动控制的消防联动设备。

（2）所有信息在集中报警器上均有显示，并能接收集中控制器的联动控制信号来自动启动相关设备。

（3）设置的场所仅有值班人员可进入。

“本区域内无需要手动控制的消防联动设备”可以理解为即使含有相关设备，在满足手动直启线直接接入消防控制室的条件下，仍可以设置在无人值班的场所。

是否设置区域报警控制器由设计人员根据建筑及建筑群规模、管理模式等确定，即使是不需要手动控制消防联动设备的建筑，仍可以设置集中型控制器和消防控制室。同理，含需要手动控制消防联动设备的建筑，只要将手动信号接入上级控制器即可设置区域报警控制器，放入有人或无人值班场所。

六、工程对消防控制室设计的解决方案

工程中消防控制室的设计有很多实际问题，为了解决这些问题，采取很多适用于工程的做法，既满足设计要求，又方便业主管理。

关于消防直启电缆由于距离过长无法启动终端的问题，可以通过提高电压传输或转为光信号传输来解决，但由于设备认证问题，方案未推广关于机库或其他设置消防炮建筑的消防控制室无观察窗，或观察窗无法全览建筑内火情的问题，可以通过设置摄像机、监视器辅助指挥监控火警、操作灭火设备来解决。

对于未与审图部门达成一致项目，采用火警接线箱替代区域报警控制器来解决火警设备放置在设备间的问题。原则上这种做法并没有问题，在各建筑同期建设的情况下可以节省火警控制器。但是，这种做法造成室外工程中大量线缆的传输，增加后期维护的复杂性。同时，如果设置火警接线箱的建筑和放置上级节点的建筑非同期建设，这种做法还会造成工程施工的混乱。已经施工完成的上级节点需要设备商返厂调试另一个建筑的各报警点、控制点。施工中会产生调试费用，可能会大于设置火警控制器的开支，反而造成造价的提高。

关于消防控制室无人值守的问题，尽管这是管理性问题，但在管理与设计冲突时，在工程中采用过并接模式解决此类问题。设计中为防止控制室无人值守，设置并接的方式解决手动启动排烟风机的问题。目前，图集中并没有给出类似做法，但是工程中有相关做法的案例，从消防总控室和本级控制室均可以启动相关消防设备。

很多设计根据规范要求设置了消防控制室，但是业主很可能在管理过程中无法配备相关人员，为了规避问题，现场采用并接的解决方案。当然，如果能够认定“应设消防控制室”是可以设置在非本建筑内的，则问题就解决了。

七、消防控制室管理的实践和思考

消防控制室管理是属于整个消防系统的重要组成部分，需要相关管理人员高度重视消防控制室的管理工作。但是在日常生产过程中，单位对消防控制室的管理工作疏忽大意，企业内部虽然建设了消防控制室，但是由于管理不到位，并不能发挥其应有的作用和功能，一旦出现消防安全问题，将会给企业安全造成严重威胁。在全新历史时期，需要我们从消防控制室管理的各个方面入手，深入分析造成管理质量不高的各方面原因，以便采取针对性措施将问题解决。

（一）加强消防控制室管理实践的重要性

在全新历史时期，随着我国社会经济不断向前发展，就需要我们加强消防控制室管理的实践，通过构建完善的消防控制室管理系统，促进内部各个环节有效协调，规范内部工作人员的消防行为。由于消防控制室是整个建筑空间内的火灾预警机构，消防安全控制中

心，其管理的合适与否，将对整个建筑的安全产生致命影响。通常情况下，消防控制室通过自动报警系统，能够监测建筑空间内的火灾信息，有效控制整个建筑物内的各个消防安全设施，对突然出现的意外火灾事故，能够及时发出火灾信号，确保人员能够及时安全疏散，同时也能够快速启动相应的防火救灾机制，将火灾迅速扑灭。消防工作的高效开展，离不开对消防控制室的有效管理，为此就需要我们深入分析现阶段消防控制室管理工作所面临的各种问题，提高部门重视程度，以保障消防控制室能够发挥其应有的火灾预防、火灾预警、火灾扑灭等职能。在这一大背景下，就需要我们不断加强消防控制室管理实践，构建完善的消防控制室监视系统，实现火灾自动化报警、信号快速传递，强化设备检修与维护，避免设备超期服役，影响到消防控制室火灾防范职能。

（二）消防控制室管理存在的问题

1. 消防控制室设置不合理

能源企业日常运行过程中，消防设施设置不合理等问题普遍存在，在很多企业内部所设置的消防控制室，不符合消防技术规范和技术要求，主要表现在以下几个方面：首先，消防控制室并不能按照消防技术规范的相关要求，将其设置在规定的楼层位置，设置的位置或者过高或者过低，难以发挥其应有的功能和作用；其次，消防控制室的耐火等级严重不足。在消防控制室建设过程中，并不能将其单独进行防火建设，未设立相应的防火层，一旦发生火灾事故，消防控制室自身就存在很多不安全因素，难以起到应有的防火功能；再次，消防控制室没有设置合理的安全出口，不能保证消防控制室直接通向室外。在整个消防系统建设过程中，配电室安全监控系统和消防控制室建设在一个地点，由于设备较多，线路复杂，影响到消防设施的正常运行；最后，在消防控制室，并没有设置直接外拨的接线电话，没有设置紧急照明系统。

2. 消防控制室管理不到位

在企业内部的很多单位和部门，消防控制室和相关消防设施建设完成之后，只要保证其能通过验收和检查就行，而对于消防设施的日常运行和日常维护重视程度不高，缺乏有效的值班管理制度，疏于管理，常常造成消防控制室起不到应有的防火防灾功能。在实际检查过程中，普遍发现某些单位将消防控制室作为杂物间、其他人员值班室，内部堆放了很多与消防无关的物品，其他与消防无关的人员随意进出入场所，值班人员不能够严格履行相应的工作职责。在具体管理工作开展过程中，由于各个部门之间没有划分相应的消防安全职责，造成了消防管理上相互推诿。部分单位为了节约成本，消防控制室管理人员只能配置一名，而这名工作人员还担任了其他部门的工作，属于兼职行为，在消防控制室内部经常会出现无人值班，无人替班的现象。

3. 值班人员素质不高

现阶段消防控制室相关管理人员普遍存在专业素质差，上岗之前不进行专业化的培训，人才流失严重的问题。由于专业素质不高，在填写值班登记记录表时不认真，不细致，敷衍了事。更令人担忧的是，消防控制室的相关管理人员根本不懂得如何操作消防设施和消防设备，不会处置火灾报警和故障报警。对于企业内部所面临的各种火灾故障信号，要么听之任之，要么熟视无睹，不做任何的处理，不能及时上报，一旦发生火灾，消防控制室起不到相应的预警防范作用，从而给企业正常运行造成严重的经济损失。

（三）消防控制室管理问题的原因分析

1. 设计验收问题的原因

（1）设计方面的原因

企业日常运行过程中，构建完善的消防控制室是确保整个企业安全运行，安全生产的第一关。在建成相应的消防系统、消防工程建设之前，需要设计单位结合企业的实际运行情况，按照国家规范科学设计。但一些设计单位，在具体消防工程设计过程中，由于委托单位从自身经济利益出发，对设计单位提出了一些违反国家消防技术规范技术标准的相关要求，而设计单位为了能够接到任务，从自身经济利益出发，不愿意和委托单位发生矛盾，一味地听从委托单位的设计要求，从而导致设计出来的消防工程不符合国家消防技术规范要求，难以符合其应有的消防功能和消防作用。

（2）审核验收原因

根据我国现行的工程建设消防技术标准的相关规定要求，在企业内部设有火灾自动报警系统或自动灭火系统，以及设有火灾自动报警系统和机械防烟设施的建筑均应该设置消防控制室。这类建筑已经成为消防机构重点监管的领域。在进行消防控制室建设过程中，对于建设规模较大的工程，往往都需要消防部门进行审核验收。在审核验收工作开展过程中，如果消防监督工作人员自身专业素质较差，或者出于人情原因，不能够及时发现整个消防工程存在的问题，或者在审核竣工验收过程中把关不严格，监督不规范，都会给消防控制室的安全运行埋下安全隐患。

2. 管理问题原因

（1）建设单位管理不当的原因

很多建设单位常常会忽视对消防控制室的管理，盲目追求经济效益，还有部分单位只是将消防控制室建设作为应付消防部门检查验收的临时任务，在工程验收阶段，各个方面都严格按照相关要求确保建设到位，保证整个工程能够顺利通过验收，验收结束之后，不能够投入专业的人员进行科学管理，敷衍了事，不设置专职人员。甚至针对消防控制室运行过程中所面临的一系列故障问题，不能够投入专项资金用于故障维修、检修。此外，不少单位在采用物业委托管理之后，在双方的合作协议中并没有明确消防控制室管理责任，一旦某些设备和系统出现故障之后，由于责任落实不到位，责任不明晰，形成了相互推诿扯皮的现象，造成消防控制室无人监管，形同虚设，不能发挥其应有的作用。

（2）消防监管不当的原因

由于辖区范围内的消防警力有限，消防部门对验收合格和消防监督检查合格的消防控制室的运行管理无法进行持续有效的跟踪监督检查，在这种情况下，就使得很多单位放松了对消防控制室的有效监督管理。对于一个存在多产权，多使用单位的消防控制室，一旦内部的各项设施出现损坏，停止使用之后，消防部门由于缺乏相应的工作人员，也没有足够的警力去监督和督促相关单位投入专项资金对其进行修复。更严重的是部分消防监督管理人员在进行监督管理工作过程中，工作不细致、不主动、不积极，走马观花，对于消防控制室内部存在的一系列明显的消防安全问题不重视，这些情况都造成了消防控制室存在的问题得不到及时有效的解决，给整个消防控制室安全运行造成了极大的影响。

（3）人员少的原因

不少企业在消防控制系统建设过程中，盲目追求经济效益，片面降低经济成本，值班人员的数量不足，或者只设置一些兼职人员在消防控制室值班，再加上该项工作的薪资待遇水平较低，导致很多工作人员缺乏工作积极性，在工作上不主动，不积极。还有不少单位将消防控制室的值班人员与门岗、保洁人员混为一体，导致整个工作岗位不稳定，人才投入不足。由于不能够提高整个工作岗位的薪资待遇，又不能定期对其进行专业化的培训教育，在客观上造成了相关工作人员消极怠慢，不努力钻研本职业务的现象出现。

（4）值班人员培训不足的原因

目前，我国还没有建立消防特种岗位人员培训考核评价机制。相关值班人员培训通常是由消防部门自行组织。在培训模式选择时，出于培训时间的限制，往往会采取短期集中培训模式，通过向相应的值班工作人员宣传国家法律法规、消防设施操作技能和操作知识，开展现场模拟，然后进行统一考试，合格之后颁发相应的培训合格证书。这种考核模式，虽然在一定程度上能够提高相关值班人员的专业能力和法律意识，但是存在很多弊端。参加学习的值班人员往往积极性不高，学习态度不端正，使得培训流于形式，致使培训效果变差，相关工作人员的消防专业能力难以在短时间内提升，无法很好地适应消防控制室值班操作人员的工作岗位要求。

（四）加强消防控制室管理的对策分析

1. 高度重视消防过程设计审核和竣工验收工作

消防控制室在建设之前，一定要妥善地做好工程设计工作。消防控制室设计阶段，相关监督部门应该切实发挥自身的监督职能作用，严格督促建设单位、设计单位，按照国家消防技术标准和规范，对整个消防控制室进行科学设计。消防控制室建设完工之后，应该做好项目工程的竣工验收工作。消防控制室竣工验收是在建筑物模拟火灾发生状态下，对自动消防设施、消防控制室功能进行一次全面的检测。相关监督部门，在消防控制室正式竣工验收使用之前，应该组织设计单位和建设单位，对整个系统的消防设施，消防控制室进行一次全面的消防检测，确保各个系统各个设备合格。在工程竣工验收阶段，相关监督部门应该按照消防控制室验收技术标准和设计要求，对内部的各种消防设施进行一次全面的功能检查和功能测试，针对存在的问题，要求其在规定时间内进行整改，确保整个消防室的功能完好，不存在隐患。

2. 强化施工监管

消防控制室在施工建设过程中，很多建设单位出于对自身经济效益考虑，常常会要求设计单位在原有设计方案的基础上，对相关设计方案做出改动，从而影响到整个消防控制室的功能和结构完好。针对这些问题就需要相关监督部门加强监督检查，及时发现设计方案中存在的隐性问题，并及时纠正。在工程建设施工过程中，监督部门也需要发挥自身的监督职能作用，要求施工单位按照相关技术规范严格施工，保证消防控制室施工过程符合设计方案，各项消防设备安装完好，满足设计要求。

3. 严格执法，确保消防控制室运行合理

国家消防监督工作部门应该认真做好执法工作，及时查处消防控制室运行管理过程中所存在的各种违规违法行为，有效推动消防控制室管理的规范化和合理化。地区公安消防监督部门应该配置更多的工作人员，不定期地开展消防控制室专项检查，加强日常巡检力度，重点做好消防控制室各种消防设施的检查工作，对于严重违反国家法律法规的行为，一经查处严肃处理，确保执法的公正性和严肃性。对于随意更改、停用、破坏消防设施的行为，责其在规定时间内改正，并按照我国的消防法对其进行严肃惩处。

4. 构建完善的人才培训和考核体系

首先，确保消防控制室值班操作人员培训的连续性和及时性。由于各个部门和各个单位所派出的参加培训的工作人员专业素质、文化水平存在很大差异，在接受培训教育时，接受能力和学习能力也大相径庭。为此需持续不间断地对本地区的消防控制室值班操作人员进行专业化培训，确保培训工作的连续性和及时性，保障每一位值班操作人员都能够持证上岗，按照规定值班，熟练操作各种消防设备；其次，改进传统培训模式和培训手段。在具体培训工作开展过程中，由于消防控制室值班工作人员培训时间较短，任务重，学习内容多，很多学员难以在较短时间内将相应的知识全部消化吸收，如果将培训和持证上岗制度有效结合，很多工作人员为了应付考试勉强学习，在实际工作过程中，并不能将培训中学习到的专业知识应用其中，更不能按照值班操作的要求进行科学操作。为此就需要逐步改革培训模式和考核模式。在人才培养过程中，应该实现培训和考证制度的有效分离，消防部门主要对相关值班操作人员进行专业技能培训，地区的职业技能鉴定机构则对相关工作人员进行资格考核和证书发放。实现培训和考证制度的有效分离，可以显著提高培训人员的学习积极性，从而能够提高整体的培训质量和培训效果；最后，改善相关值班操作人员的工作待遇，提高其工作积极性。消防控制室值班操作人员是重要的工种之一，具有很强的专业技术要求，但在具体工作开展过程中，该种工作岗位薪资待遇水平较低，工作环境较差，使得人才流动较大。而作为企业的管理者，应该充分认识到消防控制室的重要作用和操作人员的重要性，要重视他们的工作待遇和生活水平的提高。

5. 确保各项管理制度严格落实

构建完善的消防控制室长效管理机制，是保障消防设施科学高效运行的关键。公安消防部门要督促设有消防控制室的单位，严格落实相关规定和制度，提高消防设施的管理水平和利用效率，确保各项管理措施能够常态化，规范化运行。同时要督促相关单位和物业管理单位，在消防设施维护保养上达成共识，严格落实各方责任，配置充足的经费，确保消防设施运行的完好正常。

总之，消防控制室是建筑物内防火、灭火设施的显示、控制中心，是整个建筑消防系统的“大脑”。合理设置消防控制室的数量及位置，不仅对整个建筑乃至建筑群的消防安全至关重要，也对业主的一次性投资及日常管理成本影响重大。在统筹规划一个建筑群的火警系统时，可以根据业主的管理需求、场地规划、考虑消防水系统、传输距离等，设计一个或几个消防控制室。其他建筑内火警系统采用接入本建筑区域报警控制器（或火警接线箱）后上传至上级控制室的方式，建筑内手动控制信号直接接入上级控制室。后期建设的项目可根据规模、位置考虑接入原消防控制室或新建消防控制室。这是目前相对合理，便于设计、施工及管理的规划方案。

第十节　防火门监控系统

近两年来，电气火灾监控系统、防火门监控系统、消防设备电源监控系统等已成中国消防行业热门词汇，不仅政策出台，各地宣贯展开，企业产品系列宣传亦如火如荼，各种建筑内的应用越来越广泛，特别是防火门监控系统。

一、防火门监控系统概述

（一）防火门监控系统的重要性

防火门是各类建筑中常用的启闭防火分隔构件，防火门的启闭在人员疏散中起到至关重要的作用。目前，建筑中安装的一些防火门，类型分为常开式或常闭式。平时，进出人员多的疏散通道，有时为了便于人员方便出入，将常闭式防火门通过其他物品堵住，使其转为常开式，此时发生火灾时，防火门就不能起到防火隔烟的作用，给人员逃生带来严重威胁。发生火灾时，不能阻止火势蔓延和烟气扩散的作用。因此，防火门的监控是至关重要的，是关乎广大人民群众在发生火灾时能否及时逃生，能否阻断火势蔓延的一道程序。

（二）防火门监控系统的组成

防火门监控系统需要监控处于疏散通道的常闭式或常开式防火门，防火门是建筑内防火分区、防火间隔的重要组成部分，其启闭在火灾发生时的人员疏散中起到至关重要的作用。

常开式防火门，由防火门、闭门器和防火门释放装置三部组成。平时呈开启状态，火灾时自动关闭，称之为常开式防火门。启闭动作不同，又有电动闭门器和门磁释放器的区别。常开式防火门监控系统，由电动闭门器（或门磁释放器）、门磁开关、防火门监控模块、防火门动作模块组成。当火灾发生时，收到消防信号，电动闭门器得电将防火门关闭（门磁释放器失电，关闭防火门），门磁开关将防火门开启、关闭、故障状态信息反馈至防火门监控模块。

常闭式防火门，平时保持关闭状态，只有通过授权的人才能通行，在紧急情况下自动释放防火门使人员通行，称之为常闭式防火门。常闭式防火门监控系统，由防火门监控模块、门磁开关、机械闭门器组成。实时监测防火门开启、关闭、故障状态信息，反馈至防火门监控模块，防火门监控模块应具有语音提示关门的功能。

（三）防火门监控系统的运作原理

防火门监控系统的常开门系统，是由电磁在充电的情况下对门进行吸附使其达到正常的常开状态。当发生火灾时，电磁受到预警会释放防火门使门下滑。一般防火门监控系统对常开防火门是有强烈的监视作用的。要随时监控火灾发生的地方，这样才能控制常开门的状态或常闭门的工作状态。

二、防火门监控系统具备的功能应符合下列要求

（一）监控器的设置，应符合下列要求

（1）防火门监控器应设置在监控的防火门附近，对防火门启闭状态进行实时监控，对处于非正常状态下的防火门给出报警提示。

（2）监控器为其接连的联动闭门器、释放器和门磁开关供电时，供电电压应采用 DC24 V；联动闭门器、释放器和门磁开关与监控器的接口参数应一致。

（3）监控器应设有保护接地端子。

（4）监控器应使用中文显示信息。

（5）监控器应能显示与其连接的联动闭门器和释放器的开闭状态，并应有专用状态指示灯。

（6）监控器应能直接控制与其连接的每个联动闭门器和释放器的工作状态，并设启动总指示灯，启动信号发出时，应点亮该显示灯。

（7）监控器应能接收来自火灾自动报警系统的火灾报警信号，并在 30 s 内向联动闭门器或释放器发出启动信号，点亮启动总指示灯。

（8）监控器应在联动闭门器、释放器或门磁开关动作后 10 s 内收到反馈信号，并应有反馈灯光指示，指示名称或部位，反馈灯光指示应保持至受控设备恢复；发出启动信号后 10 s 内未收到要求的反馈信号时，应使启动总指示灯闪亮，并显示相应联动闭门器、释放器或门磁开关的部位，保持至监控器收到反馈信号。

（9）监控器应有防火门故障状态总指示灯，防护门处于故障状态时，该指示灯应点亮，并发出声光报警信号。声信号的声压级（正前方 1 m 处）应为 65 dB~85 dB；故障声信号每分钟至少提示 1 次，每次持续时间应为 1 s~3 s。

（10）监控器应能记录与其连接的防火门的状态信息（包括防火门地址，开、闭和故障状态及相应的时间等），记录容量不应少于10000条，并具有将上述信息上传的功能。

（11）监控器应能对其音响部位及状态指示灯、显示器进行功能检查。监控器执行自检时，应不造成与其相连的外部设备动作。

（二）监控器应配有备用电源，备用电源应符合下列要求

（1）备用电源应采用密封、免维护充电电池。

（2）电池容量应保证监控器在下述情况下正常可靠工作3 h：①监控器处于通电工作状态；②提供防火门开启以及关闭所需的电源。

（3）有防止电池过充电、过放电的功能；在不超过生产厂家规定的电池极限放电情况下，应能在24 h内完成对电池的充电。

（三）监控器应有主、备电源转换功能

主、备电源的工作状态应有指示，主、备电源的转换应不使监控器发生误动作。

三、防火门监控系统的应用

众所周知，消防安全所涉学科比较多，很少有人是全才各科精通，工程实施所涉单位有设计、生产、施工、验收、维保等单位，其中最了解产品性能和技术要点的可能是生产单位，而设计、施工、验收甚至标准制定单位因工作涵盖范围广，对专业点并不能完全熟知和了解，因而工作中容易产生一些认识误区，导致防火门监控系统的应用存在一些误区。

（1）系统设计上，误认为防火门监控器仅需监控常开式防火门。而实际上防火门监控系统要可同时监控常开式防火门和常闭式防火门。

（2）防火门监控系统等系统类产品，其价值核心是程序监控及终端设备的有效性和可联动性，关键部件解决基本技术问题，而整个系统的有效运行才是火警发生时的关键所在，也是工程设计、工程施工以及维保单位的重要关注方面。某些工程验收时不验系统是否有效，只关注某产品单元的功能是错误的。

（3）防火门监控器作为监控建筑防火门工作状态的专用系统，其界面显示更能直观地反映防火门的使用情况，单一的控制功能可以实现对常开防火门的可靠控制，同时防火门监控器的专有功能更加符合消防安全管理工作的实际需求。因此，在实际工程设计中，应选择专用的防火门监控器，而不应该用火灾报警控制器或消防联动控制器替代。

四、防火门监控的应用特点

（一）分布式电源设计

电源作为消防电子产品的生命线，其性能可靠直接影响产品的功效。一般的的防火门监控系统采用分布式电源，监控分机自带电池，且安装于弱电间现场取电于消防电源，确

保防火门能够在火灾条件下仍能可靠工作和受控。

（二）系统容量大

一般的防火门监控系统中一台防火门监控器可以监控防火门数量为 32×127=4064 个，多个防火门监控器还可以实现无缝通讯连接。

（三）智能分区、手动控制

通过多年来的火场经验积累，火灾条件下的恶劣环境无法预测，而手动控制作为最直接、最快捷和最可靠的控制方式，可以在确认火灾条件下直接按下按键，迅速控制防火门状态，使疏散通道能够远离火灾的烟气和热量。一般的防火门监控器自带多个手动操作键，通过对监控主机总线对应的程序编写，可以实现手动控制多个防火分区及其相邻分区的常开防火门的关闭。

（四）丰富直观的信息显示

一般的防火门监控器采用液晶显示器，平时利用文字表格的方式实时显示所有防火门的状态信息，信息丰富直观，查看方便，便于系统的日常维护。

（五）可配接连动闭门器多元

一般的防火门监控器可配接多种联动闭门器，包括折臂式电动闭门器、一体门磁开关、电磁门吸、电磁释放器，都可以良好的联动操作。防火门作为建筑中重要的防火分隔和防烟设施，在火灾情况下，其消防功能的有效发挥对建筑的消防安全至关重要。因此，对于防火门工作状态的实时监控管理，应是建筑消防安全管理及消防设施维护保养的重点工作之一。

总之，正确安装常开、常闭防火门的监控系统，对于消防控制中心来说是至关重要的，对于整个防火门监控系统的运行来说是基础，是整个监控系统运行的根本。防火门监控系统在现代建筑中的作用是显著的，大力普及和推广防火门监控系统将有效提高消防救灾的效率，为广大人民群众的生命财产安全提供一道保障。

第三章 灭火系统

第一节 室内消火栓灭火系统

室内消火栓灭火系统是建筑消防系统的重要组成，在扑灭初期火灾，控制火灾扩大蔓延，为消防救援争取时间等方面发挥着非常重要的作用。作为重要的建筑室内消防设施，消火栓灭火系统设计的科学性直接关系到灭火和火势控制，与人员生命和财产安全紧密相关。

一、室内消火栓的重要性

（一）室内消火栓功能

室内消火栓是指室内管网向火场供水带有阀门的接口，安装在室内消防给水管道上，连接消防水带和水枪，用以灭火的消防设施。其用途广泛，多用于工厂、仓库、高层建筑、公共建筑及船舶等建筑设施。消火栓系统在灭火方面有很多优点，相对于自动报警系统和自动喷淋系统来说，消火栓系统的特点是不易损坏，维护简单，使用方便，灭火力量大，快速有效。室内消火栓系统的操作很简单，将消防水带沿线铺开，一端接在消火栓栓口，另一端接上消防水枪，拧开消火栓阀门，手握水枪将水流射向火的根部，就可以灭火了。

（二）室内消火栓有利于现场人员扑灭初期火灾

初期火灾即起火后的几分钟内，可燃物质燃烧面积较小，火焰不是很大，火焰辐射的热量也较少，辐射热不是很强，并且周围物体和建筑结构温度上升较慢，火场温度不高，火势发展比较缓慢。此时，最恰当的处理措施，除了尽快报警，就是使用灭火器和室内消火栓进行灭火。防火有关规范和标准要求室内消火栓每只水枪流量最低为 5 L/S，那么 5 min 的水量约是 1500 L，即 1.5 t 水，水量还是比较大的。因此，这时在场人员如果能熟练快速地铺设消防水带并连接水枪组成阵地，打开室内消火栓阀门，只需要几分钟，就可以很容易地将火扑灭。因此可以说消火栓是群众开展自防自救、扑灭初期火灾最重要、最可靠的武器。

（三）室内消火栓有利于消防官兵灭火

消防官兵在到达火场时，目前较常用的做法是，一条水带接水罐消防车，另一端接分水器，分水器再接 1 支或 2 支支线水带，然后再接水带，一路铺设到火灾现场，进行灭火。一盘消防水带长度一般是 20 ～ 25 m，通常要铺设 3、4 根水带甚至更多，才能使水枪的充实水柱有效覆盖火场。

相对于消防官兵长距离铺设水带水枪，用停放于建筑物外面的多辆消防车接力供水进行灭火来说，用建筑物内的消火栓系统来灭火是非常方便快捷的，按照规范要求，在高层建筑、公共建筑、工厂、仓库等场所内，只要发生火灾，在距火场 30 m 内必有消火栓，而且只要连接一根水带，就可以实现用水枪内的充实水柱进行灭火。可以说室内消火栓是非常理想的灭火设备，有充足的水量，足够的压力，每层都可以直接接水带水枪组成阵地。完全可以满足消防官兵的灭火需要。并且在灭火实战中，一般情况下，一台消防车自身携带的水，在火场上顶多使用十几分钟。为了保证不间断供水，需要有供水车为主战车接力供水，在北方没有密集设置的地上式消火栓，只能就近依靠消防水鹤取水，需要至少有两辆供水车轮换着从上水鹤接水进行往返接力供水。

在此情况下，可想而知，如果着火的建筑物内的消火栓系统是完好有效的，就完全不需要这样费时费力的供水方式，并节省了铺设水带的时间，直接到达着火层，打开消火栓就可以灭火，并且由于消火栓是依靠市政管网供水，因此消防用水的供给是源源不断的。

二、室内消火栓灭火系统的组成及工作原理

室内消火栓灭火系统是现代高层建筑中最常见，应用最为广泛的消防灭火设施，主要由高位消防水箱、消防水泵、供水管网、消火栓箱、水枪、消防水带等组成，高位水箱是消防栓灭火系统主要的水来源，设计容积必须要满足作用面积内满负荷情况下 10 min 的用水量。当发生火灾时，按动火灾报警按钮，就会远程启动消防水泵向管网供水，同时接好消火栓、水枪、水带，打开阀门，水流即可通过水枪喷出，进而对准火焰实施灭火。

三、建筑室内消火栓灭火系统供水方式的选择

消火栓灭火系统的正常运行必须要有足够的压力，才能使消防水正常供送。根据压力来源的不同，消火栓灭火系统可分为常高压系统和临时高压系统，大多的高层建筑在市政水源压力的基础上还要通过水泵来加压才能使水源覆盖到建筑的所有区域，所以一般多层和高层建筑基本都采用临时高压系统。临时高压供水方式主要有以下几种：

（一）不分区高位水箱供水

消防栓给水系统为一个区供水，设有一组消防水泵和水箱，该种供水方式具有设备简单，投资小，易施工的特点，适用于消火栓栓口静水压力 1 MPa 的建筑中，当栓口静水压超过 0.5 MPa 时，则必须采取减压稳压措施。

（二）并联分区供水

是指根据建筑供水管网布局，将其分为多个供水分区的方式，通常根据建筑高度和所需水压大小来进行分区。低层一般由市政管网直接供水，高压区则需要借助高扬程水泵来保证水压。高压区供水中，水箱的高度设计很重要，应根据本区内最高处消火栓所需压力来确定，保证其充实水柱达到 13 mm。该方式的优点是管理方便，运行可靠，但高区供压对水泵扬程和管路耐高压性能要求很高。

（三）重力自流供水

在一些超高层建筑中，高区供水需要很大的压力，这种情况下，将消防水池设置在建筑顶部，利用水的重力自流来为消火栓系统供水是最好的办法。由于楼层较高，静水压较大，因此设计时每隔一定楼层需要设置一个小型的、与顶层接通的消防水池，以此来减少顶部水池过高的压力。该方式的优点是供水可靠，不受建筑高度限制；缺点是增加了建筑顶部荷载，供水成本也较高。

四、室内消火栓的设计

（一）室内消火栓的位置

火灾初期的扑救是非常关键的，因此室内消火栓必须设置在明显的，易于操作的的位置，并保证消火栓的使用不受限制，不被遮挡，不影响人员和车辆的通行疏散，例如楼梯口、安全通道、消防电梯前室等，都是布置消火栓的适宜部位。室内消火栓不得布置在住宅套内、房间死角、袋形走廊尽头的位置；避免安装在隔火墙和防烟楼梯间的围墙上，以免影响隔火墙的性能，必要时可增加墙体厚度，以保证墙体的耐火极限要求。

（二）室内消火栓布置的要求

消火栓布置的间隔不宜超过 30 m，应保证同层任何部位有两个消火栓的水枪充实水柱可以同时到达，使消火栓作用覆盖无死角。在实际的设计中，应考虑到建筑隔墙、拐角、门窗洞口等对消防水带走向的影响，尽量保证消防水带使用中走直线。室内消火栓的布置应首先从安全出口附近开始，以适当的间距沿楼梯间、消防通道逐步推进；房间较大时，应考虑在疏散门附近布置消火栓。

五、室内消火栓给水管网的设计

（一）给水管网的布置形式

室内消火栓管网通常采用环状的布置形式，室内消火栓数量较少时，也可根据情况采用支状设计。为保证消火栓供水的可靠性，室内环状管网至少应有 2 条进水管与室外管网相连，任意一条进水管都应能单独供应全部的消防用水量。室内消火栓给水管网应独立设置，与生活给排水管网分离，在一定区域范围内的一定规模的多个建筑物可共用消防水池和消防泵房，在保证火灾处理能力的前提下，尽量节省资源。

（二）消火栓给水管网阀门的设计

《消防给水及消火栓系统技术规范》规定，室内消火栓每根竖管与供水横管相接处应设置阀门；检修消火栓竖管管道时，关闭竖管不得超过 1 根；竖管超过 4 根时，可关闭不相邻的两根。管网阀门的设计应遵循以下原则：室内环状管网的两根引入管之间应设置阀门将其隔开；环状管网与水箱接入处两端应设有阀门；环状管网与消防水泵接入处之间应有阀门隔开；环状管网多根水泵接合接入管宜从不同方向接入，其间应设置阀门隔开；竖管与供水横管相接处应设置阀门。以上是室内消火栓供水管网阀门设计的一般原则，在实际中还应根据现场情况具体分析。

六、室内消火栓灭火系统在实际应用中可能存在的问题

（一）消火栓管线设计不合理

如果发生火灾使用消火栓时，喷出的水流很小或者水不能喷出，在这种情况下，居民就不能正常灭火甚至失去生命。消火栓供水不足的原因有以下两个方面：一是消火栓的主干线管径在正常情况下是大于或等于 100 mm，但是如果把管径设计成小于 100 mm，那么，在供水的时候，消防外水源与系统管网配合，就造成了供水量不足，到达室内就表现为水流很慢，很细，这样的水流是不能阻挡大火的蔓延的。二是有些开发商为了节约开销，使每个消火栓立管上连接的消火栓个数超过了五个，由于消火栓外界水源的水量一定，而立管上消火栓的增加无非使每个消火栓内的水量大幅度减少，火灾一旦发生，每个消火栓的水量是绝对不足以灭火的。所以为了满足水源的充足和足够的压力使水喷出，在设计消火栓管线时，应该合理控制管径和消火栓个数。

（二）进水管设计不合理

在消火栓给水管网中有环水给水管网和枝状给水管网两种形状，在这两种形状中一般采用环水给水管网，因为枝状给水管网在分支段供水能力很小，不足以满足灭火要求，而环水管网中，必须使进水管不少于两条，这是因为当一条进水管发生故障时，另一条进水管能满足供水要求。如果只有一条进水管，当这条进水管发生堵塞时，消火栓就不能喷出水，灭火就不能进行，消火栓也就失去了灭火的功能，而且这种管线在维修的时候也会很不方便，例如：进水管线有两条以上，可以保证一条供水的同时，关掉被堵塞的那一条进行维修，这样既保证了供水，也不耽误管线的维修，所以在设计进水管线时必须保证两条以上。

（三）室内消火栓布置间距过大

外界水源在供水的同时，由于压力在运输的过程中会减小，当压力减小到一定的范围，

水就不会到达消火栓。如果室内消火栓间距过大，就会造成某些地方超出了消火栓的保护范围，水不能很好地到达消火栓，或者到达消火栓后，由于压力不足，水不能正常喷出，又或者水能喷出，但是达到的高度却很小，不能准确地把水喷到起火的位置，这样的情况对于灭火是没有多大作用的。在设计室内消火栓间距时，我们必须保证水到达室内时要有足够的压力使水能喷到居民住房的最高位置。

（四）消火栓室内安装不合理

在安装消火栓时，我们要确定消火栓的高度和栓口朝向的正确性，而且还要安装减压装置。如果消火栓太高，不方便使用，在发生火灾时，我们要保证能马上拿到消火栓进行灭火。如果消火栓栓口朝向不对，进行灭火时，因为起火地点的不确定性，很容易在使用的时候使水龙带打折，水龙带打折就会影响水的正常喷出，延缓灭火的进度，而且若是水的压力过大，很可能造成水龙带的损伤。当然减压装置对于消火栓灭火的影响也是很重要的，当水源到达室内的时候，压力一般很大，如果没有通过减压装置，在灭火的同时，高压的水就会把室内的物品损害，造成很大的财产损失，而且高压会使水的流量很大，浪费了大量的水。所以我们在安装消火栓时，高度保持在距离地面 1.1 m，水龙带长度尽量控制在 25 m 内，当消火栓栓口出水压力超过 0.5 MPa 时，应该设置减压装置。

（五）消火栓安装完毕后，未做试射试验

消火栓安装成功后不能就此交工使用，必须做试射试验，如果没有这个过程，我们就不知道消火栓是否适用，是否能起到灭火的作用，在试验的过程中，可以对消火栓出现的问题进行及时的修改，但是要在火灾现场出现问题，就不能及时地解决，还会因为救火的不及时造成人员财产的损失。试射试验主要注意以下几点：

（1）要检查可检测的压力和流量是否满足设计要求，喷出的水是否可以达到想要的高度。如果没有达到预想的高度，我们要检查消火栓管线的设计是否达到标准，并且及时进行调整，如果水压过高，可以调整减压装置的合理性，这样反复地试验保证出水高度，以及灭火的正常进行。

（2）查看消火栓的位置，在进行试射试验时，看操作是否简单，水龙带有无打折现象，并及时调整。因为消火栓的位置很大程度上影响灭火的顺利进行和灭火时间，试射试验可以演示灭火的整个过程，如果发现消火栓工作不顺利，要进行维修调整，并且再一次进行试射试验直到能正常灭火，只有在这样真正的火灾现场，它才会发挥作用。

（六）消火栓栓口压力不足

消火栓压力不足，水就很难到达居民室内，灭火效果就会受到影响。消防用水量一般取决于室内、室外用水量的总和计算，消防用水一般都是在 48 h 内供应并充满。消火栓的供水源是消防水箱，建筑物最高处设置消防水箱，如果建筑物的高度不够，那么，到达居民室内的水的压力就会很小，水压过小，水就不会达到灭火的效果，这是因为压力不能把水喷到起火的地点，而且压力过小会使水的流速过小，当水的灭火速度小于火的蔓延速

度，消火栓是没有作用的，当然如果建筑物的设置高度太高，达到室内的水压就会过高，过高的水压在灭火效果上有可能很好，但是水冲击室内装饰品，室内物品在强大的冲击压力下会受到很大的损坏，甚至造成比火灾更严重的效果，那么我们灭火的意义也就没有了，不但如此，减压装置也有可能受到破坏，所以我们一般设置建筑物高度小于 100 m。

消火栓作为系内灭火的主要工具，它性能的好坏直接影响到居民的人身财产安全，消火栓容易出现的问题必须引起我们高度的警惕，为了保证消火栓的正常工作，应该定期对消火栓灭火进行演示试验并且及时修改出现的问题，当真正有火灾发生的时候，居民能够通过消火栓进行及时有效的灭火。此外在铺设消火栓管线时，施工人员也要十分注意，因为消火栓管线的合理性直接影响到灭火的效果，还有要注意消火栓位置的安放，只要施工人员严格按照施工要求去做，居民对消火栓提高认识，我相信发生室内火灾的概率会在一定程度上下降许多。

总之，室内消火栓系统的科学设计关系到建筑消防，关系到人员生命和财产安全，可以有效扑灭初期火灾，最大程度上降低火灾损失。随着城市高层建筑的不断增多，室内消火栓系统的应用也越来越广泛，这就需要我们在设计中不断总结经验，提高设计的科学性，才能适应未来建筑消防的要求。

第二节　自动喷水灭火系统

自动喷水灭火系统是一种发生火灾时，能够自动打开喷头喷水且联动报警的消防灭火设施，能够有效地控制和扑灭初期火灾，已广泛应用于化工行业消防灭火中。自动喷水灭火系统用于人员密集、不易疏散、外部增援灭火与救生较困难及火灾危害性较大的化工厂等。该系统从起始点消防水源至终点洒水喷头，每个单元均应设计合理，才能保证其灭火成功。

一、自动喷水灭火系统技术的发展现状

自动喷水灭火系统随着 19 世纪工业化革命，特别是棉纺织工业的发展而发展，它首先在英国以穿孔管的形式诞生，应用在剧院，其后在美国应用在棉纺织工业，并逐渐发展成为系统完整、组件齐全的高效全天候的自动喷水灭火系统，现已广泛应用于工业和民用建筑中，以及居住建筑。

目前发达国家已经发展到由工业场所安装，到民用建筑，以及住宅，即自动喷水灭火系统已经安装在各种建筑中。我国改革开放后，随着经济实力的不断提高，自动喷水灭火系统已经在工程建设中大面积应用。

自动喷水灭火系统目前有 3 个发展方向，一是水滴向细或超细方向发展和演变。第二个发展方向是水滴向大或者超大水滴方向发展，目的是更强有力地穿透烟羽流和火焰，到

达燃烧物的着火表面。第三个方向是闭式喷头向快速反应方向发展。

(一)自动喷水灭火系统技术发展中存在的问题

在自动喷水灭火系统技术发展过程中,仍然存在着一定的问题,还有待于进一步完善,其问题主要有:一是应用自动喷水灭火系统的场所并不多,设置部位也不够广泛。自动喷水灭火系统能够起到有效的自救作用,防止火势蔓延,对其进行有效控制,在设置此系统的时候,应当坚持以人为本理念,有效推广和应用自动喷水灭火系统。自动喷水灭火系统适用于多种类型的建筑中,这是因为其不仅能够进行喷水灭火,还能削弱烟雾,帮助人们安全逃生,疏散人群。但就目前而言,在一些住宅区域和公共区域,并未有效应用这一系统,仅仅是火灾报警系统,不利于保护各个场所的消防安全;二是在设计自动喷水灭火系统的时候,存在些许问题,常见的是喷头位置的安装不规范。喷头是此系统中的重要部分,其不仅仅是喷水灭火元件,而且还具有检测火灾感温作用,其位置安装是否合理,将直接影响到整个灭火效果。另外,在铺设自动喷水灭火系统管道的时候,缺乏安全性,还有待于进一步提升。忽视了对自动喷水灭火系统的维护,没有进行科学的日常养护工作,以至于系统中的水源供应出现问题,系统运行不够稳定,缺乏可靠性。

(二)推动自动喷水灭火系统技术发展的有效措施

1. 重视自动喷水灭火系统技术的应用

为推动自动喷水灭火系统技术的发展,应当明确自动喷水灭火系统技术的重要地位,尤其是在科学技术不断创新的今天,自动喷水灭火系统逐步完善,具有较高的技术含量,功能愈发完善。相较于传统消火栓给水系统的成本来说,自动喷水灭火系统技术的应用成本偏高一些,但是其效果要更好。前者主要是依赖于专业消防人员的熟练操作来进行灭火,而普通人并不能规范掌握其应用技巧;后者在灭火及时性和灭火有效性上都要比后者好很多,具有极大的优势。火灾事故容易在一些公共场所如商场、餐厅等地方发生,给人们生命财产安全造成威胁,由于公共消防设施较为陈旧,消防装备设施不够完备,便很难起到有效的预防作用,正是如此,自动喷水灭火系统技术的研究和应用显得格外重要,需要明确其功能性,发挥其优势,进一步提升其在公共消防系统中的应用地位,提升自动喷水灭火系统的技术水平,不断地推广和应用此项技术,以取得良好的消防效果。

2. 广泛应用自动喷水灭火系统技术

为广泛应用自动喷水灭火系统技术,应当从以下几个方面着手:第一,要给消防设计工作提供可靠的理论依据。明确自动喷水灭火系统技术的应用价值,有效保护人们的生命财产安全,做好人员疏散工作。可充分利用现代科学技术,了解自动喷水灭火系统的运行过程,模拟火灾模型,通过计算来演示自动喷水灭火技术的过程,并以此为技术,来不断地优化自动喷水灭火系统,提高其性能和设计水平,使之应用效果得到大大提升。要加强火灾烟气蔓延控制设计,将定向分析转变为定量分析,用具体的数据来进行有效的把控。明确自动喷水灭火系统技术应用和消防设施之间的关系,根据实际情况来进行防火分区和分隔工作，优化配置消防设施，提高资源利用率；第二，要将自动喷水灭火系统技术和火灾报警相融合。为了有效应用自动喷水灭火系统技术，要进一步完善其功能。既要实施主动消防，又应当结合被动消防，这一点在无人值班的区域显得格外重要，当此区域发生火灾的时候，其能够在第一时间对火灾进行灭火处理，与此同时发出警报，提醒人们尽快实施火灾救援；第三，自动喷水灭火系统具有较好的灭火效果，灭火功能较为强大。例如，在高压细水雾灭火系统中，可通过冷却、稀释的作用，来进行有效的灭火。细水雾的表面积比较大，当发生火灾的时候，其可以吸收火势所产生的热量，而且其在空气中的悬浮，有利于减少氧气浓度，避免火与氧气过多接触，可有效代替喷淋灭火剂的作用。此系统具有较好的灭火优势，使用的水滴较小，具有极大的动能，而且能够减少水渍量，降低水渍所造成的损坏。在实际应用过程中，自动喷水灭火系统，不会对区域间的其他设备造成损伤，也无有害、有毒气体来危害人员的生命健康，对环境的影响也非常小。其具有良好的烟雾削减功能，可帮助人员疏散，快速撤离火灾区域，有利于提高救援工作效率。

3. 强化系统的安全性

要想有效应用自动喷水灭火系统技术，就必须保障自动喷水灭火系统运行的稳定性和安全性，通过科学的措施来提高其可靠性，使之能够真正起到有效的灭火作用。可通过对已经发生过的火灾事故的蔓延工程进行分析和研究，了解其发展状况、负荷状况，并根据实际情况来选择适宜的喷水灭火方式。比如说，如果是在通讯室、机房这种地方，可以采用高压细水雾灭火系统；如果是在城市居民住宅区域，则可以应用喷淋系统。另一方面，为使自动喷水灭火系统技术得到有效应用，还需要优化配置相关设备，例如应当将配水干管设计成环状管网，以保障给水系统的正常运行。

4. 创新自动喷水灭火系统技术

在自动喷水灭火系统技术的应用过程中，应当不断地创新和研发，使之技术得到创新。现如今常用的自动喷水灭火系统技术主要有以下几种：一是高压细水雾自喷系统技术。这一种类型的自动喷水灭火系统，可根据水滴的大小分为两类，一类是水喷淋灭火系统，另一类是水雾灭火系统。相较于普通的自喷水灭火系统来说，其工作压力要大许多，普通系统的工作压力在一兆帕以下，而高压喷水系统的工作压力则为十兆帕，其水喷雾雾滴的直径在一百微米以下，能够对火势进行冷却、窒息等处理，起到较好的灭火效果。高压细水雾灭火系统主要由给水管网、消防水箱、火灾自动报警系统、细水雾泵组等构成，其喷出的细水雾可起到良好的吸收作用，将火势散发的热量迅速吸收，而且可降低氧气浓度，避免火势与氧气发生反应而迅速蔓延，对水量的消耗并不大，可减少水渍损失，还能起到阻止复燃的作用。

二是泡沫联用自动喷水灭火系统。常见的自动喷水灭火系统，大多都是用于处理固体火灾事故，但对于停车场、柴油发电机房这些场所来说，除了固体火灾事故之外，还可能发生液体火灾事故，在选用自动喷水灭火系统的时候，可应用能够有效解决这两种类型火灾事故的系统技术。自动喷水泡沫联用灭火系统既能处理固体火灾事故，又能应对液体火灾事故，其基于普通湿式自动喷水灭火系统，加入泡沫罐，用橡胶囊装入泡沫浓缩液，配上控制阀组、混合器等设备。当发生火灾的时候，自动喷水系统中的水便会进入到泡沫罐中，泡沫液在挤压后从混合器中按照设计的比例进入到喷淋管网中，再由喷头释放，起到灭火的作用。其优势在于不仅能够喷水，还能喷出泡沫，灭火功能强大，适用于地下车库等区域。

三是普通住宅区中的自动喷水灭火系统。住宅区中的火灾事故会造成极大的损失，威胁人们的生命财产安全，因此必须予以高度重视，采取有效措施来解决。于普通住宅区中，安装自动喷水灭火系统，重点在于喷头，一般家庭使用的喷头属于快速响应喷头，其特点在于喷洒性能较好，具有布水特点。对于住宅区来说，其室内家居有着许多易燃物品，比如说天花板、窗帘、家具等，一旦火势蔓延便很难控制，严重者会造成房屋轰塌。为此，家用的喷头应当根据这一状况设计适应的喷洒曲线，不仅仅将水喷洒至地面，还要向上扩展，于侧面扩展延伸到墙面，起到有效的灭火作用。就目前而言，家用自动喷水灭火系统的喷头仍然处于初步研发阶段，相较于发达国家来说，还有待于进一步提升。

二、自动喷水灭火系统灭火性能研究

新中国成立后尤其是改革开放以来，我国自动喷水灭火技术得到充分发展，相关工程技术人员在自动喷水灭火系统的设计、安装、调试及管理等专业技术方面积累了丰富的宝贵经验。且自动喷水灭火系统相关产品早已国产化，各种类型的自动喷水灭火系统被广泛地应用在不同种类的建筑中，在保护人民生命和财产安全方面发挥了巨大的作用。

（一）自动喷水灭火系统的类型及组成

自动喷水灭火系统通常可分为开式系统和闭式系统两大类，闭式系统主要包括湿式、干式、预作用系统等，开式系统可分为雨淋系统、水幕系统、水喷雾系统、细水雾系统等。下面就几种常用的系统进行介绍。

1. 闭式自动喷水灭火系统

（1）湿式自动喷水灭火系统

该系统主要包括：加压泵组、湿式报警阀组、闭式洒水喷头、配水管道系统、末端试水装置等。因管道内经常充满压力水，喷头探测到火灾并动作后便立即喷水，故被称为湿式系统。目前世界上约 70% 的自动喷水灭火系统采用湿式系统。

该系统的主要技术特点是：当喷头探测到火灾并动作后开始喷水，水流指示器动作并发出电信号、湿式报警阀动作、水力警铃报警和压力开关动作、启动加压泵组向系统供水，实现就地和远传报警。

（2）干式自动喷水灭火系统

该系统主要由加压泵组、干式报警阀组、喷头、管道系统及充气设备等组成。平时系统内没有水而是充装压力气体而被称为干式系统。

该系统的主要技术特点是：在戒备状态时干式报警阀后的管道内充装压力气体（空气或氮气），当喷头探测到火灾且动作后，管道内气体的流动使得水流指示器动作并发出电信号，同时报警阀在入口压力水的作用下开启向管道供水，管道开始充水排气、喷头喷水。

（3）预作用自动喷水灭火系统

该系统主要由加压泵组、预作用报警阀、管道系统、火灾探测系统，闭式喷头和充气设备等组成。该系统的主要控制方式有单气、电连锁、无连锁和双连锁系统等 4 种，而我国规范中的预作用系统主要是指电气单连锁系统。

该系统的技术特点是：在戒备状态时，预作用报警阀后的管道内装有压力空气，具有干式系统的某些特点，且喷头误动作时不会引起水渍损失。当火灾报警系统或传动管系统报警后预作用阀开启，管道充水排气，系统变为湿式系统，当喷头探测到火灾并动作后便立即喷水灭火。

（4）重复启闭自动喷水灭火系统

该系统主要有两种形式，一是系统通过烟、温感传感器控制系统的重复启闭，另一种是喷头具有自动重复启闭的功能。前一种重复启闭系统的技术特点与预作用系统相似，又称重复启闭预作用自动喷水灭火系统，主要特点是：系统同时具有自动启动和自动关闭的特点。当喷头破裂但无火灾发生时系统不会喷水，而发生火灾时，火灾探测器控制系统排气、充水，当喷头探测火灾且动作后开始喷水灭火；当火灾扑灭后探测系统控制系统关闭，停止喷水。当火灾再次发生时，系统再次启动实施喷水灭火。

第二种重复启闭系统是利用具有重复启闭功能的喷头来实现的。喷头探测到火灾时，喷头动作喷水灭火，当火扑灭后喷头闭合停止喷水，复燃时喷头可重新动作喷水。该系统完全实现了自动喷水灭火系统的“自动”功能，喷头可重复利用，无须经常更换喷头，且造成水渍损失少。

2. 开式自动喷水灭火系统

（1）雨淋系统

该系统采用开式喷头，由火灾自动报警系统或传动管系统自动连锁启动雨淋阀，控制一组喷头同时喷水。系统工作时，整个保护区内的喷头同时喷水。主要适用于火灾蔓延迅速的场所，如火工品工厂、舞台，以及高度超过闭式喷头保护的空间、严重危险Ⅱ级，舞台葡萄架下部、摄影棚及易燃材料制作的景观展厅等。

雨淋系统的工作原理是：当火灾探测器探测到火灾后向电控箱发出报警信号，经电控箱分析确认后发出声、光报警信号，同时控制雨淋阀开启，水流立即充满整个雨淋管网，使该雨淋阀控制开式喷头同时喷水，覆盖着火区域达到灭火目的。雨淋阀打开后，水力警铃同时发出报警信号，在水压作用下接通压力开关，并通过电控箱切换给值班室发出电信号或直接启动水泵，在消防水泵启动前，火灾初期所需的消防水量由高位消防水箱或气压罐供给。

（2）水幕系统

该系统是由水幕喷头、管道和控制阀等组成的用于阻火、隔火、冷却防火分隔物的一种自动喷水灭火系统。该系统的工作过程与雨淋系统相同，主要区别是，水幕喷头的水成水帘状，因此水幕系统不是直接用于扑灭火灾而是与防火卷帘、防火幕配合使用，用于防火隔断、防火分区以及局部降温保护等。该系统的工作原理与雨淋系统工作原理相同。

（3）水喷雾灭火系统

该系统是由水源、供水设备、管道、雨淋阀组、过滤器和水雾喷头等组成。水喷雾灭火系统利用水雾喷头在较高的水压力作用下，将水流分离成细小水雾滴，喷向保护对象，实现灭火和防护冷却的作用。该系统用水量少，冷却和灭火效果好，其用于灭火时的适用范围为：扑救固体火灾、燃点高于 60 ℃的液体火灾和电气火灾；用于防护冷却时的适用范围为：对可燃气体和甲、乙、丙类液体的生产、储存装置或装卸设施进行防护冷却。该系统工作原理与雨淋喷水灭火系统和水幕系统基本相同。

（二）自动喷水灭火系统的灭火原理及其优势

火灾的类型不同，其特点也不同，国家标准《火灾分类》根据物质燃烧特性，将火灾划分为以下四种类型：

A 类火灾：指固体物质火灾。这种物质通常含有有机物质，在燃烧时产生灼热的灰烬，如木材、棉、纸张等。

B 类火灾：指液体火灾和可熔化的固体物质火灾，如汽油、煤油、甲醇等。

C 类火灾：指气体火灾，如煤气、天然气、甲烷等。

D 类火灾：指金属火灾，如钾、钠、镁铝、铝镁合金等。

从火灾的分类来看，住宅建筑火灾主要是固体物质火灾及 A 类火灾。

1. 建筑火灾发展主要阶段

建筑室内火灾的发生发展主要分为三个阶段：

（1）火灾初期增长阶段。

起初阶段，房间通风状况将影响火灾的发展。该阶段内，房间的平均温度较低，热释放速率不高。如房间通风良好，火灾可迅速发展至轰然阶段，此时火势将蔓延整个房间。轰然将标志着室内火灾由初期增长阶段发展到充分发展阶段。轰然阶段时间很短，可是室内温度将骤升至 800 ℃，最高可达 1100 ℃。即使在最差的环境条件下，家具点燃 3~5 min 后其放热率可达到 2000~3000 kW/h，而在门窗关闭的房间中，只要 1000 kW/h 就可引发轰燃。

（2）火灾充分发展阶段

在此阶段，热释放效率增至最大，常达到 800 ℃以上。如此高的温度可严重破坏室内的设备及建筑结构甚至造成建筑物倒塌；同时高温火焰、烟气会携带大量的可燃成分从起火房间的开口窜出，火灾将蔓延至邻近房间或相邻建筑物。

（3）火灾减弱阶段

当房间内的平均温度降至峰值的80%后，火灾发展至减弱阶段，火灾开始逐渐减弱。房间内可燃物已燃烧充分，燃烧速率不断降低，最后火焰熄灭，但此时房间内的平均温度还会保持在200~300 ℃左右。

从火灾发展阶段可以看出，火灾初期是灭火最为有利的时机，如着火初期能够及时被探测到，因其燃烧面积小，只需要少量的水便可将其扑灭，可以避免火势的继续发展。

2. 自动喷水灭火系统灭火的基本原理

火灾燃烧是一种快速化学反应，燃烧的维持需要有可燃物、氧化剂及温度，消除或限制其中的任一条件既可使燃烧反应中断，自动喷水灭火系统扑灭火灾的基本方法主要有以下四种：

（1）冷却。通过降低温度来控制火灾或使火灾熄灭。将温度低的水喷洒到燃烧物上，使其温度降低到该可燃物的燃点以下，或是喷洒到火源周围的物体上，以免形成新的火源。水具有较大的热容量，冷却性能良好，在灭火过程中，水大量吸收热量使燃烧物的温度迅速降低，致使火焰熄灭。

（2）窒息。主要是通过限制氧气的供应而使火灾熄灭。稀释燃烧区内的空气，使其氧气含量降到维护燃烧所需的最低浓度以下。研究发现，1 kg 的水由常温变为蒸汽约吸收2258 kJ 的热量，并且体积大大增加，增大的比例约为 1 ： 1600，可有效阻止氧气进入燃烧区域，起到窒息的作用。

（3）隔离。指通过限制或减少燃烧区域的可燃物而使火灾熄灭的过程，主要是隔离可燃物与氧气。

（4）抑制。通过使用某些可干扰火焰化学反应的物质而使火熄灭。将有抑制链反应作用的物质喷洒到燃烧区，用以清除燃烧过程中产生的活性基，而终止燃烧反应。该方法主要是利用化学灭火剂的抑制灭火作用。

3. 自动喷水灭火系统的优势

（1）自动探测火灾、无须人工操作。自动喷水灭火系统集火灾探测和喷水灭火于一体，能够在发生火灾时及时探测到火灾并动作喷水，把火灾消灭在初期，最大限度地降低损失。

（2）不分时段，全天候保护。自动喷水灭火系统能够在人们休息的时候自动探测火灾同时喷水灭火。

（3）及时报警。自动喷水灭火系统能够在发生火灾时及时向消防控制中心报警，值班人员能够在第一时间发现险情并通知人员疏散，同时启动消防设施，及时向消防部门报警。

（4）限制火势蔓延，有效控火。自动喷水灭火系统能够保证在发生火灾时及时打开喷头向着火部位喷水，能够降低着火点附近的环境温度。而且随着喷头的陆续打开，能起到防火分隔的作用，可将火势控制在一定的范围内阻止其蔓延。

（5）只需要少量的水即可扑灭火灾。案例中看到，只需要打开数只喷头即可控制火势或将火扑灭。甚至不需启动消防水泵只利用屋顶消防水箱的水既可。根据美国消防协会的一个不完全统计，在安装家用喷头的场所，90% 的火灾是被一只打开的喷头控制的，平均每个火灾的用水量为 1130 L，而消火栓灭火系统的用水量为 22680 L，可见自动喷水灭火系统具有节约用水的特点，同时也节约了能源。

三、自动喷水灭火系统的主要部件

（一）喷头

常用的喷头形式有：闭式喷头、开式喷头、特殊喷头和自动喷水 - 泡沫联用系统的喷头。其中：闭式喷头，在喷头的喷口处设有定温封闭装置，当环境温度达到其动作温度时，该装置可自动开启，一般定温装置有玻璃球形和易熔合金两种形式，为防误动作，选择喷头时，要求喷头的工程动作温度比使用环境的最高温度要高 30 ℃。喷头在动作喷水后需更换定温装置。可用于湿式系统、干式系统、预作用系统、重复启闭预作用系统。开式喷头是不安装感温元件的喷头，用于雨淋系统或水幕系统。特殊喷头包括快速响应洒水喷头、早期拟制快速响应洒水喷头和扩大覆盖面洒水喷头。自动喷水–泡沫联用系统的喷头包括水泡沫喷头、水喷雾喷头和自动喷水喷头。

喷头的布置间距是自动喷水灭火系统设计的重要参数，其中设置场所的火灾危险等级对喷头布置起决定性因素。喷头间距过大会影响喷头的开放时间及系统的控、灭火效果，间距过小会造成作用面积内喷头布置过多，系统设计用水量偏大。为控制喷头与起火点之间的距离，保证喷头开放时间，又不致引起喷头开放过多，应按相关规范要求的布置间距和喷头最大保护面积设计，确保喷头既能适时开放，又能使系统按设计选定的强度喷水。

（二）报警阀

报警阀的作用是开启和关闭管网的水流，传递控制信号至控制系统并启动水力警铃直接报警。有湿式、干式、干湿式和雨淋式 4 种类型。湿式报警阀用于湿式自动喷水灭火系统；湿式报警阀由湿式、干式报警阀依次连接而成，在温暖季节用湿式装置，在寒冷季节则用干式装置。

（三）水流报警装置

水流报警装置主要有水力警铃、水流指示器和压力开关。水力警铃主要用于湿式喷水灭火系统，安装在报警阀附近。当报警阀打开消防水源后，具有一定压力的水流冲动叶轮打铃报警。

水流指示器用于湿式喷水灭火系统中。当某个喷头开启喷水或管网发生水量泄漏时，管道中的水产生流动，引起水流指示器中桨片随水流而动作，接通延时电路 20~30 s 后，继电器触电吸合发出区域水流电信号，送至消防控制室。通常将水流指示器安装在各楼层的配水干管上。

压力开关垂直安装在延迟器和水力警铃之间的管道上。在水力警铃报警的同时，依靠警铃管道内水压的升高自动接通电触点，完成电动警铃报警，同时向消防控制室传送电信号或启动消防水泵。

（四）延迟器

延迟器是一个罐式容器，安装于报警阀与水力警铃（或压力开关）之间。用来防止由于水压波动引起报警阀开启而导致的误报。报警阀开启后，水流需经 30 s 左右充满延迟器后才可冲打开水力警铃。

（五）火灾探测器

火灾探测器是湿式、干式、干湿式自动喷水灭火系统的辅助组成部分，是预作用等其他灭火系统的重要组成部分。目前常用的有感烟、感温探测器两类。感烟探测器是利用火灾发生地点的烟雾浓度进行探测；感温探测器是通过火灾引起的温升进行探测。火灾探测器布置在房间或走道的天花板下面，其数量应根据探测器的保护面积和探测区域的面积计算而定。

（六）管道

配水管道可采用内外壁热镀锌钢管、铜管、不锈钢管和氯化聚氯乙烯（PVC-C）管。当报警阀入口前管道采用不防腐的管道时，应在报警阀前设置过滤器。当系统中设有 2 个及以上报警阀组时，报警阀组前设置成环状供水管道，其上设置信号阀，如不采用信号阀时，需设锁具锁定阀位。为了充水时易于排气，维修时易于排尽管道内积水。水平设置的管道要求有坡度，并坡向泄水管。

（七）消防喷淋水泵

为了保证系统供水的稳定性，喷淋水泵需独立设置，并设置备用泵。对于一些改造项目，消火栓和喷淋共用水泵时，管道需在报警阀前分开，采取措施确保消火栓用水不影响喷淋用水。

（八）气压供水设备

对于一些改扩建项目，原设计没有设置高位消防水箱并且现在也没有条件增设时，该喷淋系统需要设置气压供水设备。气压供水设备的有效容积按最不利处的 4 只喷头在最不利工作压力时 5 min 的用水量来确定，最大不超过 18 m^3。

（九）高位水箱

高位消防水箱设置于临时高压给水系统的自动喷水灭火系统中最高建筑物的屋顶或水箱间，可以为系统提供所需水压，使管道内水压满足最不利消火栓使用要求。并能保证初期火灾的用水量和水压，在消防喷淋水泵出现故障时，能够提供应急用水，以控制初期火灾和争取救援时间。

（十）水泵接合器

自动喷水灭火系统供水管道需设置水泵接合器（10~15 L/s），其数量根据系统设计流量确定。当其供水流量和压力不能满足最不利点处喷头的流量和压力时，需设置接力供水设施。接力供水设施主要由接力水箱、接力水泵及消防水泵接合器等组合而成。

自动喷水灭火系统还需根据规范要求设置信号阀、阀门、末端试水装置等。

四、自动喷水灭火系统在现代城市消防中的运用策略

（一）注重细节，充分掌握施工环节

在现代城市消防中运用自动喷水灭火系统的过程中，要进行合理有效的施工，并注重施工细节，使得施工质量能够得到保证，进而保证自动喷水灭火系统运用质量。例如，在管道施工的过程中重视管道腐蚀问题，管道的腐蚀问题会导致管道的厚度减少，进而使得管道的承压能力降低，而当管道腐蚀现象累积发生之后，就会导致喷头形成堵塞现象，这也就意味着在火灾发生之后喷头不能够喷出水来，进而使得扑灭火灾的工作效率以及质量大程度降低。因此，在选择管道材料时，可以选择运用热镀锌钢管，这样就能够有效减少腐蚀的现象发生，进而保证自动喷水灭火系统的运用质量。

（二）强化监管灭火系统施工过程

对于现代城市消防工程来说，在运用自动喷水灭火系统的过程中，施工质量良好将直接影响到自动喷水灭火系统的运用是否符合国家相应标准以及运用效率。所以在运用自动喷水灭火系统的过程中一定要充分掌握施工环节，加强管理工作，积极与相关部门进行沟通进而保证施工质量。值得注意的是如果在自动喷水灭火系统的设计或者在施工过程中发现违规的行为，如没有按照国家与相关的法律法规进行施工或设计，又或者是对自动喷水灭火系统的消防设备没有进行良好保存、运用不合格的材料等时，一定要严格按照相关规定进行严惩，并采取有效手段来监督规范整个自动喷水灭火系统的施工过程，以此确保自动喷水灭火系统能够在现代城市消防中正常运行。

（三）加强培训，运用科学知识完善系统设计

在现代城市消防中运用自动喷水灭火系统的过程中，一定要注重加强相关消防工作人员的培训工作，进而有效提升消防工作人员的工作能力，进而使得消防工作人员能够正确使用灭火系统。另外，在现如今我国科学技术发展迅速的时代背景下，自动喷水灭火系统会不断地完善以及改进，消防工作人员不能充分地掌握自动喷水灭火系统相关知识，在灭火系统具体操作或调试的过程中可能会影响到其效率。其次在针对自动喷水灭火系统设计过程中，相关工作人员应合理地运用科学知识以及技术，不断地进行实践，进而将正确的科学知识以及技术形式运用到自动喷水灭火系统设计过程中，不断完善自动喷水灭火系统，使得自动喷水灭火系统能够在现代城市系统中被高效运用。

总之，自动喷水灭火系统已经成为我国现如今消防体系中最主要的灭火设施，也是未来灭火系统中的核心。随着我国经济的飞速发展，以及人民群众对自动喷水灭火系统的深入了解和认识，旧的消防栓灭火系统的主导地位将被新型的自动喷水灭火系统取代。

第三节 二氧化碳灭火系统

众所周知，在消防领域水是应用最广的灭火剂，但随着国家经济的迅速发展，气体灭火作为最有效、最干净的灭火手段，日益受到重视。我国早在五十年代就开始将二氧化碳灭火系统用于消防保护。随着《二氧化碳气体灭火系统设计规范》的颁布，二氧化碳灭火系统在消防灭火领域变得日益重要。

一、二氧化碳灭火系统概述

（一）二氧化碳灭火剂性质

在常温常压条件下，二氧化碳为一种无色、无味、干燥的惰性气体，密度是空气的 1.52 倍，无腐蚀性，不导电。灭火后完全气化，没有残留物，不污损保护物，对大气臭氧层无破坏，且来源广泛、价格低廉。二氧化碳灭火剂长期储存不变质，在高温和低温环境均适用，但灭火所需的二氧化碳浓度对人体有害。

（二）二氧化碳灭火剂灭火机理

二氧化碳灭火剂灭火机理主要是窒息，其次是冷却。灭火时大量的二氧化碳喷射到防护区（或直接喷向保护对象），降低了防护区（或保护对象周围）空气中的氧含量。当空气中二氧化碳含量达到 30% ~ 35%（体积分数），绝大多数可燃物将被窒息。

其次，二氧化碳从储存容器中喷射出来，压力骤然下降，二氧化碳迅即由液态转变为气态时，由于膨胀作用而吸收热量（气化热值约 578 kJ/kg），对防护区（或保护对象）有一定的冷却作用。

（三）二氧化碳灭火系统适用范围

1. 适用火灾类别

（1）灭火前可切断气源的气体火灾；

（2）液体火灾或石蜡、沥青等可熔化的固体火灾；

（3）固体表面火灾及棉毛、织物、纸张等部分固体深位火灾；

（4）电气火灾。

2. 适用场所

（1）电子计算机房、电气仪表控制中心、通讯机房；

（2）机柜间、电气设备间（变电所、配电间、发电机组）、电缆隧道；

（3）图书库房、数据储存间、银行金库；

（4）飞机发动机舱、船舶发动机舱、发动机实验室、汽车库；

（5）油罐、油槽、油泵间、静电喷漆间、危险品库；

（6）食品仓库、烟草库。

二、二氧化碳灭火系统组成和分类

（一）二氧化碳灭火系统的组成

二氧化碳灭火系统主要由储存容器、容器阀、连接软管、止回阀、集流管、泄压阀、灭火剂管道、管道附件、液体单向阀、选择阀、启动气体瓶、电磁阀、应急操作机构、固定支架、探测器、喷嘴、警报装置、控制器等组成。

（二）二氧化碳灭火系统分类

1. 按照储存压力分类

（1）高压系统。二氧化碳灭火剂以液态储存，储存压力 5.17 MPa，储存温度 0 ~ 50 ℃，采用压力等级 15 MPa 的高压钢瓶储存，充装率 0.6 ~ 0.67 kg/L，其规格有 40 L、70 L，分别储存 24 kg、42 kg。

优点：二氧化碳灭火剂储存无须配置制冷保温系统，无日常运行能耗，管理方便、维护简单。

缺点：操作不灵活，系统一旦启动就无法关闭。高压系统的启动需外部气源。

适用条件：二氧化碳灭火剂储存量较小的灭火系统。

（2）低压系统。二氧化碳灭火剂以液态储存，储存压力 2.1 MPa，储存温度 -20 ~ -18 ℃，采用低压储罐储存，充装率 0.9 ~ 0.95 kg/L。

优点：二氧化碳灭火剂储存量大，通常在吨级以上，直至 10 t 级，最大 100 t。操作灵活，系统随时可以关闭，对火灾探测报警系统、灭火控制系统的误动作提供了补救措施。低压系统的启动无须外部气源。

缺点：二氧化碳灭火剂储存需配置制冷保温系统，有日常运行能耗，管理不便、维护复杂。

适用条件：二氧化碳灭火剂储存量较大的灭火系统。

2. 按照灭火方式分类

（1）全淹没系统。在规定的时间内，向防护区喷射设计规定用量的二氧化碳，并使其均匀地充满整个防护区的灭火系统。二氧化碳灭火剂呈雾状喷射。适用于有限封闭空间。

（2）局部应用系统。向保护对象以设计喷射率直接喷射二氧化碳，并持续一定时间的灭火系统。二氧化碳灭火剂呈液态喷射。适用于敞开空间。

3. 按照分配形式分类

（1）组合分配系统。1 套二氧化碳灭火剂储存装置通过管网的选择分配，保护 2 个或 2 个以上防护区（或保护对象）的灭火系统。

（2）单元独立系统。1 套二氧化碳灭火剂储存装置保护 1 个防护区（或保护对象）的灭火系统。

4. 按照结构形式分类

（1）管网式系统。适用于二氧化碳灭火剂储存量较大的灭火系统。

（2）无管网式系统。适用于二氧化碳灭火剂储存量较小的灭火系统。

三、二氧化碳灭火系统的工作原理及启动方式

（1）自动控制：当保护区发生火灾时，第一路探测器发出火灾信号时，控制器发出警报，指示火灾发生部位;第二路火灾探测器发出火灾信号时，系统开始进入 30 s 延时阶段。控制器一方面发出声、光报警，另一方面发出联动控制信号（如关闭送风设备、防火门窗等），延时 30 s 后控制器发出指令启动驱动气体电磁阀，驱动气体（高压氮气）通过管网打开集流管上的选择阀和储存灭火剂容器的容器阀，二氧化碳通过管道送到保护区经喷嘴释放灭火。

（2）手动控制：在气体灭火系统中，系统在自动控制状态下也可随时由手动控制，手动控制优先于自动控制。当保护区发生火灾时，按下控制器的手动启动按钮，或防护区外的紧急启动按钮，系统马上进入 30 s 延时阶段，之后程序与自动控制相同。

（3）机械应急手动控制：当防护区发生火灾，但由于电源或自动控制系统发生故障不能执行灭火指令时，可用机械应急手动控制操作。机械应急有两种启动方法，一种有启动气体瓶，可直接手动打开对应保护区的启动气体电磁阀，之后程序与自动控制相同，另一种是非驱动气体启动方式，可直接手动打开对应保护区的选择阀和储存灭火剂容器阀，之后程序与自动控制相同。

（4）紧急停止控制：当发生火灾警报时，在延时阶段发现不需要启动气体灭火系统灭火时，可手动按下控制器上的红色紧急停止按钮。当发现保护区内还有工作人员时，应该紧急制停灭火系统。

四、高压管网式二氧化碳灭火系统的设计

（一）设计程序

确定防护区及保护对象→确定灭火方式→确定系统分配形式→计算二氧化碳灭火剂用量→计算管道流量→计算管径→计算管道长度→计算节点压力→计算喷头入口压力→计算喷头等效孔口面积→喷头选型→计算二氧化碳灭火剂储存量→二氧化碳灭火剂储存容器

（高压钢瓶）选型及数量→绘制详细设计图纸→汇总材料综合明细→提供施工及验收的技术要求和标准。

（二）高压管网式全淹没二氧化碳灭火系统

1. 组成

高压管网式全淹没二氧化碳灭火系统由二氧化碳灭火剂储存装置、启动瓶装置和管网系统组成。灭火系统可以独立工作，也可以与火灾探测报警系统、灭火控制系统连锁而联动工作。

（1）二氧化碳灭火剂储存装置。由储存容器（高压钢瓶）、容器阀、储存容器框架（包括称重检漏装置）、高压金属软管、集流管、安全阀、压力开关、单向阀和选择阀组成。

（2）启动瓶装置。由高压氮气启动瓶、容器阀、启动瓶框架和启动管道组成。

（3）管网系统。由管道、管件和喷头组成。

2. 启动方式

包括自动、电气手动、机械应急操作 3 种启动方式。无人值班时，采用自动；有人值班时，采用电气手动。自动和电气手动启动的转换可通过气体灭火系统控制盘（设置在控制室或值班室）实现。

3. 技术性能

（1）防护区设置火灾探测器，就地、控制室或值班室分别输出声、光报警信号。

（2）防护区门外设置手动控制盒，手动控制盒内设置“电气手动”“紧急停止”按钮。“电气手动”按钮为启动灭火系统，“紧急停止”按钮为紧急停止灭火系统的启动。

（3）每个防护区对应灭火系统的 1 个选择阀（电磁阀），选择阀（电磁阀）开启信号 DC24 V/1.1 A。

（4）控制室或值班室设置气体灭火系统控制盘，其功能有：灭火系统启动方式（自动、电气手动）的转换；与防护区的火灾探测器连锁，当灭火系统启动方式为自动，能够自动（连锁）启动灭火系统；人工确认发生火灾，需要启动灭火系统，能够电气手动启动灭火系统；人工确认不需要启动灭火系统，在灭火系统启动之前，能够紧急停止灭火系统的启动；无论灭火系统启动方式如何，执行启动指令 30 s（延迟时间）后，输出启动信号至灭火系统的电磁阀（安装在二氧化碳钢瓶储存间）；执行启动指令后，能够输出触点（开关）信号自动（连锁）关闭防护区的通风设备和通风管道中的防火阀。

4. 安装要求

安装分为灭火系统设备和管道，根据设计图纸及现场情况进行。

（1）灭火系统设备设置框架，保证设计尺寸，固定牢固，操作、观察方便，外形美观。

（2）管道材质为 20# 无缝钢管，应符合 GB8163-1999 的要求，无缝钢管内外镀锌。管道安装后进行水压（气压）强度试验，试验压力 15 MPa（气压 12 MPa），持续 5 min 无明显滴漏（或明显漏气），而且管道不应变形。

（3）管道安装完毕，进行气密性试验，试验介质为氮气或压缩空气，试验压力10 MPa。在无气源补充的条件下，持续 3 min，压力下降不得超过试验压力的 10%。

（4）分布管道的水平定向敷设坡度，取顺向 1 ~ 3/1000；

（5）管道支、吊架的安装执行《气体灭火系统施工及验收规范》的要求。

5. 标志

防护区附近设置警告牌，警告牌上包括以下内容："报警时或喷射灭火剂时，应立即撤离该区域！""彻底通风前，请不要进入该区域！"。

（三）设计要点

（1）全淹没系统适用于平时无人的场所，经常有人的场所应慎重使用，而且不得遗漏应设置的各种防护措施，以保障人员安全。

（2）高压管网式全淹没二氧化碳灭火系统是全局性的系统工程，综合了消防、土建、电信、采暖通风、电气等各专业的内容。因此，消防专业作为主导专业，应有总体概念和整体考虑，与相关专业密切协商，互相配合。

（3）为保证二氧化碳灭火剂喷射的均衡，并简化设计计算，管网系统应均衡布置。

（4）为保证设计结果与灭火实际状况吻合，布置管道时贯彻以下原则：分流不采用四通；三通分流应保持水平；三通分流的管径比例不小于 4 : 6；三通直、侧分流的流量比例，直流部分不小于 60%。

第四节　泡沫灭火系统

随着时代的发展，引起火灾的物质种类越来越多，对于不同材料性质的火源，在灭火时，需要用到的灭火器材不同。一直以来，泡沫灭火系统在灭火中具有十分广泛的应用，并且其应用领域也是各种各样。到目前为止人们把泡沫灭火系统的主要组成归结为消防水泵、消防水源、泡沫灭火剂储存装置、泡沫比例混合装置、泡沫产生装置及管道等。泡沫灭火系统主要应用于油品燃烧而引起的火灾，因此对于油品存放较多的化工厂以及存在油品火灾潜在危险的高层建筑，泡沫灭火系统的应用至关重要，即在高层建筑水的消防设计和化工水的消防设计中往往均会用到泡沫灭火系统。

一、泡沫灭火系统的概述

（一）泡沫灭火系统的组成及工作原理

泡沫灭火系统主要由电气部分及管网部分组成。电气部分由泡沫灭火主机连接各泡沫保护区域的就地控制盘，实现信号监视和指令下发，各就地控制盘下接手自动转换开关、紧急启停按钮、声光报警器、放气勿入指示灯、警铃和探测器等设备，并设有辅助电源箱；

管网部分由储气瓶、启动瓶、电爆阀、选择阀、单向阀、启动铜管、喷嘴、压力开关和附属管道等部件相互连接组成。

泡沫灭火系统的工作原理是：通过感烟探测器和感温探测器对火灾信号进行检测，当两种探测器都报警时，泡沫灭火控制主机向就地控制盘发出火灾信号，由就地控制盘控制警铃、声光报警器及防火阀动作，同时进入 30 秒喷气倒计时，倒计时结束后，由就地控制盘触发相应区域启动瓶上的电爆阀，使启动泡沫从启动瓶内喷出，通过启动铜管回路，冲开选择阀及相应的储气瓶瓶头阀，使灭火剂通过选择阀及相应铜管，输送到着火区域实现灭火。管道上的压力开关检测到管网中的压力变化后，向就地控制盘反馈动作信号，触发放气勿入指示灯及就地控制盘上的状态灯报警，实现闭环的状态监测。泡沫灭火系统设有紧急启停按钮，能够手动启动和停止喷气倒计时，当探测及手动触发都失效时，还可以手动打开启动瓶上的瓶头阀，进行机械紧急操作。

（二）泡沫灭火系统的分类

经多年的使用之后，人们按照分类形式的不同，把泡沫灭火系统分为了不同的种类，例如，按照泡沫发泡的倍数可以把泡沫灭火系统分为三大类：低倍数泡沫灭火系统、中倍数泡沫灭火系统以及高倍数泡沫灭火系统。

按照设备安装方式的不同则可以把泡沫灭火系统分为三类：固定式泡沫灭火系统、半固定式泡沫灭火系统以及移动式泡沫灭火系统。

国家规定，我国使用的低倍数泡沫混合液其供给强度为 5 ～ 7 L/(min.m^2)，其中各成分的混合比例是 3% ～ 6%，并且如果预燃时间是在 60 ～ 120 s 的情况下，低倍数泡沫灭火系统的灭火时间为 3 ～ 5 min；按我国的泡沫灭火器规范使用规定，中倍数泡沫的混合液供给强度是 4 ～ 4.4 L/(min.m^2)，其主要成分的混合比例是 8%，在同样预燃时间 60 ～ 90 s 的情况下，灭火时间大概是 1 ～ 2 min；据研究表明，高倍数泡沫灭火剂的用量和水的用量仅仅是低倍数泡沫灭火用量的 1/20，因此，高倍数泡沫灭火系统具有水渍损失小，灭火效率高，灭火后泡沫易于清除的优点。

（三）泡沫的组成及成分探讨

泡沫灭火系统中所谓的泡沫通常指的是体积较小，并且其表面液体完全包裹的气泡群，这种气泡群其比重范围大约在 0.001 ～ 0.5 之间。根据实际的情况，泡沫的比重远远小于一般可燃液体的比重。所以，在泡沫灭火的原理中，泡沫能够在液体的表面形成一层漂浮层，进而液体的表面被这种比重很小的泡沫完全覆盖。除此之外，泡沫还具有一定的黏性，因此，泡沫可以黏附于一般可燃固体的表面，使之与火源隔绝，达到灭火效果。蛋白泡沫灭火剂和轻水合成泡沫灭火剂是经常用于油田灭火的两种灭火剂，除此之外还有空气泡沫灭火剂等。

二、泡沫灭火系统的实际应用

（一）泡沫灭火系统在高层建筑水消防设计中的应用

高层建筑由于其特殊性比一般的建筑发生火灾概率要高很多，引起的后果更加严重，因此在高层建筑的设计之初，就应该充分做好消防系统的设计。而其在高层建筑中的应用与普通建筑往往不同，有的高层建筑内经营的复杂的产品或东西有可能是易燃易爆物，特别是一些容易引起火灾的物质，一旦发生火灾，高层建筑的人员和财产损失往往是无法估量的，所以泡沫灭火系统是高层建筑消防设计中必须考虑的重要设计方案之一。

（二）泡沫灭火系统在化工水消防设计中的应用

目前，在化工厂中，有一部分化工厂生产的主要产品是油类，而油类一旦发生火灾，其后果及损失将无法预料。所以，各大油类化工厂在进行厂区布置及设计时，都会加强油类产品的火灾预防，目前，泡沫灭火是油品火灾的基本扑救方式。

一般情况下，油区的泡沫灭火系统主要由消防水泵、消防水源、泡沫灭火剂储存装置、泡沫比例混合装置、泡沫产生装置及管道等组成。在化工水的消防设计中，氟蛋白泡沫也是常用的灭火泡沫选择，其主要优点是性质稳定、热稳定性好（例如：25% 的析液时间长，抗烧时间长），具有较好的流动性、抗油类污染能力十分强，能够在液下进行喷射，在特殊情况下，还可以与干粉进行联用灭火。

轻水泡沫灭火剂是化工水消防设计中另一种常见的泡沫灭火剂，其主要成分是由 F-C 表面活性剂和 C-H 表面活性剂组成，轻水泡沫灭火剂在物理性质上体现为浅黄色、半透明和无味。在泡沫灭火剂的使用进程中，轻水泡沫显现出来的主要优点是其具有较低的表面张力和界面张力，并且轻水泡沫的流动性好，灭火速度也相当快；同时抵抗油类污染的能力强，与氟蛋白泡沫灭火剂一样也可以用液下喷射的方式扑救油罐火灾，同时它也可以与干粉灭火剂联合使用来扑灭一些化工火灾。

（三）泡沫灭火系统在实际应用中应该遵循的准则

在施工中，泡沫灭火系统做好准备工作需要遵守的条件是：泡沫灭火系统的施工人员应经专业培训并考核合格，且承担施工的单位应经审核批准；泡沫灭火系统施工前应具备的技术资料有设计施工图、设计说明书，设备的安装使用说明书以及其他必要的技术文件。

泡沫液储罐的强度和严密性检验应该符合的规定有：对于每个泡沫泵站都应该抽查 1 个进行检验，对于不合格的应该进行逐个检查；试验后，应按规范填写泡沫液储罐的强度和严密性试验记录表。

泡沫灭火系统的材料在选择上应该遵循的规定有：各管件没有变形及其他的机械性损伤；如果是外露的非机械加工表面其保护涂层要完好，否则容易造成损坏；对于所有的外露接口都应该没有损伤，堵、盖等保护物都要包封良好。

为了保证每一个泡沫灭火系统在正式使用中的安全性，对于安装好的泡沫灭火系统其在正式使用之前需要进行调试。对于泡沫灭火系统的调试，其负责人应由专业技术人员担任，并且参加系统的调试人员应该对各自的职责进行明确分工，之后再按照预定的调试程序进行调试，核实系统是否有问题。

此外，在对泡沫灭火系统进行调试的过程中，要保证系统在调试时系统中所有的阀门均处于正常状态，待泡沫灭火系统调试合格后，应用清水冲洗后放空，将系统恢复到正常状态，并应规范附录填写系统调试记录表。只有这样才能保证泡沫灭火系统的安装规范及使用规范，并保证泡沫灭火系统在使用中安全、有效。

三、泡沫灭火系统常见故障和运营维保

（一）泡沫灭火系统常见故障及原因分析

1. 泡沫释放信号误报

泡沫释放信号的检测是通过管网中的压力开关来实现的。当压力开关动作时，压力开关向就地控制盘提供一个无源闭合信号，就地控制盘收到信号后向泡沫灭火主机发出泡沫释放状态信号，同时通过触发继电器动作，点亮放气勿入指示灯。因此，当就地控制盘报出泡沫释放状态信号时，应从检测回路末端的压力开关进行故障排查，其故障原因可能是压力开关故障、检测回路中出现了线路短接或是就地控制盘的主板出现了故障。如果就地控制盘上无泡沫释放状态，而仅仅是放气勿入指示灯被点亮，则可能是控制放气勿入指示灯的继电器故障，导致了信号的输出。

2. 探测回路的故障

在实际运行中，泡沫灭火系统经常会出现一连串回路设备故障，几秒后又自动恢复正常的情况。此类故障涉及的设备数量多，故障时间短，往往难以确定故障原因。通过不断地排查分析，确定了该类故障经常出现在整流变压器室、控制室、0.4 kv 开关柜室等高压房间的探测回路上，属于电磁干扰引起的回路故障。就地控制盘受电磁干扰影响，无法正常扫描到回路上的设备，使设备报出无效应答故障，在下一轮的扫描中又重新扫描到设备，因而设备短时故障后又恢复了正常。对于此类故障，目前行之有效的处理方法是在回路线上增套抗干扰磁环，增强探测回路的抗干扰效果。

3. 手自动转换开关故障

手自动转换开关是泡沫灭火系统中操作次数最多、最容易损坏的设备。由于火灾探测器可能会产生误报信号，触发泡沫灭火系统喷气，因此在进入泡沫保护设备房之前，必须将就地控制盘设置为手动状态，防止系统误喷；在离开设备房时，要将就地控制盘设置为自动状态，恢复设备的自动灭火功能。在某储运罐区的泡沫灭火系统中，手自动转换开关需要连续提供 5 秒的短接信号，就地控制盘才会变更手自动状态。在实际的使用中，经常出现手自动转换开关操作时间过长的故障，这是由设备接触不良而导致的。手自动转换开

关的锁头相当于一个双向接触开关，当发生接触不良时，不能提供连续 5 s 的短接信号，就地控制盘就不能完成状态转换，直至有 5 s 连续短接时，才能正常转换设备状态，导致操作时间过长，此类故障需要对手自动转化开关的接触锁头进行更换。

（二）运营维保中的注意事项

1. 避免过度检修

泡沫灭火系统由于其充装价格昂贵、喷气后无法恢复、泡沫释放会危及设备室内的人员等特点，决定了在进行泡沫灭火系统功能性检修时必须拆除电爆阀的接线及启动瓶上的铜管，以防误喷，但过于频繁的拆装无形中也增加了设备的损耗。因此，在制定设备检修规程时，应合理安排各功能验证的检修周期，避免过度地拆装电爆阀接线及启动瓶上的铜管。过度拆装电爆阀的接线，容易导致接线端子损坏，致使接线端子与控制线路不能紧密连接，导致真正发生火灾时不能正常控制电爆阀动作；过度拆卸启动瓶上的铜管，容易导致铜管接口变形，影响启动回路的气密性，降低启动回路上的工作压力，可能会致使启动瓶喷气后不能正常打开选择阀与储气瓶。

2. 加强对回路线管的检查

在检修规程的制定中，运营单位往往重视设备的功能检验和维护保养，而忽略对线管的检查。泡沫灭火系统的探测器安装在设备房的顶部，因此泡沫保护房间的顶部都布置有许多消防线管。由于储运罐区站内震动较大，固定线管的螺丝容易松脱，导致线管脱落。因此在制定泡沫灭火检修规程时，应明确对线管的检查周期和检查要求，发现松动及时加固，避免因长期震动而导致线管脱落，伤害工作人员，损坏下方设备。

3. 避免长时间在泡沫保护房间逗留

在实际的运营中，有的维修人员在检修完成后留在泡沫保护房间休息，甚至有的班组会在泡沫保护房间内设置值班点，以为将系统设置为手动状态就能确保安全。殊不知泡沫灭火系统在手动状态时依然可能误喷。就地控制盘故障误输出控制信号、继电器机械故障产生短接、电爆阀受干扰引爆、控制线路或送气管道接错等因素，都可能导致泡沫的误喷，对设备室内的值班人员造成伤害。因此在运营中应当避免长时间在泡沫保护房间内逗留。

总之，建筑工程给排水设计中，平时用到泡沫灭火系统的机会少，致使在民用建筑设计单位的设计人员对泡沫灭火系统比较生疏，在设计一些丙类可燃液体储存使用场所时必须设计泡沫灭火系统，容易造成遗漏或设计不符合泡沫灭火系统的要求，造成违反规范强条的现象，在设计和审图中必须引起足够重视。

第五节　干粉灭火系统

以“智能管网式干粉灭火系统”为例

智能长距离管网式干粉灭火系统，是现代工业园区、现代办公园区和现代民用住宅园区的机电设施防火灭火新技术。一些消防安全重点单位往往以传统的消防意识忽略了智能消防装备的投入，导致高危险性火灾风险建设项目投入运营后，无法实现对易引发消防安全问题的各种因素信息的即时掌握、分析及处理，一旦发生火灾，消防设备、措施、手段的即时响应和有效介入等应对乏力。

一、系统概述

（一）性能特点及工作原理

智能长距离管网式干粉灭火系统具有结构简单、适应性强、安装灵活、性能独特、安全可靠、高效循检、自动灭火等特点。其灭火效率高、速度快，不受任何环境影响，能多次灭火，分区、分点灭火，可根据自然风力的大小，自动调节压力，针对性强。

系统结构主要包括：干粉储罐、容器阀、减压阀、储气瓶、瓶头阀、选择阀、长距离管网、吹扫阀、喷头、计算机、红外探测、温度控制、压力调节、数据传输，以及长距离管网内气粉压力和气粉混合比保持以及加强措施的装置、多次启动和分区分点智能控制，实现智能消防灭火，在监控技术上能实现终端（授权桌面终端、手机终端）直接近、远程监控和自动操作及人工远程干预。

（二）监测系统与自动灭火

当监控系统发现防护区发生火情时，智能系统自行启动，动力气体向干粉储罐内充气增压并与罐内干粉灭火剂按特定比例充分混匀，压力值达到预先设定值时，释放阀开启后干粉进入管网，同时切换充气增压阀，停止下充气，干粉罐上方开始补气。此时，干粉罐上方的气固混合比将迅速增大、干粉浓度降低，形成一道无边界的过渡性隔膜，后续补压的氮气将干粉罐内已混合好的气固两相态灭火剂从干粉罐下方喇叭口压入内吸管（不会迅速稀释干粉混合浓度），混合灭火剂再经干粉释放球阀、智能管网等部件，经系统喷放器喷出，在预定的时间进行灭火。

1. 智能环境监控系统

在无人值守状态下或值守人员离开时，系统完全自主地实时全面监控和探测。移动终端（手机）亦可进行远程遥控，下达指令进行感温探测、感烟探测、火焰探测和风速探测。系统预先设置好自动循环探测，被监控对象所处的环境温度、烟尘都在系统监视器上一目了然。该系统在设计配置上增加了风速探测模块，以实时调整管理干粉喷射力度，提高灭火效果，这是以往灭火系统所不具备的。

2. 智能声光报警系统

报警模块采用 2 个三波段红外线火焰探测器作为触发系统和声光报警器。其原理是采用 3 个波长不同的光学红外传感器来识别火焰情况，一个传感器作为火焰探测，另外 2 个传感器分别作为背景红外辐射的探测，提高了防误报性能和红外火焰探测器的灵敏度。系统中 2 个火焰探测器作交叉确认才能触发报警系统。当系统中一个火焰探测器探测到监管对象有火情时，并不能立即启动报警系统。而是需要系统中另一个火焰探测器确认提交，警报才能触发。

三波段红外线火焰探测器自身的防误触发的可靠性已经很高，采用双报警交叉确认形式，可以最大限度地防止误触发的可能。

3. 智能管理现场系统

系统内部采用智能管理程序模块全面控制，实时显示整个控制系统内部的状态。如果系统中产生任何与初始设置不相符的状态，系统都会发出蜂鸣报警，显示某项监测数据或某个状态异常，提醒关注状态参数，以保障系统的正常运行。

4. 智能数据移动终端显示系统

配置了在移动终端可以实时显示被监控对象状态的智能 APP，可显示系统中任何一个被监控对象的实时状态，包含温度、湿度、风速等环境参数，在符合条件和一定权限的情况下，可以远程控制灭火系统。

5. 智能测定分区灭火

当分区的火源探测器或者温度探测器检测到该分区内有火情或热度超过设定阈值时，控制器闸阀自动开启，干粉、氮气混合气流通过喷嘴喷射到起火的分区中进行灭火，避免了大面积喷洒干粉造成的浪费。

6. 新型复合式喷嘴

新型复合式喷嘴的特有设计，具有喷射压力大和喷射距离远等特点。新型喷嘴与普通喷嘴组合使用后，能对任何设备的消防死角进行覆盖保护。新型复合式喷嘴通过其特有的导流与再次混合设计，使喷射角度达到 60，单喷嘴有效灭火面积达到 30 m^2，并且始终保持出粉量均匀，有效减少了大型设备所需喷嘴的用量，既降低成本，又保证灭火效果。

7. 风速影响调节系统

由于干粉属于颗粒物，当其从喷嘴喷出后，其运动轨迹受所处环境的风力影响，容易偏离轨迹，无法达到火源表面进行灭火。智能管网式干粉灭火系统创新性地植入了风速调节功能，能够执行强风时灭火的风速调节。当风力传感器检测到保护区周围的风速大于或小于设定风速时，能自动调节喷粉密度与力度，保证喷射出的干粉能到达火源表面进行灭火，提高了灭火效能。

8. 气粉多次混合功能

干粉灭火剂在输送过程中多次气粉混匀。干粉灭火剂两相态介质在管网输送过程中不断地在气化装置的作用下急剧膨化、收缩，使两相介质在该空间内持续混匀并向前运动，避免了两相态的分离。膨化过程在管网输送中全程进行，实现了一路输送一路“搅拌”的混匀效果，解决了遇到直角拐弯时产生气固分离的问题。

采用“多次气固混匀”原理，解决了气粉分离的问题，对于管网输送过程的压力损失影响很小。当干粉灭火系统设计成雾混罐结构时，后半部分动力气体单纯为动力输送功能，即可弥补该结构对管网压力损失的影响。

二、智能长距离管网式干粉灭火系统的应用价值分析

1. 智能长距离管网式干粉灭火系统具有监控能力强、灭火响应快、灭火速度快、消防效率高等特点；不受环境气候影响，在特殊火灾环境条件下能多次启动系统；根据火情分布和发展情况实现分区、分点，有针对性地自动灭火；根据环境自然风力的大小自动调节压力；对 A、B、C、E 类火灾，能迅速有效地扑灭，其效用价值远高于投资消防装备的成本，真正起到有效预防和灭火的效果。

2. 智能长距离管网式干粉灭火系统的智能化体现在“平台监测监控、状态自动报警、自行降温处理、自启灭火装置、移动互联互通”五大优势。

3. 智能长距离管网干粉灭火系统（计算机）还可存储“保护对象的技术资料及周边建筑物、构筑物的信息、视图及其相关技术参数”，通过网络即时查阅相关信息。

第四章　消防系统的供电与布线

第一节　消防系统的供电

现今我国电力系统不断发展，在电气工程质量方面也提出更高的要求标准，而消防供配电系统又属于电力系统中的重要一环，必须加强重视，对于电气项目相关的人员设施也提出了更高的标准要求，这样才可以使其中的各方面问题得到有效处理。

一、对消防系统供电的要求及规定

建筑物中火灾自动报警及消防设备联动控制系统的工作特点是连续、不间断。为了保证消防系统的供电可靠性及配线的灵活性，根据《建筑设计防火规范》和《高层民用建筑设计防火规范》消防系统供电应满足下列要求：

（1）火灾自动报警系统一般应该设有主电源和直流备用电源；

（2）火灾自动报警系统的主电源应采用消防电源，直流备用电源宜采用火灾报警控制器专用蓄电池。当直流电源采用消防系统集中设置的蓄电池时，火灾报警控制器应采用单独的供电回路，并能保证消防系统处于最大负荷状态下不影响报警器的正常工作；

（3）火灾自动报警系统中的 CRT 显示器、消防通信设备、计算机管理系统、火灾广播等的交流电源应由 UPS 装置供电。其容量应按火灾报警器在监视状态下工作 24 h 后，再加上同时有两个分路报火警 30 min 用电量之和来计算；

（4）消防控制室、消防水泵、消防电梯、防排烟设施、自动灭火装置、火灾自动报警系统、火灾应急照明和电动防火卷帘、门窗、阀门等消防用电设备，一类建筑应按现行国家电力设计规范规定的类负荷要求供电，二类建筑的上述消防用电设备，应按二级负荷的两回线要求供电；

（5）消防用电设备的两个电源或两回路线路，应在最末一级配电箱处自动切换；

（6）对容量较大或较集中的消防用电设施（如消防电梯、消防水泵等）应自配电室采用放射式供电；

（7）对于火灾应急照明、消防联动控制设备、报警控制器等设施，若采用分散供电时，在各层（或最多不超过 3 ～ 4 层）应设置专用消防配电箱；

（8）消防联动控制装置的直流操作电压，应采用 24 V；消防用电设备的电源可以装设漏电保护开关，但是要只报警不切断电源。消防用电的各应急发电设备，应设有自动启动装置，并能在 15 s 内供电。当内市电转换到柴油发电机电源时，自动装置应执行先停后送程序，并应保证一定时间间隔。

二、消防电源及其配电系统

为了使消防设备配电系统做到经济、合理，在确定消防设备配电方案之前，须根据消防供电的负荷特点正确地划分消防负荷等级，合理地选择电源和设计配电系统。在消防电源中设置应急电源是确保消防电源向消防用电负荷可靠供电的关键措施之一。为确保火灾时电源不中断，消防电源及其配电系统应满足如下要求：①可靠性。火灾时若供电中断，会使消防用电设备失去作用，贻误灭火战机，给人民的生命和财产带来严重威胁，因此要确保电源和配电的可靠性。可靠性是各要求中首先应考虑的问题。②耐火性。火灾时消防电源及其配电系统应具有耐火、耐热、防爆性能，土建方面也应采用耐火材料构造，以保证不间断供电的能力。③安全性。保障人身安全，以防触电事故发生。④有效性。保证供电持续时间，确保应急期间消防用电设备的有效性。⑤科学性。在保证其具有可靠性、耐火性、安全性和有效性前提下，还应确保供电质量，力求系统接线简单，操作方便，投资省，运行费用低。

电源供电方式原则上有放射式、树干式和环式三种。供电方式选择所依据的因素比较多，主要有电压高低、负荷大小及数目多少，电源与负荷的相对位置，经济效果和将来的发展，负荷对供电可靠性的要求，建筑物规模和外形等。对消防负荷而言，首先应考虑消防电源供电可靠性及其备用性问题，也就是重要的消防安全保护对象必须保证有两个电源或双回路。从这点出发，根据消防负荷对可靠性的要求，原则上消防电源供电方式可采用上述三种接线方式，以及放射式与树干式的混合方式，消防配电系统进而又可分为无备用系统和有备用系统。在有备用系统中，当某一回路故障停电时，其余回路将保证负荷全部或只保证重要负荷供电。备用回路投入方式有手动、自动和经常投入等几种。

向一级和二级消防负荷供电的消防电源由主电源和应急电源共同构成。主电源是保证工业与民用建筑平时和火灾情况下正常工作用电的电源，主电源电能一般取自电力系统。当工业与民用建筑处于火灾应急状态时，为了保证火灾扑救工作的成功，担负向消防用电设备供电的独立电源称为应急电源。应急电源有三种类型：电力系统电源、自备柴油发电机组和墙电池组：对供电时间要求特别严格的地方，还可采用不停电电源（UPS）。在特定的防火对象中，应急电源种类并不单一，多采用几个电源的组合方案；其供电范围和容量确定，一般是根据建筑的负荷等级、供电质量、应急负荷数量和分布、负荷持续性等因素决定的。消防用电设备除正常时由主电源供电外，火灾时主电源失电应由应急电源供电。当主电源不论何因在火灾中停电时，应急电源应能自动投入以保证消防用电的可靠性。应急电源与主电源之间应有一定的电气连锁关系：当主电源运行时，应急电源不允许工作：一旦主电源失电，应急电源必须立即在规定时间内投入运行。在采用自备发电机组作为应急电源的情况下，如果启动时间不能满足应急设备对停电间隙要求的话，可以在主电源失电而自备发电机组尚未启动之间，使蓄电池迅速自动地投入运行．直到自备发电机组向配电线路供电时才自动退出工作。此外，亦可采用不停电电源来达到可靠供电的目的。

三、消防电气供电配电系统现状分析

（一）配电系统现状分析

若是对配电系统与消防系统展开科学设计，对供电系统消防设施、供电功率以及供电效能系统的用电强度与用电时间展开详细具体的研究，使配电系统与消防系统有效结合，进而为消防行业贡献更大力量。然而针对现今配电系统的现状分析，不少设计人员设计配电系统之时，常常会疏忽配电系统的功率以及位置，造成配电系统位置与供电功率出现问题，导致线路错误以及供电不足问题，例如：喷枪与水泵等装置在工作过程中不能具备充足的电流输入，使火灾扑救工作不能及时完成。

（二）供电系统现状分析

除配电系统以外，供电系统同样属于消防电气中的关键构成，供电系统能够为建筑提供所需电力，可以加强和消防系统的统一化。配电系统主要是向消防电气装置供应充足电力资源，确保消防系统可以有序正常运行，提升工作效率。它不能引起人们重视，设计师的设计较为草率，其质量不能得以保障。而且，因为长时间不对其使用，所以重视度较低，因此每遇到火灾，我们必须使用供电系统之时，供电系统早已经年久失修，进而不能正常性供电，消防系统整体就不能正常工作。

（三）消防系统整体的缺失

在现今很多建筑之中，供电与配电系统互相分开，而这样的设置对火灾救援工作非常不利，不少企业没有把智能化报警系统，供电配电系统电流供应及电路组合都设置到一起，仅仅对单个系统展开设计安装，而这样无法达到统一化效果，最后也就是治标不治本。这对消防电气系统整体的健康稳定运行非常不利。实际生活之中，我们常常遭遇这方面问题：遭遇火灾的时候，消防系统线路繁杂不够明确，供电与配电系统不能正常工作，使得火灾整体救援水平下降，对火灾现场整体救援产生很大影响，因此我们一定要确保供电配电系统的统一性，提高消防系统的整体性。

四、电气配电供电系统完善策略

（一）确保消防配电与供电系统自主性

现代化建筑中的大多数消防系统之中，不少的消防系统设计人员仅仅重视对消防控制室中的配电箱实施可靠性控制，而对各层消防使用电器装置间的联系有所疏忽，例如：在一些排烟阀与防火门系统之中没有应用独立性消防系统。就拿高层建筑电梯来说，依据相关规定，企业需要至少把当中的一座电梯用作消防电梯，并且两座电梯中要采用不同的电源引入，而这样就算火灾发生，若是配电系统保证正常，则消防电梯同样能够正常化运行。然而不少建筑设计人员想要省事省力，对于消防电梯和普通电梯电源进行同等对待设计，如果火灾发生，消防电梯就没有任何使用价值。

在《民用建筑电气设计规范》之中有关消防电气的配电供电系统存在以下内容，不管消防火灾或者其余系统用电，如果建筑物属于高压受电条件，消防电气系统需要在变压器位置分开建立起独立性供配电系统，就是建立起独立化消防防灾供电系统。其中火灾发生时消防系统电源负荷级别，在整体工程项目供电系统中应当处于最高位置，进而确保消防电气系统的可靠性与独立性，保证在出现火灾的时候，电气装置可以正常化运转。如果消防系统的供电配电系统拥有可靠性电源，消防装置供电安全便能得到保障。

（二）在系统中设置 UPS 与 ATS

在消防供电系统电源的末端位置安装 ATS，双电源自动切换设备，可以在发生火灾之时的第一时间实现火灾的自动化报警，使火灾信息能够及时传输出去。如果建筑的使用电源发生了故障，建筑停电的时候，供电系统便必须依靠 ATS 使电源转换到备用电源。我们必须重视，ATS 需要安装到电源末端位置，这比安装到起始端位置更加有效，如果电源发生故障工作暂停，起始端 ATS 就会因为线路故障停电，这样 ATS 便不能启动，但是若是把 ATS 安装到末端位置，则它依旧可以完成启动，切换电源的进线，提高供电电源切换可能性。电脑用电部分的消防系统需要安装 UPS 不间断电源，这种电源能够实现对火灾计算机管理系统以及电脑显示器之类交流电源的供电，针对电脑用户而言，若是电源突然发生中断，则电脑信息便会丢失，但是若安装 UPS 电源，则至少能够为用户进行信息存储提供时间，确保信息不会出现损失。因此在消防电气系统当中，消防系统供电需要电源末端的 ATS 与 UPS 电源进行配合工作。

（三）强化安全管理

强化安全性评估。在管理层面上，相关单位必须把安全评估标准要求切实落实至专业管理以及技术标准之中，强化指导工作，进而从根源上避免新问题出现，确保安全评估全过程的规范化以及常态化动态管理。加强对已收获成绩的巩固，坚决避免出现前改后乱问题，避免由于管理不到位出现巩而不固问题，在巩固基础上，进一步强化整改质量，在细微位置必须严格要求，要查明其中存在的另外一些问题。

强化网络与信息系统的安全管理。网络信息系统安全工作要增强到和生产安全相同高度进行认识，要全方位纳入到安全生产体系中，完善制度要求，落实责任，检查执行情况，确保系统的可靠持续化运行，确保系统储存信息不会出现篡改，丢失以及泄密问题。

第二节　消防系统的布线与接地

近年来，随着消防产品的不断更新换代，在消防系统中，无论是火灾探测器，还是报警控制器或其他联动设备，都趋于小型化、微机化，尤其最先进的系统已实现了模拟量无阈值智能化。由于消防系统关系到人民的生命财产安全，因此，其布线敷设是否合理至关重要。

一、布线方式的选择

由于消防系统必须保证长期不间断地运行，要将探测点的信号准确无误地传输到控制器，且系统应具有低功耗运行性能，因此，适当地选择布线方式是系统可靠运行的根本。

布线方式有多线制和总线制之分。目前使用的多线制仅一种，即两线制（亦称 n+1 线制）。因其经济性能好，在小系统中仍受欢迎。

总线制有二总线和四总线制。二总线又分为树枝型布线、环形布线和链式布线 3 种方式。二总线在工程中应用最广泛。设计者选择什么布线方式，应根据工程的实际需要确定。

二、导线的选择

考虑系统的耐压要求，消防系统的电源为交流 380/220 V。可控制的交流用电设备线路应采用耐压不低于 500 V 的铜芯绝缘导线或电缆。系统的传输线路为 50 V 以下的供电线路时，应采用耐压不低于交流 250 V 的铜芯绝缘导线或电缆。

对电源、消防控制等线路的线芯截面选择，在做回路压降允许值验算时，应考虑到火灾过程中由于温度上升所引起的导体电阻增加因素，以保证系统的安全稳定运行。

在消防设计中，火灾场所的线路长度和可能达到的温度应根据建筑平面的布局、房间的分隔状况、室内可燃物性质以及线路的敷设方式等，综合考虑后确定。

三、线路的敷设方式

线路的敷设主要包括两部分：一是电源和消防控制线路的敷设；二是系统传输线路的敷设。两者必须满足如下要求：首先，任何用途的导线均不允许架空敷设；尽量减少与其他管线交叉跨越；避开环境条件恶劣场所，且便于施工维护；避开火灾时可能形成的“烟囱效应”部位。其次，当火灾发生后，对于电源线路、消防设备的控制线路及警报与通信线路等，应保证在一定时间内仍能正常工作，不被烧毁，即必须满足耐热耐火要求。

1. 采用乙烯树脂绝缘导线时，导线应穿入金属管内保护，并宜暗敷在非燃烧体结构内（砖墙或混凝土楼〔地〕板内），其保护层厚度不应小于 3 cm。当土建条件难以满足时，可采用明敷，但要求在金属管壁上采取防火保护措施。

2. 采用绝缘保护套为非燃性材料的电缆时，不同的敷设方式可做如下处理：当电缆敷设在电缆竖井内或电缆沟道内时，电缆无须穿入管内。电缆竖井及电缆沟道应符合防火技术要求：一是电缆竖井壁应为耐火极限不低于 1 h 的非燃烧体；井壁上的检查门应采用丙级防火门；竖井每隔 2 ~ 3 层在楼板外用相当于楼板耐火极限的非燃烧体做防火分隔；井道与房间、吊顶等相连的孔洞，其空隙应采用不燃材料紧密填塞。二是对于电缆沟道或隧道，应按区段设置防火间、防火门及检查孔等。由电缆沟道或隧道通向配电间或与其他通道、沟道的交接处应采用不燃材料紧密填塞。

3. 对于敷设在电缆竖井或电缆沟道内的普通、非阻燃性材料制作的电缆，除做好竖井和沟道的防火构造和措施外，同时要注意防止由于电缆本身事故造成火灾的危害。为此要求在电缆的外表面涂上防火涂料，一般采用 A60-1 改性氨基膨胀防火涂料或 G60-3 膨胀型过氯乙烯防火涂料。消防控制线路和电源的电缆必须明敷设时，应穿入金属管或封闭式金属线槽内。线槽内侧或金属管壁应按绝缘导线穿管时的原则做防火措施。在使用耐热保护材料时，导线的允许载流量会减小。一般由允许电流乘以电流减少系数，即得电流减少允许值。

4. 消防设备的通讯、报警与控制线路应满足耐热导线的要求。耐热导线是指导线在标准火灾升温曲线加热 15 min 后，温度达到 280 ℃时，导线仍能正常工作。消防电源线路应满足耐火导线的要求。耐火导线是指导线按标准火灾升温曲线加热 30 min 后，温度达 840 ℃时，导线仍能正常工作。

四、布线的技术要求

1. 不同系统、不同电流类别、不同电压等级的线路，不应穿于同一根管内或同一槽孔内。

2. 火灾探测器的传输线路宜选择不同颜色的绝缘导线。同一工程中相同用途的绝缘导线颜色应一致，接线端子应有标号。

3. 横向水平方向敷设的报警系统传输线路如采用穿管布线时，不同防火分区的线路不宜穿入同一根管内（但传输线路若采用总线制布线时可不受此限）。

4. 竖向敷设的导线在配电井内敷设时，强电线路弱电路线应分别设置配电竖片。如受条件限制必须合用时，强电与弱电线路应分别布置在竖井内的两侧，以减少强弱电相互间的影响，确保线路运行、维护及管理的方便。

5. 消防系统的传输网络不应与其他系统的传输网络合用。

6. 建筑物内消防系统的线路宜按楼层或防火分区分别设置配线箱。当同一系统不同电流类别或不同电压的线路在同一配线箱内时，应将不同电流类别和不同电压等级的导线，分别接于不同的端子上，且各种端子板应做明确的标志和隔离。

7. 从线槽、接线盒等处引至探测器底座盒、扬声器箱等的线路应加金属软管保护。

8. 管内导线的根数不做具体规定，暗敷时以管径的大小不影响混凝土楼板的强度为准（横向不宜大于 G25，墙内 G40）。穿管绝缘导线或电缆的总截面积不应超过管内截面积的 40%。敷设于封闭式线槽内的绝缘导线或电缆的总截面积不应大于线槽的净截面积的 50%。

9. 布线使用的附件、线槽及非金属管材，应由不燃或非延燃性材料制成。

五、消防系统的接地

接地装置是由接地体和接地线两部分组成的，其基本作用是给接地故障电流提供一条经大地通向变压器中性接地点的因路。对雷电流和静电电流唯一作用是构成与大地间的通路。无论哪种电流，当其流过不良的接地装置时，均会引起火灾。例如，绝缘损坏时，相线与接地线或按地金属物之间的漏电，会形成火花放电；在接地回路中，因接地线接头太松或腐蚀等，使电阻增加形成局部过热；在高阻值回路流通的故障电流会沿邻近阻抗小的接地金属结构流散，形成弧光放电;在低阻值回路，若接地线截面过小，会影响其热稳定性，使接地线产生过热现象。另外，即使接地装置完善，如果接地故障得不到及时切除，接地故障电流会使设备发热，甚至产生电弧或火花，同样会引起电气火灾。

为了保证消防系统正常工作，对系统的接地规定如下：火灾自动报警系统应在消防控制室设置专用接地板，接地装置的接地电阻值应符合下列要求：当采用专用接地装置时，接地电阻值不大于 4 Ω；当采用共用接地装置时，接地电阻值不应大于 1 Ω。火灾报警系统应设专用接地干线，由消防控制室引至接地体。专用接地干线应采用铜芯绝缘导线，其芯线截面积不应小于 25 mm^2，专用接地干线宜穿硬质型塑料管埋设至接地体。由消防控制室接地板引至各消防电子设备的专用接地线应选用铜芯塑料绝缘导线，其芯线截面积不应小于 4 mm^2。消防电子设备凡采用交流供电时，设备金属外壳和金属支架等应作保护接地，接地线应与电气保护接地干线（PE 线）相连接。区域报警系统和集中报警系统中各消防电子设备的接地也应符合上述的要求。

第五章　建筑工程机电安装

第一节　建筑工程机电安装概述

近几年，随着科学技术进步和城镇化的深入，机电安装与建筑施工过程有着密切联系，二者涵盖了建筑给排水控制、管道电气控制、强电控制、弱电控制、取暖控制以及消防控制等。在实际施工过程中，施工人员要对每个环节严格把控，避免出现建筑工程机电安装质量问题。机电安装人员只有不断地提升自身技术水平，创新施工方法，在保障质量的前提下降低企业成本，才能真正地将施工价值最大化。

一、建筑工程机电安装施工工程要点分析

随着社会的不断发展，一些创新性技术以及工艺逐渐地应用在建筑机电设备安装过程中，像5 G通信技术、互联网技术、大数据技术都用于辅助机电设备的运转。为了提升建筑工程机电设备的运转效率，增加其设备功能，确保机电设备安装质量，现场管理人员和设备安装人员需要从以下四大要点对建筑设备安装进行分析：

其一，目前很多建筑内部电气设备都是由自动化、信息化、集成化以及智能化配合网络传输系统进行控制的，建筑工程安装和设备线路功能改造会面临诸多的问题。例如，当下很多智能家电都是配套安装的，厂家会派遣专业技术人员上门安装，对每一个家电位置、距离、线路都有严格的把控，若更改某些线路，很可能会造成连锁反应，致使某一住户家某项智能设备失灵。

其二，建筑机电安装过程涉及很多其他专业领域，所以在施工过程中，安装人员要提前进行实地考察，并联系相关专业人员进行协同作业，只有这样才能够降低施工的难度。例如，在某建筑管道井机电检测设备安装过程中，通过机电设备监控测量楼栋单元取暖流通用水量，避免某些住户盗取加热锅炉水，为此在机电设备安装之前，机电设备安装人员提前联系了水暖技术人员和建筑管理人员，避免在安装的过程中遇到图纸线路不符、水暖管漏水等问题的发生。

其三，机电安装技术人员在机电设备安装完成后，还需要跟踪机电设备运行一段时间，并做好相关数据记录，保障建筑工程机电设备安装质量。若没有良好的售后基础做支持，

使用寿命会大幅度缩减，造成较大的经济损失。为此，建筑机电设备安装人员应制定设备监控售后制度，通过在安装结束后的一段时间内，多次对设备运行进行检测，确保机电设备运转安全。

其四，建筑工程机电设备管理人员要对选购设备和采购材料进行严格的质量把控，同时，加强技术人员和施工人员的现场管理，有效提升安装现场安全系数，降低企业建筑家电安装成本。建筑机电安装是一项需要消耗大量时间的系统工程，很多细小的环节都会增加企业的成本。此外，工程机电设备的安装过程还存在着诸多不可预知的问题，若现场管理人员不能在保证质量的前提下控制预算成本，该项目很可能会出现“超出预支”的情况。

二、建筑工程机电安装施工工程的技术研究

（一）机电设备安装技术

严格规范操作步骤应是每一个建筑企业对建筑机电安装人员的基本要求，只有规范操作，安装人员才能够保障建筑设备安装的质量。具体来讲，安装人员在安装设备之前，需要对设备开箱检查，按照产品规格清单，清点设备数量，确保没有遗失的部件。在实际的安装过程中，建筑机电安装人员首先要根据机电安装位置，丈量机电设备长、宽、高，测算设备是否能够放进安装地点，并提前埋好管线。其次，机电设备安装人员要对设备进行首次调试，确保设备各项数据、功能运转正常。在调试的过程中，安装人员可以在空转无负载的条件下，测试设备最大承载量，以及相关功能的测试，全方位地了解机电设备的状况。最后，经过细致的检测与准备，安装人员才可以将机电设备放置设定的位置，连接提前埋好的线路，按照说明书要求正常开启设备，并进行第二次调试。再次检测机电设备数据与功能后，进行机械加固工作。

在加固结束后，需要对设备进行细致清理。对于敏感位置和感应器械，安装人员可以使用酒精进行擦拭，对机械运动关节滴涂润滑油，记录设备说明书上的故障代码。在条件允许的情况下可以打印复制，避免出现问题后，安装维修人员不在现场时，他人不知如何应对紧急问题。同时，安装人员还需要对安装几何位置和设备精度进行特殊的记录，并将此类信息制成工作报告，递交给上级管理部门。在机电设备投入使用后，安装人员还应该与建筑管理人员进行协商，将维修保养工作落到实处，保障机电设备在正常使用寿命内能够安全运转。

（二）弱电系统安装技术

建筑机电设备弱电系统安装也是安装人员要加以重视的环节。弱电系统包含通信系统、中央控制系统、监控系统、消防系统以及各类水电控制系统。安装人员在弱电设备安装调试过程中，首先要铺设好相关管路，并对每一项功能管线进行测试，保证建筑内部线路的畅通。其次，在开始进行弱电系统安装调时，设备安装人员要将设备功能资料和现场建筑资料进行整合。依照资料数据进行弱电系统安装，并做好孔洞预设工作。最后，在弱

电系统各种线路连接成功后，要对每一项数据反映进行测试，保障后期弱电系统能够正常控制建筑内部的各项功能。建筑企业应加强对机电设备安装人员的技能培训，使安装人员能够从容面对各种先进的机电设备，提升建筑内居民生活质量。

（三）综合管线施工技术

建筑机电设备综合线路施工主要分为室内综合线路施工和室外综合线路施工，两种施工方式都有不同的要点。具体来讲，室内综合线路施工是指，在进行室内管线施工时要有专业的图纸进行配合，在管线铺设之处，要对施工材料质量严格地检查，必须要符合国家相关规定。在管线铺设施工之前，施工人员要对每一条线路的走向、类型进行标记，然后再开始施工。对于一些较为特殊的大口径线路，应该提前制定相关铺设方案，保证各个铺设工序能够正常有序地进行。此外，线路铺设人员还应考虑到机电设备对于密集型管线铺设的具体要求，将其要求作为铺设参考点，避免二次返工。室外综合线路铺设相较室内线路简单，但是需要注意的事项也比较多。例如，在室外进行综合线路铺设时，对于那些无法拆卸的废弃管套，要通过电焊牢牢地焊接在管路的一段；又如，对于那些即将安装的外接管，施工人员要仔细地观察管内与管外的情况，避免出现管外裂痕、管内堵塞等问题的发生，同时，施工人员对于每一段线路的铺设都要提前测量距离，不可以进行大致的估算，要用最短的管线完成室外线路的铺设，这样不仅可以节约企业成本，还能够增加美观性。

三、机电工程安装施工管理的现状分析

（一）设备安全的隐患

机电安装工程中设备的安装很重要。一些机电设备系统复杂，技术参数多，施工过程中安装人员的素质有限，可能会因操作不当带来设备的故障，或者对施工安全造成威胁，造成设备的使用安全隐患。同时，当今时代设备的更新速度快，技术更迭迅速，科技力量带动机电安装技术的发展。机电安装中难免会更新设备，但是技术人员未对更新的设备有充分的了解，对设备的具体使用操作不清楚，导致资源得不到优化配置，是一种资源的浪费。为了能够使用设备，操作人员可能会强行修改参数，对设备进行改动，这样做虽然能够保障设备投入使用，但是也埋下了安全的隐患，增加了事故发生的概率。

（二）造价未得到合理管控

机电工程的安装需要施工人员具备专业的安装技术和经验，但是一些施工单位用人不考核，仅凭经验施工，造成施工操作不规范，安装质量不合格，这就造成部分工程出现返工的现象，延长了施工的工期，增加了施工的成本，使得造价得不到合理的管控。有些施工单位对机电设备的采购和安装实施有较为严格的制度规范，但是没有根据实际的具体情况做出细化的方案，难以达到工程的具体要求，可能造成工程的变更，甚至产生索赔的问题，增加施工的造价。机电安装工程的设计方案不成熟，也会造成施工延误工期，增加了施工的支出，使得造价得不到合理的控制。

（三）管理机制不成熟

在现代化的智能建筑中，机电安装工程的涉及领域复杂，但是应用的领域广，具有实用性较强的特点。但是从建筑工程和机电安装来看，二者都在建筑行业突飞猛进的发展中提升了施工的水平，但是二者在互相融合互相协调发展的情况下，难免会出现设计不合理，操作不规范、技术体系有待完善、验收不严谨等问题，这些问题归根结底都是由于管理机制不成熟，造成机电安装存在弊端，给建筑工程的施工带来不利的影响。

四、机电工程安装施工管理的优化策略

（一）加强施工图纸设计管理

每一项工程的施工都需要提前做好准备工作，尤其是施工图纸的设计管理，能够保证施工具有高效率和安全性。首先工程的施工要对环境因素进行合理分析，比如空间的大小，设备占地空间的大小等，保证图纸具有良好的合理性和科学性。加强施工图纸设计管理要求图纸设计的工作人员要具备专业的知识，对图纸设计的质量进行严格的把控，实行精细化的管理。必要时可以与相关专业人员展开讨论，研究图纸设计中可能出现的漏洞，并积极改进，减少因设计图纸的漏洞而造成的安全隐患。除此之外，设计人员要及时更新自身的设计理念，积极学习先进的设计技术，与施工的技术人员做好技术交底工作，加强沟通，避免因为沟通不及时产生的误解，从而导致施工方不理解图纸，擅自改动，造成工程建设方向的变动，与设计好的图纸产生偏差，增加事故发生的概率。加强施工图纸的设计有助于机电工程更好地安装，提高机电安装整体工作的施工效率，进而增加建筑工程的性能。

（二）做好施工材料的管理

在新的机电安装技术的应用过程中，一些新的建材也逐渐广泛地应用于安装过程中，这就要做好施工材料的管理工作，保障施工材料的质量。首先，材料采购部门要结合安装工程的具体情况，在市场上选择质量优等价格低廉，有资质保障的材料，保证施工单位经济效益的同时也充分保障建材的质量。其次，对于施工前的材料，要做好建材的检验工作，只有检验结果达到施工标准的材料才能使用，放弃使用不合格的材料，再次强化机电施工的质量。最后，材料的管理要做好监督抽查工作，发现不合格的材料及时禁止使用，确保机电安装工程的施工质量。

（三）做好安装技术的管理

机电安装工程的技术管理工作应该严格执行，遵守机电安装的规范，按照施工图纸的设计流程施工，但是也要具体情况具体分析，从而制定更加适合工程建设的精细化施工方案。不同的施工项目，机电安装工程具有不同的特点，应该做好施工组织的管理工作，保障机电安装技术能够更好地应用。同时应该根据科技的发展，积极引进先进的技术，促进机电安装技术的发展。

（四）做好施工进度的管理

施工进度的规划是对整体施工速度的把控，它关系到施工的效率和施工的成本，某些单位为了节省成本，一味地追赶施工的进度，导致施工质量得不到应有的保障。机电安装工作的进度管理首先整体把握工程的进度安排，然后精细化管理，将整个工程划分为不同的阶段，做好每一个阶段的进度规划，分别做好每个月或者季度的施工计划，明确每一个具体岗位的具体职责和工作计划安排。其次，加强与施工技术人员的即时沟通，明确工程的具体施工情况，即时对施工的方案和进度计划做出调整，实现资源的最优化配置，以此来适应实际施工的工作安排。最后，施工进度如果与计划中的安排存在矛盾，管理者一定要深入施工现场查找原因，根据具体原因重新规划施工进度方案，避免造成管理工作和实际情况两极分化，应该协调统一管理，互相配合，共同辅助建筑工程的顺利竣工。

（五）做好验收管理的工作

验收部门在验收工程前，应该仔细核对施工方案和合同，确认工程是否按照方案和合同规范化施工。同时对质量的验收是最重要的，应该聘请专业的验收团队验收工程的质量，确认工程的质量达标后，整理纸质的资料做好工程交接的手续。若在工程的验收期间发现严重的质量问题，验收部门有职权令施工单位按照要求整改，并说明本次验收不合格，在整改完成之后，重新确定时间再次组织验收工作。因此，验收部门要把好验收关，杜绝工程以次充好，严格按照验收流程工作。验收是保障建筑工程质量的最后一关，对待验收工作应该严谨、认真。

综上所述，建筑工程机电安装要对整个建筑构造特点进行分析，通过各种参考数据制订安装计划，完善安装步骤，并通过规范的管理，提升机电设备安装质量。

第二节　给水排水工程

随着我国社会经济的不断发展，大众生活得到了显著改善，进而对自身所居住的生活环境提出了更为严格的要求。与此同时，在城市化进程不断加快的背景下，我国建筑行业迅猛发展，特别是近年来高层建筑不断增多，建筑给水排水工程越来越复杂。建筑给水排水工程质量与人们的生活质量，与建筑工程使用年限有着十分紧密的联系。所以，全面分析建筑给水排水工程中存在的问题，以及相关改善对策，对推动建筑行业可持续健康发展有着十分重要的现实意义。

一、建筑给水排水设计的具体流程

具体来看，建筑给水排水设计的流程为：①科学化、详细化了解建筑物的周边状况，对给水排水的实际情况进行掌握，比如对给水管网接入点的管径以及实际位置进行确定。

②明确给水排水的设计类型，并依据相关的设计资料进行设计方案的制定。③进行准备工作的开展。对给水管网预留支管情况进行了解和明确，并对其供水压力、数量、位置等信息进行明确，然后对设计项目进行科学化划分。同时，相关的设计人员还要针对不同的设计方案进行有效比对，明确各个方案的优缺点，并将这些方案进行区块划分，选择更加合理的方案。④开展设计计算工作。依据我国该方面的法律规范绘制图纸，并对设计文件进行科学化整理，从宏观至微观进行检查工作的开展，最终制订出相对应的计划书。在设计给水排水工程的时候，还应当注意下面的几个事项：明确用水数量以及设备，依据相关规范详细计算最高时、最高日的排水量；在对屋面雨水排放方面内容设计的时候，要与建筑专业进行科学化交流，以便更好地确定屋面雨水的排放形式，并进行内外排水的选择，外排水要通过建筑专业进行科学化设计，内排水要依据我国的建筑给水排水设计规范来设计；在进行生活冷水设计的时候，通常需要采用分区供水的形式，所采用的供水压力界线是 0.3—0.4 MPa，如果超过了标准值，那么应当进行分区，避免出现供水不足的情况。

二、建筑给水排水工程设计的应用体系

（一）完善给水排水设计体系

当前，我国有很多建筑有给水排水项目，在设计的过程中有一定的经验，能够总结其中存在的问题，从而引进先进的技术，参考国外的案例，再结合我国的具体情况进行给水排水设计。在建筑工程中，需要进一步完善给水排水设计体系，在借鉴和吸收国外先进技术的同时，还需要建设出符合我国给水排水的规范，提高我国建筑给水排水的设计水平。由于我国建筑工程的项目比较多，所以建筑给水排水设计很重要。需要我国建筑行业在发展的过程中构建出相关的体系，结合实际情况，发挥国人的创造力，不断完善我国建筑给水排水设计体系。

（二）正确选择排水管道的材料

很多工程师往往会根据自己的经验选择材料，而不是根据建筑物的实际情况去选择管道材料。现在科技发展得飞快，一直有新型材料流入到市场中，这些材料都是开发者不断创新、精益求精的结果，效果会比传统的管道材料好很多。但是很多工程师对各种各样的新型材料缺乏了解，还是选择自己比较熟悉的传统管道材料。各种建筑材料都在日益更新，旧的管道材料自然会与其他建筑材料格格不入。根据不同的情况，正确地选择管道材料有助于提高管道的使用寿命。所以，工程师应该加强对材料的了解，加强专业素养。

（三）做好给水排水管道设计

在进行给水管道设计的时候，设计者应当全面了解和分析住户需求，特别是针对那些室内设置两个卫生间的建筑，必须要对其进行重点分析与考虑。在进行给水管道铺设的时候，要做好各个数据的详细计算，确保数据准确，使得卫生间、厨房的管线能够缩短，以

便消耗更少的资源。同时，设计者还要对进户管道进行重新设计，尽量选择直径更大的管道，以便能够满足居民要求，使得管线末端的噪声减小。另外，要做好管道材质的选择。如上我们提到，铸铁管道材质会导致水污染，不利于用水安全，而塑料材质则会导致噪声较大，容易影响居民正常生活。所以，在选择管道材质的时候应当做好全面性考虑，为了将塑料材质的噪声降到最低，应当在排水管道铺设的时候，尽量保证排水管线与住宅休息场所有一定的间距，如此能够使噪声得到降低，带给用户更好的睡眠体验。并且，建筑企业还要尽量采用新型的塑料，对材料的性能进行全面考虑，尽量降低噪声，以便提升设计的合理性。

（四）管道排水应用的优化方案

建筑的排水系统主要包括排水管道、地漏。传统排水管的材质是铸铁，但是由于铁容易生锈，所以会给居民的正常使用带来隐患。随着社会的发展，我国市场开始出现了新型的排水管道，主要是以塑料为主要的管道，能够缓解生锈的情况，在建筑管道设计中得到了应用。但是这一材质也有一定的缺点，比如声音大，流水的声音会影响到住户的休息。塑料比其他材质更容易产生噪声，所以设计人员要尽可能选择好的塑料管道，让管道离得卧室远一点，可以安装相应的消音装置，减少噪声的影响。有排水需要的房间可以设置地漏，比如说卧室和厨房，地漏的排水方式一般厨房使用的比较多，因为排水量比较大。如果发生流水故障就会引发大量的水流，带来一定的经济损失，给人们的生活带来不便，所以有必要设置地漏。建筑物在设计的过程中，可以对地漏进行优化，按照我国相应的设计标准来实施，对地漏的深度、防涸功能进行设计，把其应用到实际中。地漏设置还比较特殊的位置就是卫生间，很多家庭都会在卫生间设置淋浴房，这就需要采用特殊的地漏型号，比如 DN75 型号地漏，可以保证地漏和存水弯相互配合，提高美观性的同时还可以对水封深度进行相应的控制。给水管设计中需要相关的土建支模，这样可以防止在浇灌的过程中出现渗漏，在施工的过程中可以采取相关的配套措施，比如预埋套管防止漏水的情况。

三、完善建筑给水排水工程的对策

（一）开展好建筑给水排水工程设计工作

首先，合理安装控制阀门。为实现对建筑给水排水工程的有效优化，在建筑底层适当增加阀门，有助于提升建筑给水排水能力。设计人员通过将阀门安装于建筑底层，将建筑整体作为阀门的控制对象，建筑中各个楼层均共用一个控制阀门，以此可有效弥补传统给水排水工程设计的不足。其次，合理控制管道管径。由于建筑工程排水管道未能有效自身排水作用，使得近年来城市内涝问题越来越严重。为此，在建筑给水排水工程中，设计人员应加大对管道管径的控制力度，对管道管径的具体设置，应结合建筑工程所处地理位置、区域降水量等一系列因素，一般应设置超过 32 mm 的废水管道和超过 100 mm 的粪便污水排水管道。保证建筑给水排水系统的有序运行。

（二）提高对施工材料的关注度

建筑工程质量受施工材料质量很大程度影响，因而施工企业在进行施工材料选择时，不仅要注重成本控制，还应遵循节能、高质量的原则。同时，为了保证施工材料的质量，应对选购的施工材料开展试验检测，一经发现有问题应及时予以处理，尽量将损失降至最低。另外，开展好施工材料管理工作，对各项管理流程予以有效细化，做到权责分明。并加强对施工人员的教育培训，通过不断提升施工人员的专业素质，以防止由于操作不当而引发建筑给水排水工程施工问题。

（三）建立完善建筑给水排水工程施工监管制度

建筑给水排水工程施工监管制度可保证施工质量，推动工程施工的顺利进行。建筑给水排水工程施工监督制度的建立，可从施工人员监管、工程验收监管两方面着手。首先，施工人员监管可实现对现场管理人员的优化配置，保证各工作岗位配置有足够的现场管理人员开展施工监督，防止出现人力不足或资源损耗等问题。同时，还应加强对现场管理人员技术方面的有效培养，以此提升现场管理人员的安全意识及实际操作技术水平，保障建筑给水排水工程施工的安全有序进行。

总之，给水排水工程是建筑工程施工中的必要部分，建筑行业应提高对其的有效重视。为此，施工企业应围绕如何开展好建筑给水排水工程建设进行探索研究，明确建筑给水排水工程中存在的问题，开展好建筑给水排水工程设计工作，提高对施工材料的关注度，建立完善的建筑给水排水工程施工监管制度等，从多个方面入手促进建筑给水排水工程建设的顺利进行。

第三节　防火门工程

防火门是建筑防火结构的重要组成部分，对保证建筑防火安全具有重要的意义。木质防火门、钢质防火门以及防火卷帘门是当前应用最为广泛的三种防火门类型，不同类型的防火门其作用和安装标准不同。木质防火门的材料为木材和防火漆，在楼梯口、管道井口等一般采用木质防火门，根据耐火时间不同，其可以分为甲、乙、丙三级防火门；钢质防火门的材料主要为钢材和防火漆，其应用的场所和防火分级与木质防火门基本类似；防火卷帘门是一种特殊的防火门，它是一种适用于建筑物较大洞口处的防火、隔热设施，广泛应用于工业与民用建筑的防火隔断区，其耐火等级分为 F3 级（耐火时间 3.00 h）和 F4 级（耐火时间 4.00 h）。防火门是居民日常安全生活的重要保障，其安装施工质量对防火门的防火安全性能具有重要的影响。

一、木质防火门与钢质防火门的施工工艺

木质防火门与钢质防火门除了材质不同之外，其施工步骤及施工工艺是类似的，因此在分析过程中将这两种防火门的施工统一分析。

（一）防火门的安装流程

防火门的结构较为简单，其施工的流程较为成熟，但是，在施工过程中存在很多施工细节需要注意。总结起来，从施工的步骤分析，防火门的安装流程可表示为：确定基准线、中心线—框进洞口—调整定位—木楔固定—打孔—与墙体固定—土建洞口抹灰—清理砂浆—装门扇—打磨、刮灰、油漆各二遍—装五金配件。

（二）具体施工方案

从施工的工艺流程可以看出，除了前期的基本准备工作之外，防火门的安装施工主要包括门框的安装和门扇的安装两个主要过程。

门框的安装。当门框周围洞口施工完成之后，就要进行门框的安装，整个过程大致分为三个步骤。首先，将门框与外墙平齐安装，保证门框与外墙周围施工完成的洞口咬合完全。门框安装位置大致安装好之后，使用木楔进行临时固定，并利用铅锤工具找准基准面，保证门框的水平和垂直度符合要求；其次，门框的临时安装完成并保证铅锤和水平基准良好之后，需要对门框进行工程固定。在固定的过程中，不同的外墙材质其固定的方法不同。对于混凝土外墙而言，使用规格为 $\phi 4 \times 50$ 射钉进行固定即可；对于加气混凝土砌块墙体，则首先需要对墙体洞口进行扩深，洞口规格在 $\phi 10 \times 110$，然后使用 M10×100 膨胀管作为基础，最后利用 M8×85 镀锌自攻丝将门框进行固定；最后，当门框固定完成之后，则需要使用水泥砂浆将墙体与门框之间的调整缝堵塞，保证门框固定良好。

门扇及其附属结构的安装。当门框安装完成之后，待水泥浆完全硬化就可以进行门扇及其附属结构的安装。由于门框已经安装完成，因此，门扇只需按照门框上的安装铆钉组装即可。在门扇的安装过程中，有几个装配参数需要注意：框扇搭接量≥ 10 mm；扇与地面间隙 5 mm；上下防火铰链两端安装的距离各取门扇高度的 1/10。当门扇安装完成之后，按照施工转配图依次安装五金配件即可。

二、防火卷帘门的安装流程

与木质和钢质防火门的安装工艺相比，防火卷帘门的结构组成和安装过程相对复杂。

（一）防火卷帘门的安装流程

防火卷帘门除了有与防火门类似的左右支架、帘面之外，还包括开闭机、控制箱、导轨等多个结构。其安装的施工流程包括：确认洞口及产品规格—左右支架安装—卷筒轴—开闭机—空载试车—帘面安装—负荷安装—负荷试车—侧导轨—导轮横梁—控制箱和按钮

盒—行程限位调试—箱体护罩—验收交付。

（二）具体施工方案

1. 左右支架的安装

左右支架防火卷帘门的主要支撑结构，对于保持卷帘门的稳定性具有重要的意义。在安装之前首先要检查支架的质量是否具备安装要求，例如轴承润滑及安全制动装置是否可靠，当准备工作完成之后，则需要画出中心线，进行支架安装。外墙存在和没存在预埋件左右支架的，其施工方式是不同的。当外墙中存在预埋件时，将支架直接焊接于预埋件上，并保证焊接工艺良好，同时保证支架与基准面的垂直性；当外墙中不存在预埋件时，采用膨胀螺栓在外墙上设置支撑点，然后将支架固定在膨胀螺栓上。在支架安装过程中，要注意支架的垂直度，保证整体支架的稳定性，另外，凡焊接处应无虚焊，夹渣，焊后应除渣，并作防锈处理。

2. 开闭机安装

开闭机是卷帘门位置的主要控制结构，对火灾发生时空间的安全防火意义重大。开闭机的安装施工较为简单，但是其安装质量的要求较高。当开闭机安装完成之后，需要进行空载的试运行，检查开闭机运转状态是否良好，另外特别注意其停机制动的灵敏度和可靠性是否满足防火要求。

3. 帘面的安装

帘面是防火卷帘门防火性能体现的主要结构，因此，在安装之前首先检查帘面是否存在破损、变形等安全问题。在卷帘门的安装过程中，帘面与卷筒轴是共同安装的。在施工时要注意几个问题：第一，帘面安装后，应平直，两边垂直于地面。经调整后，上下运行不得歪斜偏移，且帘面的不平直度不大于空口高度的 1/300；第二，末尾板（座板）与地面平行，接触应均匀，保证帘面上升、下降顺畅，并保证帘面具有适当的悬垂度和自重下降，双帘应同步运行；第三，无机帘面不允许有错位、缺角、挖补、倾斜、跳线、断线、色差等缺陷。

4. 导轨的安装

当帘面安装完成之后，要尽快安装导轨，在安装过程中，要保证导轨以下几个细节的施工质量：第一，导轨顶部应成圆弧形，其安装的深度要超过上下预设洞口 70 mm 左右；第二，导轨安装时，若外墙存在预埋件，则要将导轨固定在预埋件上，并且导轨与预埋件之间间隔大约 60 cm 的距离；第三，在竖直方向上，导轨要与地面垂直，其标准为：垂直度每米小于 5 mm，整个导轨的垂直度控制在 20 mm 以内；第四，对于焊接部位，必须进行严格的防锈处理，保证导轨表面整洁，使得帘面能够顺利在导轨运行，不出现卡阻现象。

总之，防火门是当前建筑工程的重要防火安全屏障，对保证建筑安全以及人们的生命财产安全具有重要意义。

第四节　弱电工程

为了更好地保障建筑工程的的质量，就必须保障建筑系统的施工质量，因此我们必须对建筑弱电系统工程施工的每一个环节进行严格的操作，要严格按照相关的施工工艺标准来操作，只有这样，才可以更好地保障施工的质量以及施工总目标的实现。作为施工人员，应该积极调整施工方案，提高相关的工艺水平，为建筑行业的智能化发展贡献自己的力量，以促进我国建筑行业发展到新的高度。

一、智能建筑弱电技术概述

所谓弱电是指对人体不会造成伤害，一般低于36 V电压的电，它是一种信号电压。一般情况下，电一般是由弱电和强电组成，在实际运用当中，它们所起的作用都是不同的，在平常生活当中，弱电一般是用于智能化控制、照明、机械控制等方面，在平时生活中，弱电融合了数据、画面、声音等信息，例如，我们所使用的手机、电话，以及电视机等，这些都是弱电产品，能够传输数据、画面、声音等信息。而对于智能建筑弱电技术就是将弱电技术运用到智能建筑当中的一种技术。而智能化建筑则是指将现代的通信技术以及自动化控制等技术运用到建筑技术当中，从而构成的一种新型建筑。在智能建筑中所使用的弱电一般有两类：

（1）主要用于信息交换的弱电。这种弱电能够为智能建筑内部的各个电子设备提供良好的信息传输以及信息交换，从而保证建筑内部的计算机以及电控设备可以进行良好的管理以及通信。

（2）使用在楼道方面，以及用于消防报警方面的弱电。当它正常工作时，可以检测到当前是否处于低压状态，如果是在低压的情况下，会进行报警，安装在楼道，能够对整个建筑进行很好的监控，从而实现智能建筑的功能。

二、智能建筑弱电工程施工技术

（一）弱电系统设备施工技术

在对弱电系统设备进行施工时，需要从三个方面做好，分别为机架设备安装方面；信息插座盒硬件设备安装方面；管道、桥架的安装方面。而针对机架设备安装需要采取三个步骤进行，首先，在安装机架设备时，需要以厂家的相关规定为媒介，将设备的垂直偏差控制好，从而机架设备的标志能够清晰，完整。其次，安装完后，安装的地方不允许存在有残留的杂物。最后，要使机架设备离墙体的距离大于0.8 m。考虑到施工人员的操作方便问题，需预留 1.5 m 的空间。对于信息插座盒硬件设备安装，安装前，需要先确认插座的规模型号，然后选择最为吻合的接线模板。从而保证信号能够实现高质量传输。对于管道、桥架的安装，需要将步骤性、次序性体现出来，需要保证桥架结构以及管道既简单又牢固，还具有比较好的灵活性。最后，要将后期的维护考虑进去，使桥架和管道后期维护更加方便快捷。

（二）弱电系统布线安装施工技术

布线工艺在弱电系统施工起着非常重要的作用。（1）对布线施工时，需要根据土建施工设计，将预埋以及布线等相关工作提前做好准备。（2）对线槽敷设工作以及管线铺设工作进行合理的控制，需做到三个方面：第一，需保证线槽敷设与管线铺设与土建项目施工同步进行；第二，将线槽和管道之间的位置进行合理的布局；第三，对暗管的沉降需要进行合理的处理。例如，在特殊保护场所，则需要利用穿管敷设的方式对暗管进行保护。在重力比较大或者外围存在的干扰比较大时，则需要接地处理。

（三）智能建筑防雷击技术

雷电会对智能建筑中的很多智能系统，智能设备造成干扰或者损坏，从而给人们带来了巨大的经济损失，因此为了使雷击造成的影响减小到最低，需要采取以下方式：第一，智能建筑需设计避雷带以及避雷针等避雷设备，使智能建筑具有防雷功能，另外，在建筑内部采用大量钢筋，将钢筋作为导线，将雷电引入到地面，因此需要将承台钢筋以及桩基主筋做好接地处理。同时也需要做好钢筋的焊接工作。第二，智能系统本身需做好防雷工作，对智能系统的信号控制以及电源做好防雷布置，使智能系统有良好的防雷效果。

三、控制智能建筑弱电工程的质量的相关措施

（一）设计阶段质量控制

在对工程进行施工之前，需要对施工图纸进行审查，同时对各个子系统的相关设计也要进行审查，还需对系统所完成的功能，所使用的技术，所选购的设备，合同，业主要求，以及设计时的需求分析进行综合审核，然后再进行确认；对于工程界面已经确定的工程，需要仔细检查各子系统进行技术交接的时候的相关资料。并对交互资料进行审核，以确保能够达到系统设计要求。对于那些管线已到位且信号接口界面所拥有的功能已达标的设计需要对图纸进行全面审查，从而确保施工图，监控电表以及设备清单三者保持一致。会审纪要作为施工技术文件的补充，需要让施工方、建设方以及设计方三方进行签字。

（二）施工质量控制

施工时，需要根据会审后的图纸以及相关工程建设的技术文件，法律文件等总体设计方案进行，并严格按照图纸的要求进行施工，如果在施工期间，发现有些地方与图纸上的设计是不一致的，此时需要联系设计师，并与之共同探讨解决，绝不允许私下变更，应严

格按标准化，规范化，可操作化的程序进行，这样才能保证施工的质量。同时需要对各个子系统的施工质量进行严控把关，各子系统的单体设备的安装也需进行严格的审查，详细地记录各设备以及各系统的测试数据与相关的调试数据。另外，还需要对整个工程当中所使用到的材料和各种外围设备进行检验，对于那些标志不清晰或者找不到标志的、材料与合同不相符的以及对材料的质量有所怀疑的材料需要进行抽测检查。而对那些进口的材料，则需要有产地证明资料和海关商检证明资料。将这些材料进行整理并报审，只有监理审核确认无误后，才能进行施工。

（三）系统调试质量控制

在对系统进行调试之前，技术工程师会根据合同要求，系统总体设计，相关技术文档以及验收的标准为系统制作出一个调试方案，该调试方案只有通过技术审核后，才能实施。对于单体设备，综合布线以及各个子系统的质量管控需要严格的按照质量规范和图纸来考量，同时将调试检查等相关信息详细地记录下来，如果调试不合格，需要进行返工的，则要及时地进行整改，整改完成后，再利用调试方案进行调试，如此反复，直到系统能够正常运行为止。

总之，建筑工程行业未来将是朝着智能化方向发展，而弱电工程施工可以使建筑工程的自动化程度得到提高，从而使工程的质量得到提高，工程的进度得到保障。因此，为使弱电工程的质量得到保障，在弱电工程设计阶段，相关工程师就需要提供详细完整的施工计划与设计方案；在施工阶段，相关施工人员需要在工程质量监督方的监管下进行施工；而在验收阶段，则需要通过投资方、政府相关人员、技术部门以及设计人员的综合验收才算完工，才能使整个弱电工程的质量得以保证。

第五节　电气工程

建筑电气工程是建筑重要的构成部分，对建筑工程的安全运行及功能实施起着决定性的作用，同时对专业技术也提出十分严苛的要求。建筑电气工程施工的整体质量对建筑物的安全性及舒适度起着关键的作用。因此，建筑电气工程的施工及设计直接关乎着建筑工程的整体质量和用户的使用安全。

一、建筑电气工程中应注意的技术问题

（一）使用节能电感镇流器和电子镇流器

随着低能耗性能优良的光源用电附件的推广使用，如节能型电感镇流器、电子镇流器、电子变压器等。一般电感式镇流器的损耗电能为光源的 10% 左右，相比来说，电子镇流器耗能较低，并具备恒功率稳定输出。对一体的节能灯和单端的小功率荧光灯来说，对灯

的预热性、异常保护功能、谐波性等方面的要求较低，纵观整体性来说，选用电子镇流器最佳。针对 25~65 w 的直管型荧光灯来说，应该优先选用节能型电感镇流器。

（二）实行单灯电流补偿

灯具单灯补偿就是在每一兼容灯具上增加并联的电容器，实现电流输出的补偿，并将荧光灯、气体放电灯的电功率提高至 0.9，这样不仅能一定程度上减小电路无用功的功率，还能有效避免电线损坏和电压过大产生的不利影响，同时由于电路电流的减小，还能有效降低导线的横截面面积。

（三）电源开关回路的设计及导线选择

每套住宅的电源插座与照明、空调电源插座都应实行分路设计；厨房电源插座和卫生间电源插座应采用独立回路设计。规定中表明，空调、照明电源插座应与普通电源插座分路设计，厨房、卫生间的插座及照明并没有必须实行分路设计的规定。但是卫生间、厨房都是住宅建筑物中用电量较为集中且发生故障比较频繁的区域，因此，为了有效规避超高负荷而导致导线过热的现象，并不断满足生活用电的需要，住宅建筑设计中的厨房、卫生间的插座应用分路设计。同时，地热采暖的住宅应在厨房和厨房的插座回路导线采用 4 mm 的导线，空调插座的回路应选用 6 mm 的导线。

（四）配电柜的使用

首先，固定底座的地板一般采取土建预埋，电工实际施工进程中，应将底座槽钢与扁钢进行焊接固定。其次，成排的配电柜安装要选取一个标准的配电柜作为安装的重要标准，使柜面保持一致，然后将配电柜与基础槽钢进行固定操作，柜体之间、柜体与两侧挡板采用螺栓进行固定，柜体与基础槽钢也用螺栓固定。柜两侧的电缆沟应用金属材料进行封闭。其次，抽屉式的配电柜应保障推拉操作灵活，机械闭锁准确，电气连锁装置操作要规范准确，断路器分闸隔离触头才能分离；抽屉与柜体的接地触头应紧密结合，抽屉推进时应保障接地触头最先接触，拉出时则相反。最后，低压配电柜的骨架和底座都要接地，装有电器的柜门应将接地金属与软导线进行紧密联结。

（五）对建筑电气线路接地保护分析

1. 防雷接地

为有效保障建筑内的电子设备和线路的正常运行，可以采取一般防雷接地的方法，高度重视等位面和均压空间。对于等位面的操作，主要采用将楼层内钢筋与四周柱子钢筋紧密联结。对于均压空间的操作，应将 30 m 建筑物及以上每隔三层的圈梁柱子与外墙柱子钢筋紧密联结。各类防雷接地装置的工频接地电阻，根据雷电下的反击情况决定。防雷装置与电气设备应归属于同一接地网。

2. 工作接地

工作接地主要是指变压器中的中性点或中性线接地，在配电的实际操作中存在辅助等电位接线端子，等电位接线端子一般存在于箱柜内。国家相关规范明文规定，接线端子不能暴露；不能与其他接地系统混合使用；严禁与PE线连接。

3. 保护接地干线PE

在建筑电气工程的施工进程中，涉及安全保护接地的设备，种类多样，包含强电设备、弱电设备及非带导电的设备，都要严格执行安全保护接地策略。

二、建筑电气工程中应注意的管理问题

（一）提升建筑电气工程施工质量重要性的认识

建筑电气工程的质量好坏直接关系到建筑工程的整体质量，随着科学技术的快速发展，现代电气化的应用和普及，建筑电气工程的质量逐渐在建筑工程中彰显重要的地位和作用。电气工程的整体质量对建筑工程起着关键的作用，电气工程的质量一旦出现某一问题，将会对整个建筑工程产生极其不利的影响。

（二）建立完善的保障建筑电气工程施工质量的健全制度

加强对建筑电气工程的原材料、施工设备的监督管理力度，不仅要保证原材料、施工的数量，还要严格保障原材料、设备的整体质量达标。并要与设计规格、配套要求进行严格的整合，严格规避劣质假冒、质量不达标的原材料以及设备引进施工现场。加强建筑电气工程施工各个环节的监督管理力度，并加强执行力度，对施工完成的部分及时进行检查，对于不达标的施工部分进行及时的调整及修改，避免留下安全隐患，对今后建筑工程的整体造成不利的影响。严格实施电气工程的检测、监察、验收等工作，并增设相关的质量管理人员进行严格的监督管理，并建立完善的检查记录表，不断对记录表进行及时的跟进与更新。在阶段和整体工程完工之时，要对工程进行严格的检查，并按照严格的要求和规范进行各项操作，直至保障工程的部分全部达标，才能完成验收，并保障建筑电气工程的整体质量符合各项要求和标准。

（三）加强建筑电气工程施工队伍的技术管理

建筑电气施工由于涉及范围较广，施工的各个程序具有复杂性，因此对建筑电气施工队伍也有较高的要求，要让技术精湛、经验丰富的技术人员参与到工程建设当中，对施工队伍的技术进行严格的考核，并加强培训，组织建筑电气技术人员进行专业技术培训和电气科学技术的相关学习，使之不断充实和丰富电气工程施工的专业知识和相关技能，保证施工人员全部持证上岗，建立完善的责任制，加强业务培训，并建立相关的施工质量的奖罚制度，不断提高建筑电气工程施工人员的责任意识，提升建筑电气工程施工人员的专业知识和操作技能水平，从而有效地保障建筑电气工程的整体质量。

综上所述，建筑电气工程的质量直接对建筑工程的整体起着决定性的作用，并在建筑工程中占据着重要的地位。因此，加强对建筑电气工程施工各个环节的监管力度，完善建

筑电气工程的技术要点，加强对各个电气设备的综合管理，加大对建筑电气工程质量的重视，建立完善的保障建筑电气工程的制度，提高建筑电气工程施工队伍的整体质量，提高施工人员的专业知识和技能水平，并结合现代技术，实现建筑电气工程迈向信息化，从而全面提高建筑电气工程的整体质量，为建筑工程的整体质量的提高提供强有力的保障，推动建筑电气工程的稳固发展，促进国家和社会的平稳发展，保障人民群众的切身利益。

第六章 消防系统的调试验收及维护

第一节 火灾报警系统的调试

机电安装工程往往在建筑工程竣工后，但前提要与土建施工人员进行沟通，保证预留位置的准确性，这样才能保证机电安装工程的顺利进行。确保安装质量符合工程建设标准后需要进行相关设备的调试，其中火灾报警系统调试是消防系统安装的重要内容，调试前，工作人员要全面分析竣工图纸及设计变更记录，与设备制造商共同进行设备的调试，严格按照标准保证调试工作的正确性、规范性，为火灾报警系统的正常运行保驾护航。另一方面，调试人员要正确认知自身工作的重要性，以及对整个机电工程的影响，确保调试实施的秩序性和规范性，为提升火灾报警系统的运行能效夯实基础。

一、机电安装消防系统中火灾报警系统的调试要点

（一）单体调试

单体调试是火灾报警系统调试的重要环节，进行单体调试时，应按照以下步骤开展：首先，将火灾报警系统中的广播系统、主讲电话、消防对讲机等设备设置为开启状态，对其工作状态进行全面检查和检测，保证这些系统良好运行。其次，根据安装设计图纸对每个主机连接情况进行精细化检查，尤其是一些细小的接头位置，对发现问题的部位进行适当的调试，保证整个系统能够良好地运行。这一过程中，调试人员必须严格按照相应的顺序合理安排调试工作，陆续接入火灾报警系统中，从而保证系统调试效率。再次，重点检查火灾报警系统中的各种检测仪器、警报、消防按钮等外部设备，主要对设计中的各个警报系统进行全方位的二次检查，采取信号接入方式检测各设备的运行情况，给予适当的调试，确保满足系统安装的使用需求。做好这些基础操作后，通过防烟、点火的方式验证检测结果，更好地保证调试进程。最后，完成火灾报警系统的单体调试后，应对系统电量及其监督功能进行有效检查，结合消防安装系统的实际情况监测调试结果，保证火灾报警系统信息传输的最大效用。

（二）单系统调试

单系统调试是火灾报警系统调试中不可缺少的环节，进行单系统调试时，应按照以下步骤开展：首先，对非消防电源、火灾照明系统、人员疏导标志进行调试，待调试人员收到火灾报警信号后，即刻关闭所有电源，打开消防通道，通过试验方式检测火灾报警系统的精确度，确保火灾系统可以根据不同的火灾类型做出不同的反应；其次，对紧急广播进行有效调试，通过调试紧急广播，保证其能够结合火灾报警的实际情况切换不同的广播模式，结合紧急广播工作现状，实施相应的监管措施，这样有助于科学管控紧急广播中的负荷方面，确保紧急广播在火灾事故中发挥其作用，为减少火灾危害性做好铺垫；最后，对消防系统的各种通风、排风、排烟系统进行调试。火灾事故中，烟雾和火焰对人体的危害性非常大，也是导致窒息的重要因素。因此，保证防排烟系统的正常运行是降低人们生命安全隐患的重要方式，进行防排烟装置调试前重点关注以下几点：检查风机、风管、阀门部件安全是否符合规范；仔细检查防火阀、排烟防火阀的型号、规格、位置等以及关闭状态，线路连接情况；检查送风口、排风口安装质量及位置。进行各项设施运行调试时，可以借助主控系统对信息传输情况进行实时检测。另外，要做好防火卷帘的监控，保证报警设备设置在防火卷帘中，以此判断防火卷帘信号是否精准。

（三）防火自动报警及其联动系统调试

在完成火灾报警系统安装后，要重新启动全部电源、装置及相关设施，然后进行自动报警系统及其联动系统的调试工作。这一过程中，重点调试火灾报警系统的数量及类型，并且严格按照以下步骤开展：首先，根据系统编号逐一检测火灾报警系统，主要检测不同的机电安装消防系统，同时准确记录火灾报警信号。其次，手动测试报警设备。例如，将报警器安装在消防栓上，通电后检查其指示灯是否正常工作，能否进行信号接收，同时要对消防栓的自动喷水相关设施进行调试，将各火灾警报点位置的自动喷水开关全部打开，借助火灾模拟试验判断信号传输能力，结合实际情况做好火灾报警系统的调试工作。再次，经由火灾警报安装人员调试备用电源的性能，保证电池电量的充足性，给消防系统各项设施提供基础保障，维护整个系统的运行稳定性、高效性。最后，注意调试备用电源的电量，对相关设施、设备进行定时检查，从而提升消防系统火灾报警系统的工作能效。由于每个消防系统的内部设施存在很多大的差异，其功能表现出明显差异，相关的安装人员及调试人员应根据实际情况制定与其相匹配的安装调试流程，严格依照各项指标及要求开展调试工作，最大限度地保证火灾报警系统的工作能效。

二、优化火灾报警系统调试的有效策略

（一）严格控制施工全过程

消防系统在整个机电工程乃至建筑整体中都占据着重要地位，若想保证安装调试的科

学性、合理性，实际施工过程中，应该借助更权威的专业指导，对机电安装调试的流程和要点给予正确的指导，及时排除系统安装问题，以提升机电工程整体效益。加强施工全过程控制与管理是保障机电安装效果的有效途径，管理人员要意识到自身管理工作的重要性，将管理工作落实到每个施工细节，为提升机电工程的应用价值和效益夯实基础。

（二）加强消防工程验收

消防设计的实质目的是为了提升建筑整体的火灾防御能力，消防设施、设备及附件安装前，加大图纸审核力度，保证图纸设计的可行性，针对不同的消防设备采取不同的检测方式。由于消防系统自身的复杂性，隐蔽工程较多，无形中增加了验收难度，需要借助更多先进设备及检测仪器，联同互联网等高新技术，保证验收工作顺利进行，并且能够真实反映消防系统的安装情况，使整个消防工作更加规范化。

综上所述，火灾报警系统在整个机电安装工程中有着重要作用。只有保证火灾报警系统安装的科学性、合理性，才能最大限度地发挥其火灾防御能力，降低火灾事故的危害和影响性，同时也是降低火灾发生概率的重要路径，对人们的生命财产起到保护作用。因此，相关技术人员应该严格按照操作规范及要求，保证火灾报警系统安装的正确，这就需要工作人员掌握火灾报警系统安装及调试要点及流程，根据实际情况做到动态化调试，为提升消防报警系统的工作能效提供技术支撑，营造安全、可靠的消防系统运行环境，确保消防报警系统的作用和价值充分体现，进一步提升机电工程的综合效益，推动我国机电工程良好的发展，不断到达新高度。

第二节　消防联动系统的调试

消防联动系统的调试是火灾自动报警及联动系统中至关重要的一步，它关系到消防设备的正常启动运行，为扑灭火灾发挥应有的作用。为确保消防设备的启动可靠，消防联动控制设备应能以手动或自动两种方式启动。消防联动系统的调试是一项复杂而细致的工作，调试人员必须是经过专业培训的人员，在调试前编制调试方案和作业指导书，严格按照方案实施。消防联动调试涉及的消防设备主要有：正常供电配电柜、消防供电配电柜、消火栓泵、喷淋泵、正压送风机、电动送风口、排烟机、排烟阀、防火阀、高温防火阀、空调系统、电梯、防火卷帘、消防广播、警铃、声光报警器、气体灭火系统等。在调试之前首先要在现场对消防设备进行就地手动，确定其运行可靠，然后要将所有现场受控设备的电源与控制箱连线断开，这样可以防止由于误操作或程序有误而引起消防设备动作所造成的经济损失。气体灭火系统因为它是一次性的并且造价很高，所以在联动调试时不启动整套灭火系统，而是只联动这些灭火系统的启动触发装置。

一、消防联动调试

（一）联动控制系统的调试开通

建筑消防工程安装完毕，要进行联动调试。开通前，首先对线路做仔细检查，查看导线上的标注是否与施工图上的标注吻合，检查接线端子的压线是否与接线端子表的规定一致，排除线路故障。联动设备要在现场模拟试验均无问题后，消防控制中心再对各设备进行手动或自动操作系统联调。调试完毕后，将调试记录、接线端子表整理齐全完善，最后，将消防中心总电源打开进行远程手动或自动联动试验。

（二）自动喷淋系统的调试

1. 系统充水试验完成，水流指示器、湿式报警阀的压力开关接线已完成，消防中心具备调试条件后，即可开始系统联合调试。

2. 根据现场施工情况，安排水流指示器分区的调试顺序。将水泵均调至自动工作状态。

3. 开启第一个水流指示器分区的末端检验装置放水，稳压泵应自动启泵补水，该湿式报警阀应鸣铃报警，消防泵启泵，同时，该湿式报警阀的压力开关和该水流指示器均应在消防中心显示火灾并报警，并显示消防泵为自动启动状态，消防中心也应能控制启动喷淋主泵。如能符合要求时，应关闭该末端检验装置，同时在泵房手动停喷淋主泵。稳压泵应自动停泵。否则应对故障部位进行检查调整，直至符合要求。

4. 重复上述操作，依次对所有水流指示器分区进行调试，直至完全符合要求。

5. 在消防中心对泵房稳压泵进行手动启停试验及主泵或稳压泵一台故障时的切换试验，应能符合要求。

（三）机械排烟系统的调试

1. 机械排烟系统技术性能调试：地下设备用房、首层的通道排烟系统，启动机械排烟系统，使之投入正常运行，若排烟机单独担负一个防烟分区的排烟时，应把该排烟机所担负的防排烟分区中的排烟口全部打开，如一台排烟机担负两个以上的防排烟分区时，则应把最大防排烟分区及次大的防排烟分区中的排烟口全开，测定通过每个排烟口的排气量。排烟口处风速不宜大于 10 m/s。

2. 与火灾自动报警系统联动调试：消防控制中心能远程启、停各消防防排烟风机并有信号返回。

消防控制中心能远程开启各电控防排烟阀并有信号返回。

报警联动启动联动防排烟风机 1 ~ 3 次；

报警联动开启防排烟阀 1 ~ 3 次；

上述控制功能、信号均应正常。

（四）消火栓系统的调试

1. 消防水泵性能试验及稳压泵调试

2. 屋顶消火栓调试

利用屋顶水箱向系统充水，检查系统和阀门是否有渗漏现象。连接好屋顶试验消火栓水龙带及水枪，打开屋顶试验消火栓，并启动消火栓泵，此时消火栓水枪充实水柱应不小于 11 m。关停消火栓泵，用消防车通过水泵接合器向系统加压，水枪充实水柱应满足 11 m 的要求。

3. 水泵的调试

水泵机组及附件安装完毕后，需进行单机试验，在有条件的情况下，应进行带负荷试验。

4. 消防喷淋水泵电柜的测试及元件测试

先通电，并检查面板上的指示灯是否点亮，再按面板上的启动按钮（或在消防中心按消防水泵的启动按钮），并观察电柜内的元件动作是否准确以及检查用到消防水泵的电源的电压是否正常，然后再按面板上的急停按钮（或在消防中心按消防水泵的急停按钮），并观察电柜内的元件动作是否准确以及检查用到消防水泵的电源是否切断。

（五）空调系统的调试

空调系统在火灾发生后必须立即关闭，特别是公共场所、公寓、宾馆等设置的中央空调。因为烟会沿空调管道输送到各个送风口，轻则引起大众恐慌，重则造成窒息，威胁到人身安全，将火灾扩大化、复杂化，产生巨大的损失。调试时现场模拟火灾信号，当主机收到火警信号时，发出启动指令到空调系统控制模块，模块动作关闭空调电源并反馈信号至主机。

（六）防火卷帘的调试

防火卷帘按用途分为疏散通道卷帘和防火分区分隔卷帘。防火分区分隔防火卷帘在火灾发生时一步降到底；而疏散通道防火卷帘考虑到有人员要逃生的要求，设置为二步降到底，调试时，使防火卷帘两侧的任一感烟探测器报警，主机出指令，防火卷帘控制模块动作，实现一步降到 1.5 米，将位置反馈到主机，并延时 30 秒降到底；但如果防火卷帘两侧的感温探测器在 30 秒内报警时，主机中断延时 30 秒指令，立即发出下降指令，防火卷帘控制模块动作，防火卷帘二步降到底。防火分区分隔卷帘只要有火警信号传送到主机，主机就启动控制模块将分隔卷帘降到底，考虑到火灾扑救和分区内人员逃生的要求，在防火卷帘门两侧分别设置有防火卷帘手动控制按钮，并且优先级别高于自动，可以实现内外手动控制防火卷帘门的起、闭。

（七）电梯调试

电梯分为客梯和消防电梯两种，在火灾发生时，乘坐电梯是非常危险的，可能会发生坠落。因此发生火灾时，电梯迫降到首层并打开门，同时发出语音报警（如：发生火灾请尽快撤离），并切断正常使用的功能。但消防电梯通过在电梯控制面板上输入一系列组合按键可实现重新投运。调试时，将电梯升到二层，打开电梯门，然后按下附近手动按钮模拟火灾报警，主机接到报警信号后向对应区域电梯迫降模块发出动作指令，电梯发出语音报警，并迫降至首层打开门，再操作电梯时，电梯不能动作。恢复手动报警按钮，主机复位后，电梯恢复正常运行。

（八）气体灭火系统

气体灭火系统主要用于扑救不能用水的重要的场所。如柴油发电机房、高低压配电室、通讯机房等。由于灭火用气体造价很高，动辄十几万甚至几十上百万，所以调试前必须将储气瓶与瓶头阀分离，只保留启动气瓶。在编写联动程序时，必须有两种不同的报警方式同时报警才启动气体灭火系统，防止某一种报警误报而造成巨大经济损失。当气体保护区内感烟探测器与感温探测器同时向主机报警时主机向启动气瓶控制模块发出动作指令，启动气瓶动作释放高压气体至瓶头阀，瓶头阀动作打开储气瓶，释放高压气体灭火调试时只要瓶头阀动作即可。

（九）整体联动调试

1. 与水灭火系统联动：用程序启动喷淋泵，或用手动启动消防栓泵，系统应能接收到泵的启动、运行或故障信号。打开湿式报警阀旁的放水阀，延时 30 S 水力警铃应鸣响，开关动作，此时，系统应接收到有关信号，再经一段延时，喷淋泵应启动。从喷淋系统末端放水阀放水，系统将接收到水流指示器和湿式报警阀的动作信号，系统应重复前面动作。分别揿动系统的各电动阀开关，系统应能接收到信号。击碎系统中任何一处的玻璃按钮，即能启动消防栓泵。系统亦能接收到相应信号。

2. 控制中心收到火警信号，模块自动启动相关楼层排烟风机。

二、案例分析

（一）工程概况

中洋豪生大酒店位于江苏省南通市海安县内，被誉为“土豪金”酒店、“大金砖”建筑，总建筑面积约为 12.87 万平方米，为白金五星级酒店。塔楼地下室为二层，地上为四十六层，高度 200 米，主楼顶层设有直升机停机坪。裙房地下室为一层，地上为四层。该项目的消防联动系统由消火栓系统、自动喷淋系统、正压送风系统、消防补风系统、消防排烟系统、消防应急广播系统、防火卷帘门系统、消防水泡系统、火灾漏电检测系统、应急照明系统、气体灭火系统、泡沫灭火系统、消防电梯联动、非消防电源切断等组成，而消防联动调试是工程验收的最重要的工作，是对消防工程各个系统设计与施工质量的检验，更是建筑使用过程的安全可靠的重要保障。消防设施和各个专业子系统的联动控制由消防联动控制系统完成，并对设备和系统的动态信息进行接收、分析及联动控制。

（二）消防联动控制系统调试方案

1. 调试前准备

调试前，设置专业技术人员担任调试负责人，准备好调试所必需的图纸和技术文件，认真查看系统图、设备布置平面图、接线图、安装图以及消防设备联动逻辑说明等资料是否齐全。检查调试方案和程序是否合理，方案中所涉及的联动逻辑关系能否满足设计要求。检查调试所用测试仪器仪表是否可靠。切断火灾报警装置外部所有控制连线，使与系统配套的火灾自动报警系统始终处于工作状态。消防水池、水箱水量储备要达到设计要求。对消防系统各类设备进行单机通电检查和试运转。确保系统正常供电。消防水泵试运转正常化，消防管网内充满水，阀门井检查和测试无泄漏情况。排水系统正常。

2. 消防栓系统调试

本工程消防栓系统分为高区、低区，高区，供水方式为由地下室消火栓泵和 29 层消火栓消防接力泵串联加压供水；低区供水方式为地下室消火栓消防泵加压经减压阀组减压后供给。

在大楼内火灾探测器或消防栓报警按钮动作，火灾报警控制器接收到信号并确认无误后联动相应输出模块，火灾报警控制器主机启动消防栓泵。在消防控制室、水泵房、低区消防按钮人工手动可以直接启动消火栓泵。同时反馈运行信号，确定是否真正启动。

在大楼高区报警区域内火灾探测器或消防栓报警按钮动作，火灾报警控制器接收到信号并确认无误后联动相应输出模块，火灾报警控制器主机启动地下室消防栓加压泵，延时 8 秒后，通过地下室消防栓加压泵控制柜控制线路，联动启动 29 层消防栓接力泵。在消防控制室、水泵房、低区消防按钮人工手动可以直接启动地下室消防栓加压泵，并且延时 8 秒联动启动 29 层消防栓接力泵。同时这两台泵都反馈运行信号，确定是否真正启动。

以低区消火栓系统调试为例，首先检查首部消防泵、止回阀、过滤器、压力表、连管等的安装位置，检查消防泵流量、扬程和工作压力是否符合设计要求，消防泵两端阀门开闭是否正常，然后将消防泵顶端风叶罩打开，转动泵的联轴器，转动数次后确认无卡死现象，将风叶罩装上。打开阀门，将消防网内部充满水，打开消防泵两端进出水阀门，将泵体充满水后打开排气阀排空泵内气体。关闭消防泵出水阀门，此时对电源供电情况进行检查，正常供电状态下点动开停消防水泵 2—3 次，若叶轮旋转正常，启动消防泵，待到消防泵正常运行后，调试泄压阀，并确保泄压阀达到设计压力时，自动泄压排水。待泄压阀调试好后，慢慢打开出水阀门，向系统内灌水，观察出水部位压力表压力变化情况，并对启动电流进行测试，保证其与设计要求相符合。楼内巡检，检查是否存在管网压力过高导致的漏水、爆管等现象。试验消火栓时首先要检查压力读数，栓口阀门打开后在 45 度角情况下水柱射出高度应 >10 米。最后调动手动消防控制方式为自动模式，采用几个消火栓箱做联动试验，先按下消火栓按钮，信号传至消防控制中心主机上并产生报警信号，通过主机信号被发送到消防水系统电源控制柜，消栓泵自动启动，消栓泵的关闭可通过消防控制中心主机复位实现。

3. 自动喷淋系统调试

自动喷淋系统与消火栓系统调试基本差不多，区别在于自动喷淋是通过喷淋头触发动作，然后通过系统水流依次动作水流指示器、湿式报警阀及压力开关，最后启动喷淋泵。其他调试同消火栓系统，这里不再重复。

4. 防排烟系统调试

排烟风机入口处的总管上设置的 280 ℃排烟防火阀在关闭后直接联动控制风机停止，排烟防火阀及风机的动作信号应反馈至消防联动控制器。

防烟、排烟风机的启动、停止按钮应采用专用线路连接，设置在消防控制室内的消防联动控制器的手动控制盘，直接手动控制防烟、排烟风机的启动、停止，并有信号反馈至消防联动控制器。

在消防控制室内的消防联动控制器上能控制电动送风口、电动排烟阀的开启或关闭，并有信号反馈至消防联动控制器。

5. 防火卷帘门系统、消防应急广播、电梯等调试

调试过程中，主要是通过模拟火灾信号来对几个楼层防火分区的防火性能进行试验的，逻辑控制采用两点启报，当触发区域内任何两个烟感动作，发出报警信号，通过处理后下达到各个受控单元，防火区域内防火卷帘降落，受控楼层上下两层消防应急广播响起，声光报警响起，电梯迫降，本防火区域内应急照明、电源启动、非消防电源切断。调试无误后进行复位。

总之，消防联动控制系统可靠性直接影响消防工作的顺利展开，并直接关系到建筑内人身和财产安全，要想使消防联动控制系统的防火作用得以充分发挥，必须组织专业技术人员对系统进行调试，以及时发现和排除系统故障，确保系统可靠运行，为工程的顺利验收和提交提供保障。

第三节 消火栓系统的调试

以“地铁地下车站消火栓系统调试”为例：

随着城市人员流动日趋频繁，城市经济的飞速发展，城市地面道路的交通压力日益增加，在这样的情况下，地铁成为缓解城市交通压力的重要工具。但是由于地铁车站地下空间狭小，而且人员和设备又高度密集，一旦发生火灾，后果将不堪设想。地铁车站消防水系统安装工程是为了预防火灾事故时车站用水的一项系统工程。这就要求消防水系统工程不仅要保证安装质量，在系统调试方面，还必须要达到设计及规范要求。只有这样，才能保证消防水系统的可靠性和稳定性，使消防系统真正处于准工作状态，在发生火灾时能够

及时投入运行，提高灭火效率，尽可能保证人民生命和财产的安全。由此不难看出消防水系统调试的重要性。

一、地铁消防水系统简介

地铁消火栓系统一般为临高压系统，即不设稳压装置，其管网在车站内形成环状，站厅层的消火栓箱在两侧每隔 45 m 左右交错布置，采用单栓消火栓箱。站台层每座楼梯口及长度大于 25 m 的出入口通道均设置双栓消火栓箱一套，设置范围为站厅层、站台层公共区；消火栓系统在车站地面设置两套地上式消防水泵接合器和室外消火栓。

消防水系统水源由市政管网引出两路 DN200 的进水管，经水表井后接入设在车站内的消防泵房；消防泵房内设消火栓泵组，泵组均为一用一备。消防控制中心设于站厅层站长室（原先设于车站控制室）内。

二、消火栓系统调试

（一）水源调试

发生火灾时，正常情况下，由市政管网引入消防泵房内 DN200 的进水管作为水源，通过启动消防水泵，使消火栓管网内的水压和流量达到灭火时的要求，利用消火栓箱内的灭火设备进行灭火。

如果发生火灾后，消防供水设备发生故障，不能保证供给消防用水时，应采用室外消火栓作为水源，由消防车加压后，通过消防水泵接合器，使消火栓管网内的水压和流量达到灭火时的要求，再利用消火栓箱内的灭火设备进行灭火，故需从两个途径进行水源的调试。

1. 采用室外消火栓作为水源，利用水泵接合器进行水源的调试

从靠近消火栓水泵接合器的室外消火栓处接消防水龙带至消火栓水泵接合器，同时将消防水泵出水管上的泄水口用镀锌管接入泵房内的排水沟（水泵接合器试验前，系统为无水状态）。

开启室外消火栓向第一个水泵接合器充水，同时开启消防水泵出水管上的任意一个泄水阀（消火栓），应有充足的水流流入排水沟。如满足要求时，继续进行第二个水泵接合器的试验，否则应检查水泵接合器及其管路，直至两个消火栓水泵接合器全部通水试验合格。

一般地铁车站室外消火栓和消防水泵接合器均为地上式，室外消火栓的安装标高距地面宜为 750 mm，消防水泵接合器的安装标高距地面宜为 700 mm，主要是考虑到火灾时，消防人员操作的方便，以便消防人员能在最短的时间内进行灭火。

2. 由市政管网引入消防泵房内的进水管作为水源，进行水源的调试

首先关闭消防水泵出水管上的蝶阀，然后开启一路消防管道上进入室内的第一个阀门

（总阀）进行放水，同时开启消防水泵出水管上的任意一个泄水阀（消火栓），应有充足的水流流入排水沟。如满足要求时，应关闭第一路消防管道上的总阀，继续进行另一路水源的调试，否则应检查防污隔断阀（倒流防止器）及其管路是否堵塞，直至两路水源全部通水试验合格。通水试验合格后，应将消防管路上的两个总阀全部开启。

由于地铁消防用水直接与市政管网连接，而消防系统内的水又不经常使用，极易形成死水，为了防止地铁车站的消防水污染市政管网，应在消防泵房内的总进水管上安装防污隔断阀。防污隔断阀的进口前不应安装过滤器，同时也不允许使用带过滤器的防污隔断阀，主要是为了防止过滤器的网眼可能被水中的杂质堵塞而引起紧急情况下的消防供水中断。在有的设计图纸中，防污隔断阀前设置了橡胶软接头、过滤器和闸阀，应及时与设计人员沟通，取消过滤器。

（二）消防水泵的调试

1. 水泵试运转前，检查水泵和附属系统的部件是否齐全、各连接部分螺栓是否已经紧固到位；盘动水泵，转动部分应轻便灵活，不能有擦碰或异响；

2. 将水泵控制转换开关切换至手动状态，通过手动按钮点动水泵，观察水泵的正反转，通过水泵的接线将水泵调成正转状态；

3. 打开水泵上的排气阀进行排气，同时将水泵出水管上控制蝶阀设置成半开状态，然后手动按钮启动水泵，通过调节水泵出水管上控制蝶阀的开启度使水泵在额定工作状态下运行（注意水泵运转时的电流不应超过水泵电机铭牌上的额定电流，否则长时间运转会使水泵烧掉）；

4. 水泵在额定工作状态下运行时，应读取水泵出水管上压力表的读数，水泵出口的压力应等于市政管网的压力加水泵的额定工作压力，如有较大偏差时，应及时检查消防水泵及管路系统；

5. 再次通过手动按钮启动水泵，用秒表测量从电源接通到消防泵达到额定工况的时间，应在 30 s 内，保证消防水泵应在 30 s 内投入正常运行。

（三） 消火栓系统栓口出水压力测试

地铁消火栓系统设计流量为 20 L/s，最不利点栓口压力为 0.19 MPa。也就是说，地铁消防泵启动时，同时打开四个消火栓头，应确保最不利点栓口的出水动压为 0.19 MPa，考虑到消防水龙带及消防水枪本身的压力损失，才能保证消防水枪喷射充实水柱长度应不小于 10 m 的规范要求；同时还要保证最有利点栓口的出水动压不应大于 0.5 MPa，如超过 0.5 MPa，火场实践证明，一人难以握紧水枪使用，反而不能进行有效的灭火。

栓口出水压力测量应在最不利点（站厅层消防泵房最远端的消火栓箱）和最有利点（车站进入区间的第一个栓头）分别进行。有人认为区间最低点的消火栓是最有利点，虽然它距消防泵房的高度最高，但它距消防泵房的距离最远，同时管道系统的沿程阻力和局部压力损失之和最大，故区间最低点的消火栓并不是最有利点。

接好水带、水枪，启动消防泵，应同时打开四个消火栓头（实际可以同时打开泵房内消防泵出水管上的两个消火栓，再任意打开一个出入口的消火栓，主要是为了排水方便），当消火栓出水稳定后测量最不利点栓口的消防水枪喷射充实水柱长度应不小于 10 m（测量时水枪的上倾角应为 45°），最有利点栓口的出水动压不应大于 0.50 MPa，当测量结果大于 0.50 MPa 时应在栓口处加设减压孔板，使出水压力满足要求。我们平常调试是启动消防泵，任意打开一个出入口的消火栓，使消防水枪充实水柱长度大于 10 m 为止。这是错误的，应加以纠正。

综上所述，一般地铁车站消防泵的扬程不宜大于 20 m，如果消防泵的扬程大于 20 m，加上市政管网的压力 0.25 MPa，再加上消防泵房出水管至区间消火栓栓口的高差（即静压 0.15 MPa），那么消防泵启动时，最有利点（车站进入区间的第一个栓头）的出水动压势必会大于 0.5 MPa，如超过 0.5 MPa，一人是难以握紧水枪使用，反而不能进行有效的灭火，否则应采取措施，还应在栓口处增设减压孔板。

（四）消火栓系统联动调试

1. 按下任一台消火栓箱内启泵按钮，均应能够启动消防泵，同时按钮上的指示灯显示正常；启泵按钮复位后，指示灯熄灭。

2. 在车站消防控制中心（站长室）进行消火栓泵的启动、停止操作，消火栓泵应能够正常启、停。

3. 以自动和手动方式启动消防水泵时，消防水泵应在 30 s 内投入正常运行。

4. 以备用电源切换方式或备用泵切换启动消防水泵时，消防水泵应在 30 s 内投入正常运行。

5. 调试结束后，应将所有水泵全部调至自动工作状态，等待消防验收。

总之，消火栓系统调试结束后，应重复若干次调试，每次调试成功后，应使系统恢复至静止状态后开始再次调试，重新记录所有数据，并与前次相比较，发现存在误差和问题的，应查找原因，认真分析，最后达到每次记录数据近似，整个调试可视为完成。只有这样，才能保证消火栓系统的可靠性和稳定性，使系统真正处于准工作状态，在发生火灾时能够及时投入运行，提高灭火效率。

第四节　自动喷水灭火系统的调试

自动喷水灭火系统联动调试是工程顺利通过验收和投入使用，达到防范火灾目的的重要保证。按施工及验收规范，联动调试内容包括以下两方面：①火灾自动报警系统与自动喷水灭火系统连锁功能调试；②模拟灭火试验。其中模拟灭火试验的成功与否，可表明自动喷水灭火系统的设备和安装质量是否符合国家有关规定的要求，系统投入运行后，是否可达到符合要求的准工作状态。模拟灭火试验的方法是：启动 1 只喷头或末端试水装置放水（流量 0.94 ~ 1.5 L/s），水流指示器、压力开关、水力警铃和消防水泵能及时动作并发出相应信号。下面就某综合楼湿式自动喷水灭火系统的模拟灭火试验进行分析和总结。

一、工程概况

某 6 层综合楼（设地下车库 1 层），总建筑面积 29450 m^2，建筑高度 23 m，设计单位按中危险Ⅱ级设置湿式自动喷水灭火系统，采用临时高压系统，主要设备配置如下：

消防泵 2 台（1 用 1 备），性能参数：q ＝ 21.33 L /s、H ＝ 65 m。

DN150 成套湿式报警阀组 4 组，距泵房 40 m 集中设置；每个防火分区、每个楼层均设置 DN150 水流指示器，共 13 组。每根喷淋立管顶端均设置自动排气阀，共 4 套。

采用屋顶高位水箱作自动喷水灭火系统稳压装置，水箱底距系统最不利点处喷头（位于第 6 层管网末端）高差 7. 2 m，消防水箱喷淋出水管管径 DN100。

火灾自动报警系统对压力开关、信号阀、水流指示器、消防泵、消防水池和水箱的水位、电源等进行监控。

二、系统联动调试及分析

自动喷水灭火系统施工完成及各组件均调试开通后，施工单位在第 6 层末端试水装置放水，进行消防泵、报警阀等联动试验时，出现如下情况：

情况一：模拟试验前，报警阀后压力大于阀前压力（按流水方向，阀后压力表 0.80 MPa、阀前压力表 0.33 MPa），同时，6 层末端试水装置处压力表显示 0.4 MPa（此时，消防泵没有启动）。

情况二：6 层末端试水装置放水不能及时联动消防泵开启，耗时 20 min 以上，远远超出《自动喷水灭火系统施工与验收规范》要求的 30 s 启泵时间。

对于情况一，分析如下：

（1）按设计，消防泵额定扬程为 65 m，屋顶高位水箱高出报警阀 32.7 m，报警阀前后压力是不应出现倒挂现象的；另外，消防泵没有启动，6 层末端试水装置处压力也不应显示为 0.4 MPa。但现场实际情况确是如此。

（2）系统末端放水前，施工单位曾对消防泵单独试验，在零流量工况下，消防泵扬程最高达 0.8 MPa，由于湿式报警阀的单向截止性，致使报警阀后的管段产生“憋压”，进而在模拟试验前，产生报警阀前后压力倒挂及 6 层末端试水装置处压力显示 0.4 MPa 的现象。

对于情况二，分析如下：

（1）通过湿式报警阀的流量≤ 15 L /min 时，报警阀组不动作报警；流量≥ 60 L /min 时，报警阀组连续报警；当流量在 15~60 L / min 时，报警阀组可能报警，也可能不报警。经向报警阀厂家技术人员咨询，为避免误动作，报警阀出厂时，一般设定动作报警流量为 60 L/min 左右。

本设计采用屋顶消防水箱作自动喷水灭火系统的稳压装置，水箱底距最不利点处喷头高差 7.2 m，理论上，可基本满足规范规定的最不利点喷头处工作压力不低于 0.05 MPa 要求。但是，由于自动喷水灭火系统管网太长，产生较大水头损失，从而使最不利点处 6 层喷头或末端试水装置的实际工作压力略低于 0.05 MPa，出水流量小于 60 L/min，不能开启报警阀阀瓣，相应也不能及时开启报警阀管上的压力开关，延长了消防泵的联动时间。

（2）由于“憋压”，报警阀后压力需由 0.80 MPa 降至 0.26 MPa，即比阀前压力 0.33 MPa 低 0.07 MPa 时，报警阀才能动作报警，相应延长了消防泵的启动时间。

（3）设计人曾认为报警阀所需的动作报警流量太大，建议减小该流量。为此，调试人员对报警阀进行了如下调试：①在湿式报警阀的补偿器（补水单向阀）处垫 2 层胶垫，使其孔口变小，报警阀的动作报警流量相应降低，6 层末端试水装置放水，需 7 min 启泵，超出规范规定时间（注：对报警阀进行排水，将阀后管段“憋压”泄除后计时，以下相同）；②在报警阀的补水单向阀处再安装压母，使其动作报警流量进一步减小，6 层末端试水装置放水，需 90 s，启泵，首层试水装置放水，需 49 s，启泵。启泵时间仍不能满足规范要求。

（4）从以上分析和调试可知，消防泵不能及时联动的主要原因是系统稳压压力不足。另外，报警阀的动作报警流量设定值也偏大。

三、工程变更及再次试验

为确保自动喷水灭火系统的完善性、可靠性，同时考虑使用期间减少试泵后对报警阀进行人工复位的工作量，对设计进行了变更，增设 1 套气压供水设备作稳压设施。

工程变更施工完成后，再次联动试运转，稳压泵可满足规范要求，但喷淋主泵依然不能及时启动，同时发现报警阀阀瓣时开时闭，其前后压力表压力显示呈脉冲式波动下滑。

分析如下：①泵房内，气压供水设备上的电接点压力表没有接通至电控柜，仍由报警阀处压力开关经消防中心联动控制喷淋主泵，水流必须先开启报警阀阀瓣后才能开启压力开关，延迟启泵过程；②自动喷水灭火系统在立管顶端安装了自动排气阀，解决了竖管中积聚的气体问题，但本综合楼每层建筑面积较大，喷淋横管较长，并由于各种管线的综合，喷淋横管需上下凹凸起伏布置，气体在横管凸部位积聚，当某一喷头打开或末端放水试验时，管道中的气体压力突然被释放，气体体积随之急剧膨胀，由于惯性作用，气体膨胀过度，气压下降，又被水流压回来，这样不断反复，造成水流的紊乱，形成气体的弹性效应，也因此导致系统管网中水压的不断波动，使报警阀前后压力表呈现脉冲式波动下滑。

为此，施工单位进行了整改，将气压供水设备上的电接点压力表接通至电控柜，直接联动消防泵；同时，建议在喷淋横支管上凸部位增设自动排气阀，以减少日后调试运行中不必要的麻烦，但由于喷淋横管凸部位较多且位置不确定，业主和设计人员均不同意增设自动排气阀。

四、小结

（1）当高位水箱设置高度不能高出最不利点喷头 10 m 以上时，应设置稳压泵或气压供水设备作自动喷水灭火系统的稳压装置，确保系统稳压压力，消防水箱设置高度理论上能满足最不利点喷头工作压力不低于 0.05 MPa 即可的观点有误。

（2）采用消防水箱作稳压装置，且水箱设置高度不足以满足报警阀上下水压差时，则在自动喷水灭火系统每次试运转后，均应对湿式报警阀人工排水，泄除阀后“憋压”，确保系统处于准工作状态。

（3）选购报警阀时，最好根据系统稳压装置确定采用消防水箱还是采用稳压设备，向生产厂家提出报警阀的动作流量设定值要求，也可现场调节报警阀的动作报警流量，但调节较麻烦。

（4）不管系统稳压装置采用消防水箱还是采用稳压设备，均不采集成套报警阀组上压力开关信号，而是在系统管网上设置低压压力开关自动启泵（启泵时间≤ 30 s），该压力开关最好加装在报警阀后的喷淋主干管上。

总之，自动喷水灭火系统施工完成后，应重复若干次调试，每次调试成功后，应使系统恢复至静止状态后开始再次调试，重新记录所有数据，并与前次相比较，发现存在误差和问题的，应查找原因，认真分析，因施工引起的问题由施工单位解决，符合设计要求；对系统设计缺陷引起无法调试成功，应停止调试，请设计单位现场勘察变更设计，施工单位按变更后的设计重新对系统调试，最后达到每次记录数据近似，整个调试可视为完成。只有这样，才能保证自动喷水灭火系统不仅具有灭火、控火可靠性，同时具有稳定性。

第五节　防排烟系统的调试

防排烟系统是一个系统工程，牵涉面比较广，有暖通、土建、电气及自控等各工种，任何一个工种发生问题最后都将影响整个系统的调试和运行，而且问题的原因也较难分析。下面就防排烟系统调试的步骤及出现问题的处理方法进行简单阐述。

一、防排烟系统的调试步骤

（一）防排烟系统的调试准备工作及应具备的条件

1. 收集和掌握调试的相关信息

必须熟悉防排烟系统的全部设计资料，包括图纸和设计说明书，了解设计意图，设计参数及系统全貌，必要时还应查看设备的产品说明书等。应确保所收集到的信息的准确性和完善性。

2. 准备测试所用的仪器

风速仪：1~2 台，红外线温度测量仪一台，噪声仪一只、万能电流电压表：1~2 台，振动仪：1 台。

3. 防排烟系统调试前应具备的条件

（1）各系统风管、设备、部件安装完毕并经质量验收合格；

（2）各系统严密性能检测合格（漏光和漏风量检测合格）；

（3）电气系统具备送电条件；

（4）土建、装修专业与系统的接口部位均完成封堵；

（5）相关的风道、静压室、回风室等环境满足系统开通要求；

（6）熟悉防火分区、防烟分区位置且相关的防火封堵及挡烟垂壁已施工完成。

（二）防排烟系统的调试、测试内容

系统调试包括：排烟风口风量的测定、排烟风机风量的测定（总风量的测定）、排烟防火阀的功能测试。

1. 排烟风机调试内容

（1）风机订货前的各项参数核定

在调试前，根据设计图纸及设备随机资料，将排烟风机的数量、型号、具体参数、安装位置统计制表后，与现场吊装完成后的设备进行一一核对，确保准确无误。

（2）风机调试前的准备工作检查

调试前，检查风机的安装方向、风机的接线是否正确、检查设备的外观质量要求，调试技术人员在核对参数的同时，对风机绝缘测试应全数进行，确保调试人员的人身安全及设备性能良好。

2. 排烟风道调试内容

（1）核对风管的材质等要求

检查核对排烟风管的材质是否符合要求；根据施工图，结合相关规范、产品型式检验报告要求，核对风管的厚度及材质成份是否符合要求（主要测量风管的厚度）.

（2）风管、风道的漏风量测试

查看监理验收通过的相关漏风量资料，如有异议，可重新组织进行漏风量的测试。另外采用土建风道送风的前室及楼梯间风道内要求土建施工单位进行内粉刷，确保前室及楼梯间的压力。

3. 排烟防火阀调试内容

（1）排烟风阀安装位置核查

防火阀的安装方向位置正确，熔断器（易熔片）应先于叶片轴接触热气流（即位于叶片的迎风侧）；

排烟风阀的安装位置应符合图纸及规范要求，距离防火分隔墙体不得大于 200 mm；

核对风阀的参数型号是否与图纸要求吻合；

阀门的手柄应注意放置在便于操作的空间；

（2）排烟风阀启闭灵敏度核查

在系统联动前对风阀进行机械动作试验，利用手拉钢索，操作阀门关闭（开启）若干次，确认叶片无刮壳，关闭严密，开启灵活；风阀电动操作正确、灵活，微动开关的连锁信号输出正常；检查各个风阀的接线是否正确，做到与FAS、EMCS系统动作、信号反馈的单体调试准确无误。

4. 排烟风口调试内容

（1）排烟风口的数量、位置、连接方式的检查；

检查及核对排烟风口的数量、位置是否符合图纸及规范要求；

检查核对排烟风口的面积是否符合设计要求，排烟口及排烟风管的面积改变，将直接影响排烟系统的风量及功能；

（2）排烟风口的风量测定

先根据图纸将每个排烟分区的排烟风口的数量及排烟量进行统计汇总成表；其次模拟火灾，对每个风口进行模拟风量的测定，如单个风口风速大于10 m/s时应进行对应各支路风阀的调试，待各风口全部调整结束后应进行风机出风口处总风阀的调试，以便达到系统设定的总风量要求。

5. 系统风量测试

测定系统总风量根据各防烟分区风口风速的测定值，采用公式L=3600 FS进行计算各风口的排烟量，最后将各风口风量叠加即为系统总风量，与设计说明中排烟量进行核对，满足规范要求即为合格。

6. 系统联动调试

风阀联动前，要求各专业施工员及操作人员熟悉并掌握工况模拟控制量表，确保工况联动的准确性。

检查风阀与排烟风机的连锁控制电缆是否已安装到位，并校核相序是否正确；确保风机及风阀正常启动。

检查风阀的启闭时间，是否满足设计技术规程要求。

检查车控室的“电脑图显”状况是否与现场风阀的状况相吻合。

二、防排烟系统调试的常见问题及处理措施

（一）正压送风系统

当建筑房间内发生火灾时，室内气压和温度开始增高，空气体积膨胀，于是烟气便从房间向外蔓延。为了阻止烟气进入非火灾区、保证人员安全疏散，在楼梯间、前室和封闭避难场所设置正压送风系统。

设置的原则是：沿着人员安全疏散方向（房间→楼道→楼梯间或电梯前室），压力逐步升高，以使气流流动方向与人员疏散方向相反，从而使逃生人员免受烟气袭扰。

当测量楼梯间、前室的压力时，压力往往偏小。发现主要有三方面的原因：（1）进风口有效面积小（现在大部分进风口采用防水百叶，其有效面积不到30%）；（2）送风系统的风道表面不光滑，有漏风现象；（3）送风系统的风道与别的风道互窜。

处理措施：（1）在安全和不影响美观的情况下，增大防水百叶的面积或把防水百叶改为金属网；（2）把送风系统的风道用白铁皮做成风管形式。

（二）机械排烟系统

高度超过32米的高层建筑；无直接天然采光和自然通风，且长度超过20 m的内走道，或虽有天然采光和自然通风，但长度超过60 m的内走道；面积超过100 m^2，经常有人停留或可燃物较多的无窗房间；不具备自然排烟条件或净空高度超过12 m的中庭；地下建筑（如车库、人防）等都应设置机械排烟设施。

当测量排烟口实际排烟量时，发现其值很小，有的只有风机额定值的一半或三分之一。原因主要有三个：（1）排烟井道与风管连接不好，有漏风现象；（2）排烟风机出风口由于采用防水百叶，其有效面积变小，形成阻力；（3）风管长、弯头多，沿程阻力和局部阻力大。

处理措施：（1）增大出风口的有效面积；（2）增大排烟机的风压，即增大排烟机的功率。如：重庆国税办公楼排烟机的功率由4 kW改为7.5 kW才满足功能要求。

（三）防排烟系统的控制

由于地下建筑处于封闭的状态，发生火灾时烟气的危害严重，疏散困难，危险性大，扑救也比较困难，所以在排烟区应设补风系统，其补风量不应小于排烟风量的50%。

为了充分利用通风系统的管道和设备，节省建设费用，减少占用空间，现在很多建筑项目的防排烟系统都与通风系统兼用。即排风机兼排烟机，送风机兼补风机。

风机的控制有三种形式：就地控制、消防主机通过联动控制、消防控制室的异地控制。就地的风机控制箱上有一个自动/手动转换开关，只有转换开关处于手动状态时，才能就地启动风机；而消防主机和消防控制室异地控制只有转换开关处于自动状态时，才能启动风机（设计通常是这样的）。风机平常只作为通风换气用，只能在就地、手动状态下启动风机。如果操作人员启动风机以后，一时疏忽忘记或其他原因没有把转换开关转换到自动状态，又恰好发生火灾，这时消防控制主机和消防控制室异地控制都无法启动排烟机和补风机，操作人员更不可能就地启动风机，这就是设计上的一点不足。

处理措施：（1）不设计自动/手动转换开关；（2）更改就地控制箱，使转换开关无论是处于自动还是处于手动状态，消防主机都能联动风机消防控制室异地启动风机。我们在三峡广场人防工程、重庆帝都广场、南引道地下车库等项目上均作了此类更改，获得了良好的效果。

（四）防排烟系统部件的使用

防烟防火阀主要用于通风、空调系统的风管上，平时处于“常开”状态，当空气温度达到 70 ℃时，通过阀内熔断器动作而自动关闭。

排烟口、排烟阀主要设置在排烟系统的管道上，或安装在排烟风机的吸入口处，平时处于关闭状态，发生火灾时，通过联动，自动开启排烟。

防火阀安装在排烟系统与通风空调系统兼用的风机入口处，平时处于“常开”状态，可通风，当管道内气流温度达到 280 ℃时，阀门靠易熔金属的温度熔断器动作而自动关闭，切断气流，防止火灾蔓延。

处理措施:（1）把排烟口的排烟阀和模块取消，风口改成单层百叶;（2）把每层的排烟主管上电动的常闭的防火阀改成常开的 280 ℃关闭的防火阀，控制模块改为一般的监视模块。这两种方法同样能达到消防规范要求，并且实际控制起来也十分可靠。

第六节　消防给水系统的审核验收

水是扑救火灾最经济最常用的灭火剂，除特殊场所外，我国目前的建筑消防设施都是用水来扑灭火灾的。建筑消防给水系统是保障建筑消防安全的主要设施，在最大限度减少人员伤亡和财产损失、维护公共安全方面一直发挥着巨大的作用，因此，做好建筑消防给水系统的验收工作非常重要，也是检验消防给水系统质量的重要措施。

一、建筑消防给水系统验收的必要性

根据相关火灾数据调查结果显示，90% 的火灾现场能够成功扑救，是因为火灾现场的消防给水系统完整，消防设施完善，水量和水压都得到了充足的保证。在火灾扑救失败的案例中，超过 80% 的火灾现场没有完善的消防给水系统，出现火场失控现象，给人民群众的生命和财产带来了损失。因此，对完工后的消防给水系统进行严密的审核验收是非常重要的。

二、给水系统审核、检测和验收

（一）消防水源勘察

现场勘察建筑物周围水源情况，是建筑防火审核现场勘察的重要内容之一。个别消防监督人员往往忽视或不做此项勘察，无法确定是否能满足拟建建筑物的室内外消防用水量，导致室外消火栓无法设置，无消防水源，留下先天火灾隐患。根据相关法律的明文规定，建筑物在进行设计时需要注意建筑物体积与室外消火栓用水量之间的关系，当建筑物体积尚未超过 1500 m^2 时，用水计量以 10 L/s 为宜。但若是建筑物未配备较为健全的消防给水系统，亦或是建筑物未处于天然水源的供给范围之内，就需要根据有关规定，严格按照标准在建筑物室外设置相应消防设施，以此来保证建筑物的安全性。

无市政管网的，要查清有无天然水源及如何利用天然水源，为工程图纸审核提供依据。审核时要认真校验建设单位提供的室外给水总图；验收室外消火栓时，应认真检查栓体及其泄水口是否按标准图安装，防止寒冷地区栓体冻裂。需要强调的是，不论是哪一区域的监督审核工作，相关人员都需要秉着认真负责的态度，仔细校对室外给水的设计图纸，完成室外的审核验收工作。

（二）水管网进水口的审核验收

如果水表选型未计消防用水量，就不能保证消防流量。如某工程设有 10 个室内消火栓，1 个室外消火栓和水泵接合器，建审存档资料齐全，管径符合要求，但在选表时仅设了 DN40 的水表，实际验收检查时发现水压、流量均不能满足要求。一旦发生火灾，投入的消防设施无法发挥作用，将产生严重后果。因此应严格按《建规》条文说明进行选表，并纳入审核验收内容。选表应考虑以下几点：第一，当生产、生活用水量较大而消防流量较小时，进水管的水表应考虑消防流量，这不会影响水表计量的准确性，但要求在选用水表时将消防流量计入总流量中；第二，当生产生活用水量较小而消防用水量较大时，若按总流量选表，将影响水表计量的准确性，自来水公司往往不同意。可采用与生产、生活管网分开的独立消防管网，消防给水管网如需设置水表，按消防流量进行选表；第三，当采用生产、生活管网消防合并管网，无法设置独立消防管网时，应在水表井处设置旁通管，火灾状况下打开旁通管上的快速开启阀门，即可满足消防用水量。此类水表井应有明显标志，单位消防管理人员应熟悉掌握。

（三）自动喷水灭火系统末端试水装置的审核验收

对于消防给水系统而言，末端试水装置有着十分重要的意义，一方面它可以对消防给水系统的启动程度进行有效的审核验收，另一方面该装置在启动和报警之后的相关参数均能够联系在一起，组成控制装置。根据自动喷水灭火的相关设计规定，若是要检测自动喷水灭火系统是否有效，就需要对每一个报警阀进行审核验收，在其最不利点设置末端试水装置，以此检验该消防给水系统能否在不利条件下正常报警。

某些工程或投入运行的建筑物中，末端试水装置不符合规范要求，无法确定系统功能是否正常运行。常见现象有：（1）末端管道直径过小，仅为 DN15 mm，试水口流量达不到 K=80 标准喷头流量，导致水力警铃动作长达 5 min 以上；（2）末端试水装置未设计安装排水管，试水时试水接头直接与管道或软管连接，改变了试水接头出水口的水力状态，影响测试效果，水无处排放，就无法放水试验；（3）未设置试水接口或未预留安装试水接头的接口，即满足最不利点标准 K=80 喷头流量的试水口，试水口的流量无法控制，也直接影响实验结果；（4）末端试水装置增设电磁阀，增加电磁阀造成试水装置启动不方便，不便于操作试验；(5)压力表未校对，出现同一系统中压力表反应不一的现象。应按规定定期校表。因此自动喷水灭火系统末端试水装置必须按规范安装，定期测试确保系统正常。

(四)消防水泵的检测和维护

消防监督部门在对消防给水系统进行审核验收的过程中，泄压装置为最常用的装置，相关法律也曾对此做出明确规定，对消防水泵进行检查和安装的相关设备，例如试水阀、压力表等，均可以直接接入消防水池内部。在整个消防给水系统中，放水阀的设计有着极为重要的意义，因此消防监督人员在进行消防审核验收中，需要特别注意这方面的问题。对于未配备泄压装置的给水系统来说，消防监督部门就需要责令其整改，切实关注泄压装置的配置情况，保证消防水泵的有效性。

某建筑工程消防水泵无泄压装置，导致测试时不能正常运行；害怕超压管爆裂，消防泵启动方式平时处于手动状态；因起泵造成压力过大无法泄压，而不敢对消防水泵进行运行检查维护，水泵不能定期启动，无法掌握消防水泵是否正常运行，一旦发生火灾如消防水泵不能正常供水，或消防泵处于手动状态，值班人员遇火紧张，忘记启泵，不能给系统供水，后果不堪设想。如：新疆乌鲁木齐德汇国际广场批发市场火灾发生时，自动消防系统设施存在故障，室内消火栓系统管道内无水，消防水泵不能自动启动；浙江温州温富大厦火灾时，自动消防设施控制系统被置于手动状态，未能及时启动。消防设施未能发挥作用，应汲取此教训。

三、建筑消防给水系统验收中常见的问题

(一)消火栓按钮不能直接启动消防泵

消火栓泵有三种控制启动方式：一是消火栓使用时，系统内出水干管上的低压压力开关、高位消防水箱出水管上设置的流量开关，或报警阀压力开关等均有相应的反应，这些信号可以作为触发信号，直接启动消火栓泵，可以不受消防联动控制器处于自动或手动状态影响；二是当建筑物内设有火灾自动报警系统时，消火栓按钮的动作信号作为火灾报警系统和消火栓系统的联动触发信号，由消防联动控制器联动控制消防泵启动，消防泵的动作信号作为系统的联动反馈信号反馈至消防控制室，并在消防联动控制器上显示；三是当建筑物内无火灾自动报警系统时，消火栓按钮用导线直接引至消防泵控制柜(箱)，启动消防泵。用消火栓处的手报代替消火栓按钮启动泵在工程实际中比较流行，工程中多采用双触点按钮，一触点做手报用，将报警信号传送到火灾报警控制器，另一触点作启泵按钮用，把启泵信号送到控制室经双切换盒启泵。

(二)喷头类型的选定不符合规范要求

喷头的选型、安装方式、方位合理与否，将直接影响喷头的动作时间和洒水效果。因此在喷头的选型上应根据场所的类型进行选择，部分工程中，施工方为了施工方便减少投

资，整个工程都使用一种类型的喷头，如用普通型喷头代替边墙型喷头、吊顶下使用直立型喷头、普通型喷头代替快速响应喷头等。喷头选型错误使系统不能有效发挥灭火作用。比如吊顶下使用直立型喷头时，洒水严重受阻，喷水强度将下降约40%，严重削弱系统的灭火能力。

（三）水流指示器直接启动消防水泵

湿式自动喷水灭火系统的湿式报警阀上，顺序连接过滤器、延迟器、压力开关、水力警铃、排水管等，当喷淋泵出水主管上有水的流动，经过上述装置时，压力开关产生一个无源触点开关信号，接反馈模块发出报警信号，由此控制泵启动，水流指示器与压力开关的作用是不同的，水流指示器只起到报警并指示具体区域的作用，可将其视为一个报警信号点，与消防水泵的动作无直接联系。压力开关起到报警的作用，并能启动消防水泵，不能把两者等同对待，水流指示器的作用应低于压力开关。部分工程中，水流指示器与压力开关有的是“与”关系，有的是“或”关系，还有水流指示器直接启动水泵的，这些都是不应该采取的方式。

（四）消防给水系统中存在水锤现象

水锤现象是因为消防管道内水压叠加产生的，受压的水在消防管道快速流动时具有较大的惯性，如果突然停泵、关闭阀门，此时水所具有的动能急剧变化引起了水的压力大幅度波动，水锤现象与管道的材料、流速以及管道的长度有关，特别是突然停泵产生的影响很大，消防给水管道由于水锤的作用，常引起管道破裂，影响正常的灭火。

（五）给水系统缺乏有效监管

众所周知，建筑火灾中，消防给水设施是直接灭火的第一手段。这就要求在设计、安装、验收中确保消防给水设施能够全天候有效运行，是24小时不间断的火灾监测体系。然而，真正的火灾与我们平时的模拟、演练是有所不同的，环境、被困人数、火灾起因等要素的不同将带来不同的灭火方案，这给建筑消防给水系统的验收工作带来了极大的挑战。同时，有些建筑的消防给水系统即使在验收过程中保证运行正常，但是缺乏专业技术人员维护，时间长久，一旦发生火灾往往出现系统故障、细小部件损坏、功能发挥失效，带来了巨大的经济、人力、物力损失。

四、建筑消防给水系统验收中常见问题的解决措施

（一）消火栓问题的措施

首先将系统内出水干管上的低压压力开关、高位消防水箱出水管上设置的流量开关，或报警阀压力开关等触发信号，直接接到消防泵主接触器的线圈回路，实现直接启动消防泵。在工程验收中一般采取将消防控制中心关闭，然后测试消火栓按钮是否能真正不经过控制中心正常启动消防泵。

（二）喷头选型问题的措施

在验收中严格根据不同场所的类型、不同的装修部位进行核查，特别是容易造成重大灾害的场所如公共娱乐场所、中庭环廊、地下商场等是否选用快速响应喷头进行核查，因为快速响应喷头的热敏感性能明显优于标准响应喷头，在火灾初期其感温元件就能较好吸收热气热流量，在相同条件下，可以在火场中提前动作，在初期小火阶段开始喷水，可以做到灭火迅速、灭火用水量少，减少火灾烧毁与水渍污染的损失。

（三）水流指示器问题的措施

压力开关直接启动消防泵。因此在工程验收中应对打印的记录进行核查，系统正确的动作顺序应该是水流指示器报警之后压力开关报警，而后喷淋水泵启动。

（四）水锤压力问题的措施

为了减弱水锤的影响，通常可以采取的方法有：①在管路上安装压力安全阀，压力高到一定程度时，自动打开放水卸压；②缩短管线长度，使传播的周期变短，并且管线越短刚性越大；③在管路上装设缓冲罐。

（五）专业技术人员的严格检测

对于建筑消防系统验收，一般存在两个环节。首先施工建设方会对该建筑项目进行消防系统自检。自检是为了实时检验建筑的消防给水系统，能够提前发现问题，确保在正式竣工阶段能够顺利通过建筑项目质检工作。然而，具有一定施工经验的施工单位，在消防给水系统的设备上做些手脚，节省消防设备开支，同时，也能够保证设备在初期正常运行，从而顺利通过质检。这就要求，在建筑竣工环节建筑质监工作人员要严格遵守监测标准，对整个系统从全局到细节要全面考量，严格审查消防给水系统中每个零部件的型号、质量、安装，要严格按照国家规定标准，一旦发现不合格的施工设计、不过关的系统零件，一定要严肃处理。

五、消防给水系统的管理和维护

根据相关管理规定，社会单位需要对建筑物消防给水系统的管理以及维护进行全面学习，并且定期对系统设施按照相关规定进行检查，具体落实到每一个设备。消防监督人员对此记录要认真检查，督促各单位按此规定进行日常维护管理，确保消防给水系统正常运行，一旦发生火灾以发挥其作用。建筑物的相关管理和工作人员要依据相关的要求和规定，认真地学习《建筑物消防给水系统及设施的管理和维护》，要依照明确的规范定期开展巡查工作，实行每日巡查、每月巡查的做法，及时对各种设施进行单项检查，还要邀请消防检测公司进行年度检测，出具年度检测报告。消防监督人员要以认真负责的态度，对消防审核验收的工程严格把源头关，对已经投入使用的建筑工程，在日常的消防监督中要进行细致的检查，要对其消防供水设施日常维护和管理进行及时的督促，才能确保建筑物内外的消防给水系统正常的运行，为人们生产生活的环境安全提供有效的保证。

总之，消防给水系统需要重视和注意的问题还很多，消防监督人员要认真按国家消防技术规范和法律法规进行审核、验收、监督检查和日常维护。消防给水系统很完善，发生火灾时就能发挥其效能，就能有效地减轻人民的财产损失和人员伤亡，为人民的安居乐业起到一个很好的安全屏障作用。

第七节　消防设施检测维护

随着国家经济的不断发展，我国城市化发展不断进步。各种高楼大厦鳞次栉比，复杂的地下建筑，地铁隧道以及大空间场所，人员密集且建筑结构较为复杂，如果发生火灾将会造成不可挽回的损失。为安全起见，国家规定必须设置相应的消防设施，从而有效地减少火灾的发生，减少火灾所造成的损失。由于建筑消防设施维护管理工作存在相关问题造成建筑消防设施并不能发挥其作用，从而也留下许多安全隐患。下面从建筑消防设施维护管理所存在的问题出发并为建筑消防设施维护管理工作提出有效意见。

一、现代建筑消防设施的特点

（一）综合性强

正如现代建筑结构、功能、材料越来越复杂一样，建筑消防设施的综合性、复杂性也越来越强，涉及智能控制、电、水、土建等诸多专业领域，如果其中某个环节出现了问题，就可能导致整个消防设施系统无法运转。

（二）隐蔽性高

现代人的审美观越来越高，为了确保建筑的美观、舒适，消防设施的配置都较为隐蔽，很容易被人忽略，有时即使设施出现了明显损坏也不容易被人发觉。

（三）种类繁多

建筑消防设施产品种类非常繁多，如各种管件、电子设备、压力容器、强制计量鉴定设备、防雷防静电接地设备等，其中任何一项设备都对消防设施的整体性能有着极大的影响。

二、建筑消防设施检测的相关内容

（一）建筑消防设施检测实质

建筑消防设施的检测实质就是对建筑技术的认可并确保建筑物的安全，相关机构和人员可以通过相应的方式和手段判断建筑消防设施是否达到国家规范。建筑消防设施是一种防火、防灾系统，和其他设施不同，建筑消防设施关系着人们生命和财产安全，如果技术不达标，将会造成非常严重的后果。因此，消防设施一定要根据自身特点进行缺陷检测，保证消防设施的安全性、可行性、高效性。

（二）建筑消防设施检测内容及仪器

国家有关法律法规已经给出明确规定，对建筑消防设施的检测主要是在工程项目竣工后进行，检测的主要内容为消防给水及自动喷水灭火系统、火灾自动报警系统、防排烟及通风系统、消防电源的供配电情况、火灾发生时的应急照明和疏散系统等。当检测火灾自动报警系统时，要了解系统的类型，通过模拟故障的方式检测报警数量，检测给水的水压、水量、最高点水压及最低点水压等。对建筑消防设施的检测要使用相应的检测仪器，这些仪器一定要通过相关部门的检测，达到国家规定标准后才可以用于建筑消防设施检测，精准、有效的检测仪器可以确保检测数据的准确性。建筑消防设施的主要检测仪器有水压表、风速仪、秒表、发烟器、水流量计、声级计等。

三、建筑消防设施检测步骤及方法

首先，建筑部门要从多方面考虑消防设施检测机构的技术、信用及其实力水平等，由于大量的市场需求，涌现出许多消防设施检测机构，一些高水平的检测机构能够全面检测出建筑消防设施的缺陷，并提出有效的改进措施，而水平较低的检测机构很难检测出故障，不仅延误了建筑施工期限，还会使消防设施存在安全隐患，造成不良后果。其次，建筑部门要全力配合检测机构，提供施工方案及技术资料，以满足检测机构的检测需求。检测机构要分配好相应的技术人员和检测人员，使每个员工都了解建筑的整体情况，并指定有关监督人员，协助和监督现场的检测工作。最后，当检测工作结束后，尽管检测已经符合相应标准，但还不能说明建筑的消防设施完全合格。判断一个建筑物是否已经完全达到国家规定标准，还要通过建筑、设计、施工及监督等部门的配合，确保建筑消防设施的验收合格。

四、建筑消防系统维护保养现状及存在的问题

（一）消防装置的维护和保养工作重视程度不足

随着经济的发展，当前人们对于建筑消防系统的认识也在不断提升，越来越多的人意识到建筑消防系统是建筑内人员财产和生命安全的重要保障。但在实际消防系统维护和保养过程中，仍然有单位和个人不重视消防装置的保养和维护。具体表现在以下两个方面：

（1）在实际维护过程中，维护人员发现有消防系统由于长时间不用而出现设备损坏、部分自动化装置变成手动装置的情况，维护人员在具体维护过程中仅对装置进行简单的修复，并未修理自动变手动的装置，一旦建筑发生火灾这些手动装置将形同虚设，对人们生命财产安全产生不利影响。

（2）日常保养工作不到位，建筑消防系统属于建筑内不常用的系统。在我国，绝大多数建筑直到停止使用也不会应用到建筑消防系统，但建筑消防系统一旦被用到就要确保其能够正常使用，可见对消防系统进行日常保养至关重要。但在消防系统的实际保养过程中常存在主体责任不够明确、人员轮换制度不够完善的问题，这也导致保养人员不能明确自身的职责，不能对消防系统进行必要的保养和维护，这也是当前我国建筑消防系统维护保养过程中遇到的主要问题。

（二）设备老化问题严重

随着经济的飞速发展，我国也掀起了一股关注建筑消防系统的热潮，我国开始了大规模的建筑消防设施装备工作。但从 20 世纪 90 年代以来，我国大多数建筑内的消防装置系统从崭新逐渐变得陈旧，正因如此，我国一些老旧小区广泛存在建筑消防设备老化的问题，给建筑本身带来巨大的火灾隐患。

（三）相关人员的素质不高

建筑消防系统中包含很多装备和设施，要对建筑消防系统进行保养和维护需要专业的人才，而如今建筑消防系统维护人员还存在素质不高的问题，一些从事相关工作的保养人员并没有取得国家要求的从业证书，另外一些保养人员虽然从高校毕业后考取了相关从业证书，但是普遍缺少实际工作经验。保养人员队伍现状与实际工作之间存在的矛盾也使建筑消防系统保养与维护工作的顺利开展存在阻碍。

（四）消防系统建设过程存在的问题

维护保养问题主要是针对建筑消防系统已经出现的一些问题，除此之外，部分建筑消防系统在“出厂”时就存在一些问题，这些问题也导致消防系统维护和保养存在困难，其主要可以划分为以下三个方面：

1. 消防施工质量较差。在施工建设过程中需要专业的消防工程师进行建筑消防设计和相关设施建设，但在实际建设过程中常存在人员素质不高的问题，导致消防系统在设计和施工时就存在一些问题，这些问题也导致建筑消防系统在使用过程中容易产生严重故障，更不用谈对其进行维护和保养了。

2. 消防设施配置质量较差。建筑消防本身存在一定的特殊性，这种特殊性对建筑消防装置的质量提出了较高的要求，但在实际施工建设过程中，大部分施工企业为了提高自身的经济效益常会选取质劣价低的消防装置，这也使建筑消防的可靠性大打折扣。

3. 施工单位的履职意识不强。施工建筑单位不能履行自己的职责对建筑消防系统进行定期的维护和保养，这也是我国不少建筑消防系统老化、不能发挥应有作用的重要原因之一。

五、建筑消防系统维护保养内容与方法

1. 实行日常巡检制度

根据维修公司与用户签订的消防工程维护保养合同，维修公司应派专人每周对系统进行 1-2 次有计划的巡视检查。一般是按楼层或按防火分区制订日常巡检保养计划，测试有关设备的现场手动、消防中心远控功能，发现问题及时解决，同时作好各个设备的定期维修保养工作，如消防水泵的“三保”，防排烟风机口的加油，泵房、管网的除锈刷漆等工作，保证系统随时处于良好运行状态。

2. 实行定期检查制度

制订相应的月度检查、季度检查、年度检查计划，根据系统情况明确各种定期检查测试内容。如消防水泵启动、室外消防栓检查、气体灭火系统检查等内容，同时做出相应的检测报告，特别是年度检测报告，报请用户和消防监督部门掌握系统运行情况。

3. 应实行 24 小时紧急排故制度

对各种出现的突发故障，维修公司应在接到通知 2 小时内（市内）赶到现场进行紧急处理，除特殊情况外（如特殊设备材料不易采购）对设备故障均要求在 24 小时内处理完毕。

4. 支持配合用户进行规范化管理

建立一套科学合理、责任明确的管理规章制度；对员工进行消防知识的培训；制定灭火预案等。

5. 建立工程档案

维护保养公司应重视各种工程资料的收集整理工作。凡新接手一个工程，首先应根据工程实际情况，结合原有的工程资料，绘制出工程图纸资料，建立设备运行档案，从而使维修公司更准确地熟悉系统性能。

六、提高建筑消防设施维护管理的有效措施

（一）加强建筑消防设施维护管理事中事后监管工作

在建筑消防设施建立完成后，首先需要建筑消防设施使用管理单位与生产消防设备的工厂、消防设施安装的企业以及一些有保养能力的维护管理单位签订消防设施维修和保养的相关合同。相关维护管理单位要有一定的维修保养能力，必须要明确相关维修保养的部门并指定相关人员。在消防建筑设施投入使用之后，所有建筑消防设施必须要保证处于正常工作状态，消防设施的阀门电源等处于运行位置，并且要标识开关状态以便建筑消防设施维护管理监督工作的顺利进行。

其次，对于消防设施要设立值班、巡查、检查人员，检查过程中如果出现消防设施的故障可以进行及时有效的维修工作。要注意的是在故障维修中可能需要占用消防系统，这就要确保在消防系统关闭的情况下采取消防安全的措施。其次，城市消防远程监控系统联

网用户，必须按照协议向相关监控部门发送建筑消防设施的状态以及管理信息。进一步方便消防建筑设施维护管理监督工作的有效进行，必须要重视监管工作，监管工作可以进一步督促建筑消防设施保证有效，避免火灾事故的发生。

（二）督促社会单位人员自觉加强培训

社会单位人员必须要定期进行培训，要求消防控制室的工作人员能够独立完成对火灾报警系统的检查测试，保证报警系统不发生故障，其次要求工作人员可以熟练查阅报警系统的历史记录，找到故障点。通过手动或联动的方式控制消防水泵，对于排烟风机和防烟机可以进行熟练掌控。并在火灾情况下切除不是消防所用的电源，在确定火灾后及时通过广播有序疏散人员，因此社会单位需要针对工作人员的岗位对其进行相应的培训工作，保证相应工作人员有能力胜任其岗位工作。提高相关社会单位人员的消防业务能力是非常重要的。

针对不同岗位的不同工作，社会单位要进行培训并且设立相关的考核机构。保证相关工作人员可以认真学习相关专业知识。消防部门要加强社会单位人员的宣传培训工作，督促自动消防设施操作人员持证上岗，对于没有相关证件，冒险作业的违法行为及时查处。其次要做好对社会上第三方培训机构的管理，要求其在培训过程中，向相关人员灌输建筑消防设施维护工作的关键性，使其从思想理念上认识到自身工作的重要意义。并且要对相关人员进行建筑消防设施操作和使用的相关培训，使得社会单位相关工作人员有一定的专业能力，足以应对突发情况。从另一方面来说，在了解到相关建筑消防设施维护的相关知识后也提高了社会单位对维保机构的监督作用，从而更有效地提高建筑消防设施维护工作效率。

（三）对建筑消防设施维护工作进行监督

在监督过程中，要求相关社会单位或维保机构严格按照相关法律法规进行制度与义务的履行，消防部门要与住房和城乡建设部门联合，加强对消防设施维护工作进行监督检查。在检查中主要检查社会单位日常维护的相关消防设施如备用电源、风机、送风排烟管道、稳压设备等消防设施。如果发现建筑消防设施方面有维护不到位的现象，或者出现相关建筑消防设施的安全隐患问题，首要的是要明确相关负责人是社会单位还是维保机构。其次追究相关维护负责人的责任，并依据法律法规对其进行惩罚，从而保障建筑消防设施可以有效地发挥其作用，减少安全隐患。规范社会单位及维保机构的建筑消防设施维护行为。

其次要使用市场的力量对社会单位或维保机构进行监督，将所有信息公开化，透明化。并通过现代网络技术定时向社会各界公布对维保机构的相关监督情况，通过这种方式来使维保机构更加规范自身的行为，提高维保机构在社会上的信誉度。通过社会大众的监督力量，将一些企图蒙混过关不负责任的维保机构淘汰。以此更好地建立良性的维保机构竞争环境，使消防技术服务质量得到有效上升。良性的消防技术服务机构市场氛围可以使得建筑消防设施维护工作更好地进行，保障建筑消防设施高效运行，避免安全隐患问题的发生。

从而使大量的建筑消防设施可以为避免火灾的发生做出应有的贡献。

总之，在实际生活中，对建筑消防系统进行定期且系统的检测和保养是减少建筑火灾隐患、保证建筑人员财产安全的重要方法，但在实际工作中，人员素质不高、相关制度不够完善等问题导致当前建筑消防系统维护和保养存在一些问题。对此，文章在阐述建筑消防系统的构成及必备要素的基础上针对上述问题提出了具体的解决方案，但其具体的解决方式并不仅限于上文提到的几种，更多的方式还需要相关人员根据实际经验不断探索。

第八节　消防工程验收

众所周知，火灾事故会给人民的生命财产造成严重损失，为了消除火灾事故隐患以及减小火灾事故所带来的损失，应注重做好消防验收工作。消防工程的验收工作对消防系统的可靠性、安全性有非常重要的影响，因此，我们必须加强消防工程的验收工作，为我国消防工程的发展奠定坚实的基础。

一、消防验收的概述

消防验收是指消防部门对企事业单位竣工运营时进行消防检测的合格调查，施工单位进行消防验收时需要当地公安机关消防机构进行安全检测排查，同时需要出具电气防火检查合格的技术测试证明文件，电气消防检测已被国家公安部列入消防验收强制检查的项目。

公安机关消防机构对申报消防验收的建设工程，应当依照建设工程消防验收评定标准对已经消防设计审核合格的部分组织消防验收。对综合评定结论为合格的建设工程，公安机关消防机构应当出具消防验收合格意见；对综合评定结论为不合格的，应当出具消防验收不合格意见，并说明理由。

二、消防工程验收目的

在城市中，人口稠密，火灾后果严重。接受建筑防火项目的有关专业部门的检验的主要目的是防止发生火灾。消防工程不仅可以预防火灾，而且在发生火灾时，建筑物中的消防设施可以确保居民减少火灾对居民造成的风险和损失消防工程的验收是一个非常严格的过程，由于消防工程的重要性，其要求的严格性大大提高，需要专门的组织来进行验收工作。公安消防局是专门机构，负责识别并接受建筑消防项目。重点是在公安消防机构接受消防项目的过程中检查建筑物的各种电力和电气设备以及消防通道。对这些消防项目的检查不仅可以减少火灾的发生，还可以扑灭较小区域的火灾，为居民的逃离提供便利，并让消防员有更多时间营救居民。

三、建筑消防工程验收主要流程

首先，建筑单位需在建筑工程施工完成后向主管部门提出相应的消防验收申请。若建筑工程并未经过消防验收，则不能投入使用。其次，消防验收机构接受建筑工程消防验收申请之后，需安排专业人员到建筑工程实际施工完成现场进行检验，且检验人员应不少于两人，验收人员必须要携带执法记录仪以及相应执法证，对建筑工程的不合规地方提出意见，且要回答建筑及设计单位提出的有关消防问题，若无法当场解释的则要说明原因。再次是验收时，建设、施工及设计单位发表意见或提出问题时，消防机构验收人员应给予回答，所有参与验收的人员需要统一在验收申报表上签名。最后，由参加验收的专业消防人员，出具验收意见书，对不合格的地方提出整改建议，并进行二次验收工作。

四、建筑消防工程验收的难点

1. 建筑部门没有充分重视消防项目的验收，没有充分重视消防在建筑施工过程中的施工进度，也没有注意降低火灾风险的消防设施。施工单位没有意识到发生火灾时良好的防火项目的重要性。建筑部门在正式施工过程中对消防工程的重视程度不高，公安消防机构在建筑物形成后检查消防工程时未及时获得准确的信息，各种障碍对最终的消防审批产生了很大的影响。消防设计也得不到重视，好的设计为建筑奠定了坚实的基础。为了满足施工单位的要求，部分设计单位在设计整个工程时没有按照国家规定进行科学合理的消防设施验证，这意味着该部门的消防工程设计没有达到足够的标准。因为，在设计阶段，注意力的集中会导致建筑物的缺陷，从而严重阻碍了建筑物的消防项目的建设，并对最终的消防批准产生了负面影响。

2. 由于建设项目的低成本招标，存在隐患。如果施工单位故意降低招标价格，就会出现资金短缺的问题，并且消防项目的建设没有明确的目标，施工标准不符合要求，甚至施工单位也可以擅自修改施工图纸并采用其他施工技术降低防火设施的性能和使用价值。在这种情况下，大大增加了建筑防火项目的安全风险。

3. 消防工程施工质量没有保障。在消防工程建设中，初始设计不仅提供了消防工程的安全性，而且还提供了消防产品的质量。消防产品的质量决定了消防工程的质量，好的消防产品为建筑物的安全性提供了保证，反过来又影响了建筑物的安全。该建筑物配有大量的灭火器，大量的灭火设施和自动洒水系统。这些设施也具有使用寿命，如果不及时更换这些设施，将会影响整个防火项目的质量。通过测试可以选择和更换可替换的消防设施，并且某些消防设施不易更换，如果在施工过程中未检查质量，则可能对整个建筑物造成安全风险。接受消防技术的第一步是听取报告、检查现场、检查图纸，最后创建批准文件以检查消防技术。不可能有效地保证对建筑物内某些消防设施的检查。例如，即使建筑物中的消防设施和自动喷水灭火系统存在缺陷，也无法对其进行有效调查。

4. 消防施工管理有待加强。一些施工单位在工程建设过程中未能做好消防施工管理，主要体现在以下几个方面：（1）未能严格依据设计图纸和防火施工规范进行施工作业，诸如私自对消防水管进行改动、防火涂料被人为变薄等，导致施工难以达到国家有关技术要求和材料标准；（2）在施工过程中偷工减料、降低标准，或是盲目迁就甲方而进行违规施工，进而使得消防系统安装施工不达标；（3）施工作业人员对消防产品及系统不了解，导致施工出现接线混乱、安装位置不准等问题，影响消防系统的正常使用。

五、消防工程验收质量提升的要点分析

（一）建设单位严把消防工程建设关

建设单位具有工程发包权，消防工程作为建筑工程的保护伞，在预防火灾、降低火灾危害方面起着难以替代的作用，在选择设计及施工单位时，要注重设计及施工单位的消防工程设计、施工资质，尤其是要对消防工程设计进行论证，把握消防用品的采购标准，按照国家要求的消防要求进行设计、施工。工程验收要做好消防验收工作，并建立消防档案，设计单位、监理单位等消防相关单位要签字留档。

（二）设计单位切实落实消防工程设计

设计单位在建筑工程设计中起着关键性作用，在严格遵循国家相关消防设施设计要求的前提下，建立并执行消防设计责任制，明确到人。同时设计人员要及时全面地与建设单位沟通，在满足建设单位工程结构等方面的要求下，按照国家技术标准和材料要求进行相应的消防设施设计，同时要全面了解建筑消防材料、产品等信息，并注明建筑防火材料、构件和消防设备、产品的规格、型号、性能等具体的技术指标，为建筑消防设计与实际施工不产生偏差提供参考。

（三）施工单位加强消防工程施工管理

施工单位在施工过程中要依据设计图纸进行施工，切勿随意改动消防设施，以免消防工程因施工不规范导致质量不符合要求；同时对于施工中遇到的消防工程缺陷要及时与建设单位、设计单位、监理单位联系，论证存在的缺陷并找出改进方法。另外，要保障施工中用到的消防产品及时进行检查，保证消防产品质量。

消防工程施工过程中，施工单位在施工前期准备阶段就要建立消防工程档案，同时健全各种施工管理制度。对诸如防火涂料、防火分隔、消防电气线路、给水管道、防排烟设施等隐蔽工程施工必须进行材料的全过程检验，并对施工、安装、调试、验收等主要程序进行分阶段的质量记录。

（四）加强施工监测和产品管理

由于消防机构未介入工程的建筑施工过程，因而对其施工过程中的消防设施建设质量及消防产品采购质量难以有效监控，为解决这一问题，就需要国家制定相应的监管规范来

约束施工单位和监理单位。因为不仅仅在消防工程中存在消防隐患，在土建和装修方面也存在诸如防火门的安装不合理、疏散楼梯宽度过窄等问题。另外，消防产品生产企业要上报其销售数量、产品规格及其流向等。

（五）消防部门加强消防工程验收管理

1. 加强对设计单位的监督审核

消防设计直接决定着后续的消防实际施工作业，只有合理科学的消防设计才能科学指导工程施工。公安消防部门作为代表政府的消防监督检查机关，应加强对设计单位的消防工程审核，做好对设计单位消防设计的抽查与检查，一旦发现不符合相关技术标准和要求的设计坚决要求整改。

2. 加大对违法行为的查处

建筑工程消防设计图纸直接指导着消防工程施工作业，如果在未经消防审核的情况下直接进入施工阶段，极容易因设计不合理等问题导致先天无法整改的火灾隐患。消防设计通过公安消防部门审核后，如果施工单位因种种原因擅自降低有关施工标准和规范，会使得消防系统难以充分发挥其效用。这些消防违法违规的行为，最终将导致消防工程质量下降甚至是无法通过最终的消防验收，更严重的是带来安全隐患，公安消防部门应加大消防违法行为的处罚力度，尽早消除消防隐患。

3. 加强消防工程的专业管理

消防工程具有技术、施工及材料等的特殊性，作为一项特种工程必须实行专业许可管理，消防工程的所有承接施工单位必须具有相应的消防施工专业许可，并在其核定的施工范围内进行施工作业，未取得专业许可，一律不得从事相关的消防施工业务。否则，应予坚决整顿处理，以规范消防工程建设市场。

4. 实行消防资质动态管理

公安消防部门要根据消防工程施工单位在市场的经营状况，对其营业范围进行适时调整，使得消防施工专业许可管理有进有出，坚决将不达标施工企业经营资质取缔。另外，要严格消防工程备案制度，消防工程施工单位在签订施工合同后，需及时到当地公安消防部门备案登记，否则，一律不得进场开工。要通过备案来及时了解消防工程的相关信息，从而有效地杜绝私下炒卖工程信息、挂靠和转包等违法活动。

5. 注重提高消防验收人员的专业水平

消防工程不仅与主体建筑息息相关，更具有自身的专业特性，要想使消防工程验收做到全面、有效，就要求验收人员具有丰富的工程建设经验，同时又熟知消防技术要求和产品标准，只有这样才能准确发现消防工程存在的不足和缺陷，真正做到高水平验收，为提升建筑消防水平创造必要的监督检查条件。为此，消防机构必须注重验收人员的培养，防止人员年龄断层等问题出现，打造一批合格的高素质验收人员。

（六）加强对消防工程审核、验收、监督各环节之间的衔接

在消防工程验收的过程中，要在分析消防工程所提供资料的基础上，及时地对消防工程施工中所采用的新技术、新材料以及新设计等方面的信息进行充分的了解与研究，在消防工程验收的过程中对消防工程中所采用的新工艺、新材料以及新设计等的质量进行详细的判定，从而为消防工程验收工作提供专业、可靠的技术支持，此外，针对在消防工程验收过程中所发现的问题和疑难问题应当通过联合会审业务汇报的形式进行讨论分析，并通过制定相关的方案来予以解决。此外，在消防工程验收工作中应当积极遵照国家的相关法律法规做好消防工程验收、审核以及监督工作中的各环节之间的衔接，通过对上述环节进行细化联验或分验交接制度的制定积极落实消防安全责任，将消防工程验收安全责任落到实处，并在每个消防工程验收完成后，不论是采用联验或是分验的形式都需要各验收人员进行签名交接，并将验收完成的资料进行存档，注重消防工程验收中各环节之间的移交，通过规范化的移交程序确保消防工程验收的规范性和准确性。

总之，建筑消防工程建设完成后，必须严格遵守验收程序和国家标准进行综合验收，注重合理性和科学性等，保证设备可以在以后正常使用。建筑防火项目的验收越来越受到国家的重视，为此，建立了相应的障碍体系来监督建筑防火项目。可以及时避免发生火灾，完善的消防工程可以减少火灾的发生，或即使发生火灾，也可以在特定区域隔离火势，以减缓火势蔓延并赢得救援时间，保护居民人身和财产安全。

第七章　特殊建筑的消防

第一节　高层建筑的消防

随着我国城市化进程的不断推进，建筑行业也呈现出一种新的发展态势。在土地供应日趋紧张的情况下，高层建筑如雨后春笋般地涌现出来，其开发潜力也越来越大。高层建筑相对来说楼层较高，增加了消防给排水一体化设计的难度。对高层建筑而言，消防给排水系统是最基本的消防设施，关系到高层建筑的实际使用寿命和居民人身安全。所以，要想建造高品质的高层建筑，消防给排水设计才是客观重要的，要想提高消防给排水设计的效果，就需要广大设计师提高对消防给排水设计的重视程度，充分认识消防给排水设计的要点，善于运用消防给排水的各种关键技术。这样才能更好地满足高层建筑工程的各项标准和要求，逐步提高消防给排水设计的科学性和合理性，进而增强消防给排水的设计效果，为人们建设最安全、最舒适的高层建筑，为我国建筑业逐步开辟新的发展道路，勾画出完美的发展蓝图。

一、高层建筑电气防火的特点

近年来，我国建筑火灾事故频繁发生，因此对建筑消防电气技术提出了更高更严格的要求。因为高层建筑电气防火具有防范易燃易爆材料的特点，所以在超高层建筑施工的过程中，会对那些易燃的材料进行全面的防范，阻止可燃性高的材料危害整个楼层。值得注意的是：要对火灾蔓延的程度进行适当的模拟试验，分析出火灾的扩散范围并找到快速疏散人群的有效途径，在处理危机困难的时候，找到科学合理的防火技术，保护居民的生命及财产安全，同时也要适当考虑消防电气设备的安全性能是否得到有效的保障。

二、高层建筑消防安全的特征

（一）火势蔓延途径多、速度快，火情控制难度大

高层建筑外部敷设的外墙保温系统、玻璃幕墙系统及大型广告牌等，易发生火灾外部蔓延；内部风道及机电设备等各类竖向管井封堵失效，防火门、防火卷帘关闭失效等，为

火势的内部蔓延扩散提供了途径；再加上高空气压和风速的影响，使得火灾发生后扩散蔓延更为迅速，且易形成“烟囱效应”，甚至呈现出由上而下、由外向内的“非常规”火势蔓延，火情控制难度大。

（二）供水困难

首先，现代化的高层建筑均按照规定配备有固定的灭火器材和设施，但是，很多灭火设施都采用串联的方式进行供水，当发生火灾尤其是进入猛烈燃烧阶段后，消防设施便很难再维持基本的供电，这也就在一定程度上让供水变得困难。其次，所有建筑都不是完美无缺的，都存在一定的设计缺陷，而这很可能导致外部供水的难以实现，尤其是消防车供水能力以外的竖向分区，需要将水泵接合器和最低一级的传输水箱进行连接后才能正常传输，而这也会受到配电可靠度的影响。最后，超高层建筑中存在的设备缺陷会影响外部供水，即使消防车能够为高区供水，也需要考虑水管、水带和水带接口所需要承受的压力。在进行地面的供水测试时，水带爆裂、接口脱落等问题通常会出现在压力＞ 2.0 MPa 的情况下。

三、高层建筑给排水消防设计关键技术

（一）高层建筑给排水消防设计特点

1. 安全需求高。高层建筑的给排水消防设计一定要以安全为前提，在进行消防设计时，要考虑到高层建筑一旦发生火灾，那么面对的就是需在一个封闭的空间内进行灭火，低层的人可以选择多种方式逃生，但高层的人只能等待救援，为人们的安全考虑，消防设计一定要安全，同时也要给人们足够的等待救援的时间，所以高层建筑给排水设计必须在安全的基础上进行，只要安全需求得到保障，就可以把损失降到最小。

2. 水压需求高。一般来说，楼层的建筑原则上每层楼高约 3 米，高层建筑一般为几十米或上百米。因此，一旦发生火灾需要救援时，就需要很高的水压，以保证水能够扑灭高层的火灾。一旦发生大规模火灾，楼层内的灭火器不能完全完成灭火，因为是在高层，楼下可能已经被大火吞噬，没有路可走，因此只能待在原地等待救援。然后在整个给排水消防设计中，需要有很高的水压力，以便能够及时抢救。

3. 材料质量高。上面已经说过，安全性要求和水压要求都很高，但前两者只是基础，管材质量是关键。即便安全可以保证，但由于管道材料不合格，在灭火时管道破裂，则无法进行救援。假如水的压力高，管道的质量不好，那么将承受不了水的压力，最后还会导致管道破裂，那么被困在高处的人将无法得到救助。因此说，给水管道的材质必须非常好，硬度和长度都要经过详细的计算，选择最适合管道输送的材质。通过这三种需求的结合，才能保证整个消防设计安全快捷。

（二）设计要求分析

1. 消防给水设计要求。由于高层建筑受建筑物高度的限制，火灾控制难度很大。就火灾救援而言，大多数人都将自救作为应急救援的主要手段。要保证高层建筑内部消防给排水的设计效果，必须满足以下几方面的设计要求：首先，要符合高层建筑的总体结构特点，保证其内部给水量、各系统功能、灭火装置的位置等，都要与高层建筑的楼层高度、所需水压等特点相匹配；其次，要本着规范、合理、经济、可靠、美观等基本设计原则，进行高层建筑内部消防给排水的设计。保证火灾发生后能够有效控制火灾，赢得更多救援时间，保证高层建筑内部人员的人身安全。

2. 消防排水设计要求。对高层建筑的消防排水设计而言，在进行实际设计时，应充分满足及时排水、防火用水等要求，防止火灾发生后，因排水不足或排水不畅等原因造成火灾快速蔓延。除了此项设计要求外，高层建筑内的消防排水管设计，还应符合能迅速排除火灾隐患的设计要求，以保证火灾发生初期，建筑内人员能迅速逃生。这就要求设计人员在高层建筑消防排水设计中，要结合高层建筑的实际情况，充分掌握施工过程中所采用的施工技术、施工材料、建筑物整体结构等各方面的信息资料，保证设计资料的完整性和真实性，进行高质量的消防排水设计，从而提高高层建筑对火灾的抵抗力，进一步提高建筑物的安全性并增加其使用寿命。

（三）关键消防设计研究

1. 消防给水设计。一般而言，在进行高层建筑内部消防给排水设计时，必须采用科学的给水技术。由于高层建筑的楼层相对较高，给水系统需要在高压条件下才能正常运行。因此，在实际应用中，广大设计人员需要充分考虑到消防给水的流量和压力，确保高层建筑内部给排水设计能满足其消防灭火的实际需要，从而增强整个消防给水系统的设计效果。在高层建筑实际给水流量和压力的计算过程中，设计人员必须根据国家有关规定和标准，进行精确的计算分析。对于高层建筑，如果起火时间在 3 h 以上，其消防给水流量一般要控制在 30~40 L/s 以上。采用消防给水技术时，相关设计者应充分考虑节水管理，科学地设置中枢转水箱、水泵接合器、压力泵等设备，充分发挥消防给水技术的作用，提高消防给排水的设计效果，保证高层建筑内人员的人身安全。

2. 消防排水设计。对高层建筑而言，除消防给水外，还应具备消防排水技术，两者均属于高层建筑内部设计的关键技术。从某种程度上讲，只有把两项关键技术有效结合起来，科学地运用到高层建筑内部给排水设计中，才能增强内部给排水设计的综合效果，提高高层建筑的安全性。因此，一般情况下，建筑物内的排水范畴约为用水量的 90%，只要将消防过程中所用到的大部分水排到建筑物外，就能提高火灾逃生效率，还能防止高层建筑因积水而发生腐蚀、开裂等情况。消防排水技术在使用过程中，遇有排水管与其他部分管路重叠时，应根据无压管的优先原则，确保该排水管能够正常运行。在高层建筑中，消防水泵一般都是在地下室安装的，为了防止水泵房积水，需要在地下室消防水泵房中设置地漏、明沟和集水井，从而防止水泵房出现积水情况，影响整个高层建筑的消防排水效果。

3. 自动喷水灭火系统设计。自喷灭火系统是高层建筑内部消防给水排水设计中的关键，对整个高层建筑的灭火效果起着至关重要的作用。然后，在使用自动喷水灭火系统时，需要在垂直位置设置水压泵，以保证在火灾发生后能快速启动运行，达到最佳灭火效果。在此基础上，可适当增加高层建筑内部给水排水系统和喷水灭火系统的自动化强度，以节省设计费用。另外，在自动喷水灭火系统的安装过程中，还需要根据相关标准和要求进行科学的安装，安装完成后，还要进行反复的验收和运行维护工作，以确保自动喷水灭火系统能够正常使用，满足高层建筑内部消防给排水设计要求。

4. 消防栓布局的优化设计。对高层建筑内部给排水设计而言，消防栓的优化布置属于关键技术之一，其重要性不可忽视。高层建筑中的广大用户在火灾发生后，会通过使用消防栓进行灭火操作，以确保自己的生命和财产安全。但从以往高层建筑火灾事故中的灭火经验分析，高层建筑内部人员只有在火灾发生的第一时间迅速使用消防栓进行灭火，才能起到一定的灭火作用。从而充分证明了消防栓布局优化的技术重要性，直接关系到最终的灭火效果，关系到高层建筑内所有人员的人身安全。所以这就需要广大设计者提高对消防栓实际位置设计的重视程度，从方便取用、美观等方面，优化布置消防栓。既要合理地将消防栓设置在室内，将其设置在电梯附件位置，便于取用，又要配合高压和二次加压供水，实现对消防栓的有效控制，以保证消防栓在火灾发生初期能迅速发挥作用。

5. 消防水池设计。对高层建筑给排水消防设计工作中的消防水池进行综合管理，按消防水池与生活水池的合建分建管理，并能保证储水池基础容积的提升。首先，将消防水池与生活水池合理分建或合建，在实际的施工方案确定过程中，合建式蓄水池最大的缺点是对蓄水池的容量要求较高，加之蓄水更新速度慢，会导致水质受到破坏，因此需要相应的检测人员定期进行处理，或者延长消防水池的换水周期。因此，在高层建筑中，一般会采用公共消防水池的形式，在保证消防水源的基础上，可以节约工程投资，保证消防及时。

其次，消防水池的设计应根据高层建筑的蓄水池容量确定相应的内容，并有效结合不同建筑结构和不同工程需要，完善具体的设计要素。设计时，应在满足室外给水管网需求的基础上，对消防用水进行合理的维护管理，并对消防用水进行科学的概率计量和评估，以确保用水需求的合理性，充分提升对相关问题的综合调控水平。

6. 水泵房的设计。水泵房是整个消防排水系统的关键，因为水泵房既要保证水的压力，又要保证水的供应充足，所以在高层建筑中，水泵房是火灾发生时的定心丸，只要水泵房能正常工作，人在高层建筑中的安全就能暂时得到保证。由于水泵房是最关键的部分，因此在高层建筑中安装水泵房，首先要选择在非常安全的地方，然后是要保证水泵房地水供应和水的压力平稳，最后，应定期检查水泵房，确保水泵房即使没有发生火灾，也不会发生故障。

四、消防技术在高层建筑中的发展及应用

（一）自动喷水灭火技术

目前消防技术中更新发展得最为迅速的便是自动喷水灭火技术，它是由旧式喷头进化、更新而来的，截至目前，已经有了干式、水幕、湿式、雨淋和最新的循环启闭自动喷水系统等各式各样的灭火技术，特别是自动化技术得以迅猛发展后，把其运用到灭火技术上来，此举大大地推进了喷水灭火技术的发展。此外，XQKZ 系列的给水设备可做到停电后仍能供给一定的消防用水。快速发展的计算机技术也灵活的运用到了消防技术中，利用软件编程和计算机总线，完成联动和报警，实现自动火灾报警。

（二）正压送风机械的排烟技术

我国消防部门特制的高层试验塔，在获得高层建筑的火灾排烟数据上起到了巨大作用。在进行的防排烟和火灾烟气流动特性的实验中，获得了前室和楼梯间正压送风的最佳安全气压，分别为 30 Pa，40 Pa，以及走道内的排烟口需要尽量远离疏散出口和前室内不需要设置机械排烟系统等实验成果，发展和完善了正压送风机械的排烟技术。

（三）新兴的防火设备和防火材料的发展

近年来，新式防火设备和防火材料不断兴起和涌现，为消防事业的发展打了一个良好基础。并且在高层建筑的建设中，为采用防火措施提供了有用的理论依据和基础数据。随着现代人对高层建筑的研究和关注，人们对消防材料和消防技术也加大了研究力度，使消防材料越来越多样化，各式各样的防火材料被人们发现和应用。比如：防火卷帘、排烟防火阀、石膏建筑材料、挡烟垂壁、无机防火板材、应用于通风空调的防火阀等。这些材料的发掘与使用，为能在高层建筑上实现消防设计提供了想象空间与可能性。

五、高层建筑消防安全技术应用方式

（一）防火分区

防火分区是对火灾规模进行控制的有效手段：第一，面积分区。对于规模较大、层数较多的高层建筑而言，需要严格根据消防规范做好防火分区间隔工作；第二，功能分区。针对用途不同的场所以及部位，要做好防火分区工作，如设备用房、娱乐场所、宾馆客房以及厨房间等，需要在对功能进行科学划分的基础上通过具有良好耐火等级的防火门以及实体隔墙做好分割；第三，井道分割。对于电缆井、衣物滑槽井、电梯井等竖向井道，需要使用相应耐火等级的防火阀以及防火门同其他部位实现分隔；第四，层间分隔。原则上，对于每一个层面，都需要形成一个防火分区，并保证管道在穿越楼板时，需要通过不燃材料的应用做好封堵；第五，房间分割。高层建筑的办公室、客房以及病房，需要通过不燃材料的应用将其分隔到结构梁板地板，使房间能够形成一个独立的防火单元。

（二）材料不燃化

在建筑装饰以及装修方面，需要使用不燃、难燃材料，以此对火灾的蔓延起到预防作用:第一,室内装修。在室内装修中,需要对可燃材料进行严格的控制,对于15层以上房间，需要保证吊顶、隔断以及墙面都使用不燃材料，对于会议厅、宴会厅等场所，需要将其按照独立准防火分区同其他部位实现分隔。而在建筑楼梯间、前室以及疏散通道，则保证地面、墙面都使用非燃烧材料装修；第二，室内家具。在高层建筑室内家具选择方面，需要尽可能以阻燃材料进行制作，最大限度地减小火灾荷载。

（三）智能消防设施

在高层建筑中，安装智能化系统是对火灾情况进行及时发现、及时控制的有效措施：第一，设计。在建筑内除了对普通的消防软管以及消火栓进行安装之外，需要按照规范要求以全面、系统的方式对火灾自动报警、灭火以及排烟系统进行设计，并按照实用、先进以及针对的原则对消防设备进行选择。同时,也需要对先进的消防设备以及技术进行推广，如具有高灵敏度的漏电火灾报警系统、火灾自动报警系统、自动定位射水系统、自动排烟窗以及漏电火灾报警系统等，以先进手段的应用获得火灾防控能力的提升；第二，施工。在建筑施工中，需要严格按照审批设计图纸进行施工，避免随意对设计进行更改。在材料选择方面，要严格把关，避免出现偷工减料以及以次充好的情况。而在具体安装使用之前，则需要做好抽样见证检验，对消防安装质量做出保证；第三，验收。验收是建筑消防安全的最后防线，自动灭火、防排烟以及自动报警系统，需要委托专业技术较高以及具有良好资质的机构进行检测。

（四）疏散避难对策

第一，疏散楼梯。疏散楼梯是火灾发生后人员进行疏散的主要途径。对于人员较为密集的高层建筑而言，需要对楼梯宽度做好计算，一般情况下，对于超高层建筑，其楼梯宽度最好设计为3股人流；第二，避难区间。办公楼、综合楼以及旅馆等建筑，要做好避难区的设置，并最好以靠外墙方式进行布置，在结构上采取防火分隔措施实现同其他部位的科学分隔。而在避难区入口位置，也需要做好防烟前室的设置，并在区内做好消火栓、应急照明以及消防电话设施的设置；第三，应急照明。在建筑安全疏散通道以及公共部位，要做好应急照明设施的设置，在疏散通道墙面、地面以及出口上方对醒目的疏散诱导标识进行设置，保证指示的正确性，避免产生误导；第四，防烟排烟。在火灾发生时，对烟气流动进行控制也是实施安全疏散的重要保证。对此，则需要在对防排烟方式进行科学设计的同时做好相关设施的配置，保证防烟以及排烟效果。

六、消防技术在应用时所面临的问题及相关解决措施

（一）消防意识淡薄且消防设施没有形成系统的管理体制

就目前来看，我国绝大部分的相关人员对消防意识了解得还不全面、透彻，这给消防工作留下了一定的安全隐患，不利于消防工作的顺利进行。消防意识的淡薄也会在一定程度疏于对消防设施的管理。如部分管理人员没有定期对消防设备进行常规的检查，消防工作有松懈怠慢的倾向；防排烟设施安装好后，操作试验检查从未进行，防排烟口垃圾和杂物堆积得比比皆是；有些火灾报警的设施使用了很多年，设备不进行及时的维修，探头不进行及时的清洗，造成系统出现误报的情况，有些直接关机停用，这些都造成了严重的安全隐患，如同一颗危险的定时炸弹。

（二）消防设施不能正常使用，形同虚设

许多新建起来的高层建筑基本上已经达到了国家的规定和要求，安装了较为先进的消防设施，但是由于诸多的客观条件，许多消防设施不能正常的使用，形同虚设。有些大楼内虽然安装了正压送风系统和机械排烟，但风道却出现上下左右不同的情况；有的由于缝隙过大，造成漏风严重的情况；有的送风口和排烟阀出现无法自动打开的情况；有的商场里面虽然安装了自动喷淋灭火系统，但由于无法敷设管道，造成不能及时地供给消防水源。这些客观条件的存在，限制了消防设施的正常使用，使之变成纯粹的摆设。

（三）应对的措施和手段

要提高大楼管理者、投资者的自我保护意识和消防意识，在高层建筑新建时就要把消防设施看作是高层建筑投资的重要组成部分，不能以任何理由减少和克扣消防投资，当高层建筑正式投入使用时，要明确列出消防设施的管理条例，并落到实处，以确保消防设施能够正常运行。此外，消防工程在施工的过程中，一定要严格抓好施工质量，切不可粗心大意，要精心细致地施工。一些隐蔽工程的施工质量更是要严抓，对火灾自动报警系统的探头要进行科学的测试试验、对防排烟管道井的井壁施工建设要尽可能地做到表面光滑，做到没有漏风洞口的存在；对水喷淋和消火栓的施工要从管道接口到消火栓和水喷淋的接口处进行缜密的气压、水压的试验，以确保消防设施的系统合理、质量可靠，可以正常运行。

七、高层建筑的发展对消防技术的发展意义和建议

（一）注重消防技术的信息交流

我国经济的迅猛发展，也在一定程度上促进了我国信息技术的快速发展，为此，我们应该懂得趋利避害，充分地利用好信息技术这一优势。我们可以把信息技术科学、合理地引进消防科技信息中来，加强信息方面的建设。加强和完善我国消防技术信息库的建设和建立数据库模型信息库是最首要的任务，在信息库里不仅涵盖了国内的消防技术信息，还

涵盖了国外的尖端、先进技术信息，信息可以及时迅速地更新，以便人们可以最快地查询和浏览资料，极大地方便了人们的参考和查询。此外，还应当创办好消防学术的刊物，这样可以促进人们对消防技术的了解，不至于陌生，能够及时地了解到消防技术的发展情况和新动态。

（二）注重高层建筑火灾发生的理论知识研究

理论知识的科学和缜密有助于社会实践的成功，理论知识可以给予实际技术一定的方向，在一定程度上具有导向意义，火灾的基本理论知识探究是消防科学技术发展的前提和重要依据。由于我国高层建筑的发展历史比较短，高层消防的技术不完备，火灾基础理论知识的探究工作要走的路还很长，需要面对和克服的困难和问题也很多，要把火灾毒理学的研究空白尽快地填充起来，还要将医学、人文科学和消防心理学纳入火灾基础理论知识中，以便更好地完善和健全高层建筑火灾理论知识体系。

（三）注重科学管理和国际合作

在高层建筑发展方面如今国内外共同关注的都是消防安全问题，虽然国外的高层建筑比我国发展得早，但仍有许多问题需要我们共同去探讨和研究。国际合作的加强也有利于我们学习和借鉴发达国家高层建筑消防系统的管理方法。因此，我们要努力争取开展一些国际的研讨消防技术活动，与发达国家一起研究出高层建筑的消防技术，尽量让消防事故远离我们的生活。

总之，自我国经济迅速崛起以来，城市化进程也随之加快，城市化建设发展必然会推动高层建筑的发展，高层建筑能够更合理、科学、高效地利用城市的土地资源，高层建筑发展的过程中，必然也会促进消防技术在高层建筑中的发展。高层建筑的消防设施如何更好地进行安全管理和维护势必会成为未来消防行业的重点与主流，而就我国目前的消防技术在高层建筑中的发展和应用来看，还存在着许多不足，需要我们去完善，特别是在消防技术和管理层面上还有很大的进步和发展空间。现代化消防设施的建设，需要施工队伍细致施工，监管部门严格监督，设计人员精心设计，还需拥有现代化的消防技术人才去设计、管理和维护，以便促进我国高层建筑消防技术的快速发展。

第二节　地下建筑的消防

随着我国国民经济发展和科学技术的进步，合理规划利用土地资源已摆到城市建设发展的重要地位。城市的高层建筑和地下建筑工程逐年增多，建筑形式、建筑结构、建筑规模有了很大变化，地下建筑的广泛使用，无疑使地下建筑火灾危险性增加。因此，加强地下建筑的防火安全管理，了解掌握地下建筑火灾特点，合理设计消防布局，是目前摆在消防和建筑、施工、管理单位的重要课题。

一、地下建筑结构特点

地下建筑一般指建造在岩石和土层中的、比附近地面标高低 2 m 以上的建筑，一般可分为附建式、单建式和隧道工程等。地下建筑对于缓解城市建筑用地矛盾、改善生活环境起到了重要作用，也为人类拓展了新的生活空间。目前，地下建筑主要分餐饮类、娱乐类、商业综合类和存储类。从防火的角度看有四个特点:（1）火灾负载量大，耐火等级低;（2）电气线路多，管道、竖井多;（3）安全通道狭窄，出入口（门）标示不醒目、不显著;（4）建筑封闭，空气不流通，排烟设施不完备。

二、地下建筑的火灾特点

（一）当发生火灾时，地下建筑出入口已成为排烟口

地下室内空气的供给完全依赖于出入口，由于地下室内空间体积有限，火灾发生时室内很快被烟雾充满，至使燃烧缓慢，短时间内处于不充分燃烧状态（熏烧状态），随着燃烧范围的不断扩大与地面的联通口就成了外部空气的进入口和排烟口，室内烟和空气分界的中性带，随着火灾扩大而逐渐降低，最后出口形成了烟囱效应。致使消防扑救人员很难接近起火部位进行火灾抢救作业。

（二）地下建筑火灾烟雾大

火灾时发烟量与可燃物物理化学特性、燃烧状态、空气充足程度有关，火灾阴燃时发烟量大，明火燃烧时发烟量小。地下建筑火灾特点，一般是空气供给不足，温度上升开始较慢，引燃时间长，发烟量大。如：地下建筑中一间 15 m^2 的房间，其火灾荷载约 25 kg/m^2（折合木材），在 300℃时，燃烧发烟量可以达 1300000 m^3。以建筑物净高 3.5 m 计算，1300000 m^3 烟量可使 37 万 m^2 的工程全部被烟充满，而地下建筑由于无窗无自然排烟条件，发生火灾时不能跟地面建筑那样，有 80% 的烟可以由破碎的门窗散到大气中，而是大量的滞留在建筑物中，而且燃烧中还产生各种有毒气体直接危害人员的生命安全。

（三）地下建筑人员疏散难

1. 由于地下建筑无外部空间，火灾时，逃生的出口和方法比地上建筑少。地下建筑人员逃生路线由于火灾现场情况的复杂性，往往只有一条，火灾时人员的逃生方向也是火灾烟雾往上扩散蔓延的方向。人员的入口，又是烟的排出口。所以人员要疏散到安全区域，从某种意义上来说必须逃到地面上，而烟的扩散速度一般比人步行速度快，经测试证明：烟的水平扩散速度一般为 0.5 m/s~1.5 m/s，烟的垂直上升速度比水平方向快 3~4 倍。烟气影响会给人员疏散造成严重危害。

2. 地下建筑主要靠人工照明，火灾时，主要依靠消防事故照明，人的视线全靠事故照明和疏散指示标志来引导疏散。如果没有事故照明，建筑内将是一片漆黑，人员根本无法

逃离火场。而地上建筑在自然光照明情况下（月光里地面照明有 0.5 lx），但地下建筑内无任何自然光源，加之大量烟雾遮挡视线，人员疏散极为困难。人员在此情况下安全疏散决定于 3 个极限值:（1）疏散视距的极限值;（2）人能承受烟浓度极限值;（3）在疏散视距内，人能承受烟浓度下，人员疏散视觉光强度的最低极限值。超出上述 3 个极限值人员将难以正常疏散。

三、造成建筑火灾的主要原因

1. 领导不重视，防火组织制度不健全。由于地下建筑安全管理的特殊性，在安全上要严于地上建筑。有些单位没有将地下建筑消防安全特殊性列入议事日程，特别是多家经营使用的地下建筑，消防安全责任不清，互相推诿扯皮，对已发现的消防火灾隐患不能及时整改，职工消防安全意识淡薄。缺乏紧急情况下安全可靠的应急措施，整体消防安全得不到保证。

2. 建筑平面布局不合理。安全出口数量不足，疏散距离超长，柜台、货架商品超储，室内采用大量可燃和易燃材料装修，从而增大火灾荷载和火灾危险 .

3. 随意改变原设计使用功能，一些建筑原设计为一般场所，随意改做公共娱乐场所或仓储库房，提高了火灾危险级别，造成消防设施设计参数变化，从而降低灭火效能。

四、地下建筑安全防火设计措施

地下建筑的防火设计，首先要重视提前预防，在设计上要达到国家相关规范的要求，要以最快的速度有效控制灾情。地下建筑消防安全防火设计应做到以下几点。

（一）一般性要求

1. 应严格限制使用范围，严禁生产、经营和储存火灾危险性甲、乙类商品，地下一层以下应根据不同条件和使用要求，布置停车场、仓库等，商店、商场营业厅、医院的病房及会议室、展览厅、游艺场等不宜设置在地下二层或地下二层以下；

2. 存放可燃物时，应采用耐火极限不低于 2 h 的墙和楼板与其他部位隔开，隔墙上的门应采用常闭型、耐火极限不少于 1.2 h 的防火门；

3. 装修地下建筑时，必须严格执行相关要求，确保建筑耐火等级和各部位建筑构件的耐火极限达到地上建筑规定的一级耐火等级标准；

4. 装修疏散通道、疏散楼梯间、电梯等时，建筑构件必须采用 A 级材料，尽可能不使用塑料壁纸，地下建筑变形缝的表面装饰层要采用 A 级材料

5. 地下建筑内设置公共娱乐场所的，严禁使用、存放液化石油气。

（二）安全疏散设计

疏散设计首先应考虑疏散时间，根据规定，疏散时间为 3 min；其次还要考虑安全疏散通道的宽度，疏散楼梯的数量、宽度和安全出口的数量、宽度等。

1. 安全出口数量

（1）地下建筑一般应不少于一到两个安全出口。若使用面积小于 50 m^2，且经常停留的人数少于 10 人，可设一个安全出口；

（2）划分有多个防火分区，每一个防火分区的安全出口数应不少于两个，若全部出口不能直通室外，必须保证有一个直通室外的安全出口，相邻防火分区间的防火墙门可作为第二个安全出口。

2. 应急照明设施和疏散指示标志

地下建筑应设置足够的应急照明设施和疏散指示标志。应急照明装置应设在墙的上部、顶棚上和出口上部，最低照度应不低于 5 lx；疏散指示标志应设在疏散通道、墙壁底部或地面上；沿疏散走道设置的灯光、疏散指示标志，距楼板底面距离应不多于 1 m，各疏散指示灯间距不宜多于 15 m，最低照度应不低于 0.5 lx。人员聚集较多的地下建筑应安装应急事故广播。

（三）防火和防烟分区消防设计

火焰、有毒烟气及高温是火灾危及生命的三大要素，为了防止火灾扩大和蔓延，地下建筑必须严格划分防火及防烟分区。

1. 防火分区

防火分区是控制建筑物火灾的基本单元，按功能可分为竖向防火分区和水平防火分区，其面积通常不宜大于 500 m^2。若设有自动喷淋系统和自动报警装置，每一个防火分区的最大允许建筑面积可扩大至 2000 m^2，使用不开设门、窗、洞口的防火墙分隔开。

2. 防烟分区

防烟分区是指用挡烟垂壁、挡烟梁、挡烟隔墙等限制烟气的空间区域。地下建筑应严格进行防排烟分隔，其主要要求有：

（1）单独的防烟区域应有相应的排烟与空调设备，每一个防烟分区的建筑面积应不超过 500 m^2（顶棚、顶板高度在 6 m 以上时例外），防烟分区不得跨越防火分区；

（2）房间净高度在 6 m 以下，顶棚突出不小于 0.5 m 的梁、隔墙、防烟垂壁可用来划分防烟分区；

（3）建筑功能要求高的开放空间，需使用防烟卷帘；

（4）地下通道设置防烟垂壁的间距要小于 40 m，高度在 0.5~0.8 m 之间，可使烟气流动受到多次阻碍；

（5）当地下或室内外高差大于 10 m 时，应设置防烟楼梯间；

（6）对于两层及以上的地下建筑，应设置封闭楼梯间，防烟楼梯间及其前室应设置独立的机械加压送风系统。

（四）地下建筑防排烟系统消防设计

1. 一般性要求

进行地下建筑防排烟设计时，应符合下列要求:（1）自然排烟方式。适用于空间面积小、结构简单的地下建筑，位于同一防排烟分区内的开窗面积和通风窗井的总流通截面积，应不小于防排烟分区地面面积的1/50；（2）机械排烟。总建筑面积大于200 m^2或一个房间建筑面积大于50 m^2，且经常有人停留或可燃物较多的地下、半地下建筑（室）要设置机械排烟系统;（3）丙、丁、戊类物品库宜采用密闭防烟措施。

2. 排烟风机风量计算要求

（1）地下汽车库排烟量按防烟分区内实际净高下容积的6次换气量计算;（2）一个单独防烟分区以排烟量不少于60 $m^3/m^2 \cdot h$计算，排风机排烟量应在7200 m^3/h以上;（3）有多个防烟分区、多个排烟口同时工作时，以最大防烟分区面积不少于120 $m^3/m^2 \cdot h$计算；消防补风量可按大于机械排烟量的50%设计。

（五）火灾自动报警系统设计

按照规定，地下建筑面积大于500 m^2应设置火灾自动报警系统，它可准确、及时地发出火灾警报，减少国家和人民群众的财产损失。在实际运用中，应在每一个区域安装自动灭火设备；要保证从一个防火分区内的任何位置到最邻近的一个手动火灾报警按钮的距离不大于30 m。

（六）消防给水设计

1）在最方便且显而易见的地点设置给水点，争取在最短的时间内控制火情，迅速扑灭；

2）安装自动喷水灭火系统。建筑面积大于500 m^2的地下建筑应设置自动喷水灭火系统，发生火灾时，自动报警系统和自动喷水灭火系统可以联动，以迅速控制火情和扑救，避免出现“轰燃”现象。

五、地下民用建筑消防安全管理

（一）加强消防安全管理，认真落实各项防火措施

由于地下建筑具有特殊性，发生火灾后不易扑救，主要依靠建筑自身的消防设施进行扑救。因此，地下建筑的使用单位和上级主管部门是消防工作的第一责任人，应认真贯彻“谁主管谁负责”的原则，组织建立健全各项安全规章制度，认真落实逐级防火责任制和岗位责任制。

（二）严格建筑防火管理

1. 严格执行防火分区划分

根据国家相关规定要求，认真划分防火分区单元面积。做好建筑物水平和竖向防火分隔。在分隔划分中考虑不同的适用功能和重点部位，确定独立的防火分区。

2. 确保安全疏散要求

安全疏散距离应指火灾时人员从室内最远点到安全出口或安全区域（避难走道等）的距离。由于火灾条件下，烟气、高温、轰然等因素影响，在此距离内人员不可能停留时间过长（地上一、二级建筑疏散允许时间一般采用 6 min，地下建筑疏散时间低于这个数字 50%）。而且在上述火灾情况下，人员疏散速度约为 0.3 m/s，加之室内货架柜台的摆放，建筑物品倒塌等因素影响，实质的疏散距离都不是直线距离，延长了疏散线路，增加了疏散距离，这在建筑设计中要认真考虑。

六、地下建筑水灭火设施的消防排水

由于地下建筑处于相对封闭的内部空间，空气流通效果差，与地面连接通道有限，这些不利因素使地下建筑的火灾危险性和扑救难度增大，对消防系统灭火设施的要求也越来越高。及时排出地下建筑水灭火设施的试验排水和火灾时的灭火排水对于保证消防安全具有重要意义。

（一）地下建筑消防排水的范围

地下建筑广泛使用的水灭火设施有消火栓和自动喷水灭火系统。地下建筑消防系统调试或火灾发生时，消防水设施产生的消防废水不能自流排出，如果大量的消防废水不能及时排出，会造成调试或灭火用水四处排放，对建筑内的设备和装修造成损坏，经济损失增大，甚至影响建筑结构安全。如果汇集于变配电用房和消防泵房，将会影响火灾时消防灭火设施的正常使用，引发次生灾害，因此地下建筑应设置排水设施。根据《消防给水及消火栓系统技术规范》和《自动喷水灭火系统设计规范》，消防排水主要包括消防测试排水和灭火排水，地下建筑设置消防排水设施的范围有：设有水灭火设施的地下室、消防电梯底部。

（二）消防排水水量的计算

1. 水灭火设施的试验排水量的计算

根据“水消规”，设有室内消火栓的建筑应设置试验消火栓，设在水力最不利且便于使用和排水处，主要目的是通过试验消火栓测试消防水枪的充实水柱高度是否满足设计要求。室内消火栓消防水枪喷嘴为 16 mm 时，消防测试排水量为 4.2 L/s，19 mm 时排水量为 5.7 L/s。试验消火栓可设置在生产生活排水设施附近，便于排水。用于排出试验消火栓用水的排水管不应小于 DN125。

根据“喷规”，为测试自喷系统供水流量和压力是否满足设计要求，保证自喷系统的报警阀、水力警铃、压力开关能够及时动作并反馈信号，需要对自喷系统定期测试。报警阀、试水阀和末端试水装置处应设置排水设施。方汝清等人认为报警阀的最大排水量发生在利用试水阀泄空系统管网中的水量时，报警阀测试排水量按 ≤5.0 L/s 设计。当报警阀组设置在消防泵房时可与泵房合用排水设施，当独立设置时，用于报警阀组排水的管径不宜小于

DN100。自喷管网试水阀和末端试水装置的排水应采取孔口出流的方式，排水管径不宜小于DN75。

为测试消防泵的工作状态，需要经常启动消防泵。根据“水消规”，消防泵出水口应安装DN65的试验放水阀或栓口，在消火泵测试时打开放水阀放水。赵锂等人提出试验排水可按5 min的消防泵运行流量考虑。因此消防泵的试验排水量可按泵房内最大一台消防泵的设计流量计算。

当消防水池建在室内时，水池进水管由于浮球阀失灵等原因导致水池溢流，需考虑水池的溢流排水。溢流水量与消防水池进水管的管径和流速有关，进水管的管径与水池容积有关，流速可按v=1.5 m/s设计。消防水池的定期清洗需要放空水池，水池底部需设置泄水管。泄水量按照1 h放空水池内500 mm水池深度计算，因此泄水量与消防水池底面积有关。

2. 水灭火设施的灭火排水量的计算

当地下室发生火灾时，消火栓和自喷系统的灭火用水应尽快排出。根据《人民防空工程设计防火规范》要求，设置消防给水的人防工程必须设置消防排水，消防排水量可按设计流量的80%计算。而非人防工程的地下室的消防排水量，规范并无明确要求。上海市工程建设规范《民用建筑水灭火系统设计规程》参照消防电梯的排水流量10 L/s提出，地下建筑其他消防排水泵的总流量也不宜小于10 L/s。考虑到消防灭火时，由于蒸发、被物体吸收、溢流等因素，消防用水不能全部积存在地下室，赵基兴等人认为消防排水量可按消火栓系统流量的50%加上自动喷水灭火系统流量的70%来考虑。蒋济元提出宜按开启两只消防水枪的流量10 L/s加上70%的自动喷水灭火系统流量来计算消防排水量。赵基兴、蒋济元均认为消防排水量与水灭火设施的给水量有关，在设计中更具有参考意义。因此地下室的消防灭火排水量不宜小于10 L/s，地下室发生火灾、灭火废水较多时，可通过消防队员自身携带的移动式排水泵排水。

（三）地下建筑的消防排水措施

消防测试排水和灭火排水均应迅速排出室外，消防排水可设置专用集水池及排水泵等设施，也可与其他生产生活废水汇集后集中排出。

1. 地下室的消防排水措施

地下室应在建筑的最低处设置多处废水池，水池内设置排水泵，消火栓和自喷系统使用时的灭火用水通过楼梯洞口等流至废水池。地下室灭火排水量应按不小于10 L/s计算，废水池的有效容积不宜小于排水泵5 min的出水量，且排水泵每小时启动不宜超过6次。排水泵应设置不间断的动力供应。

2. 消防电梯的消防排水措施

“水消规”强制要求消防电梯的底部应设置消防排水，且集水池不应设置在消防电梯基坑的下部，可就近在基坑旁设置。集水池需满足电梯日常排水和消防灭火时的排水要求。

消防电梯的排水量主要考虑的是，在灭火时，大多同时使用两支消防水枪，因此消防电梯排水的集水池有效容积不应小于 2 m^3，排水泵的流量不应小于 10 L/s，并应设置消防电源。

3. 消防泵房及消防水池的消防排水措施

消防泵房内的排水主要有消防泵的试验排水量、泵房内水灭火设施的灭火排水量，消防泵房与消防水池合建时还需考虑水池的溢流量及泄水量。消防泵房一般不设置自动喷水灭火设施，因此泵房内的最大灭火排水量可按 10 L/s 计算。当消防泵房与消防水池合建，消防泵的试验排水可接至水池循环利用时，泵房的排水量可按水灭火设施使用时的灭火排水量、水池溢流量、泄水量的最大值计算。当消防泵房与消防水池分建，消防泵的试验排水可接至水池循环利用、水池泄水不排入消防泵房时，泵房的排水量可按灭火排水量 10 L/s 计算。当不设消防水池时，消防泵房的排水量可按灭火排水量和消防泵的试验排水量的最大值计算。

地下建筑的消防泵房一般设置在地下一层或二层，根据消防泵房的建筑布局可分为位于主体上方的消防泵房和下方无空间的消防泵房，如商业综合体、地下车库消防泵房多设置于地下二层。由于地下建筑的消防泵房排水无法通过重力流出室外，需要在泵房内设置集水池或与其他污废水汇集后再集中到废水池排放。

当消防泵房设置在主体空间上方时，泵房内设置集水池对建筑平面和主体结构影响较大，因此不宜在位于主体上方的消防泵房内设置集水池，可通过在泵房内设置地漏或雨水斗，将废水排出泵房后再集中设置废水池及排水泵排水。为使泵房内废水及时排出不产生积水，地漏或雨水斗的设置规格和数量应根据泵房内最大消防排水量和排水设施的排水能力计算确定。

当消防泵房下方无主体空间时，应在泵房内设置集水池和排水泵，排水泵设置消防电源。排水泵的额定流量应不小于泵房最大消防排水量，且每小时启动次数不超过 6 次，集水池的有效容积不小于一台排水泵 5 min 的出水量。

七、案例分析——地下汽车库的火灾危险性及消防技术

随着社会的快速发展，人民生活水平也在随之不断提升，汽车整体数量也不断增长，为有效解决人们平时停车难的问题，同时缓解土地资源紧张的情况，诞生了地下汽车停车场。由于地下汽车库属于汽车集聚地，所以一定要对火灾的防范要求不断加强。

（一）地下汽车库火灾危险性

汽车主要燃料是汽油和柴油，而且这些燃料都具备易燃性。其中汽油是非常危险的一种易燃物，危险系数被归纳为甲类。当汽车油箱泄漏时，燃料气体会在相应时间内弥漫于整个空间，如汽车内因故出现火灾或在启动车时有打火现象，都易引燃空气中弥漫的气体，最终致使火灾或爆炸的发生，其破坏性非常严重。地下汽车库空间处于密封状态，如果有火灾事故，毒烟根本无法正常排出，这样便会使空间能见度变低，在此情况下对人员逃生、

施救都会产生影响。此外，因地下汽车库内各汽车停放非常密集，所以在有火灾出现的时候，可能会对火灾扑灭及防烟分区形成阻碍，这样不但会造成财产损失、人员伤亡，而且还会因车库爆炸导致上层建筑发生坍塌。所以如果地下汽车库存在较多火灾隐患，则火灾发生所造成的后果也会非常严重

（二）地下汽车库的消防技术

1. 排烟系统

首先，在《汽车库、修车库、停车场设计防火规范》中明确规定，除敞开式汽车库、建筑面积小于 1000 m^2 的地下一层汽车库和修车库外，汽车库、修车库应设置排烟系统，并应划分防烟分区。

其次，针对通风口少、占地面积大的一类地下汽车库来说，需安装适合的排烟系统。针对地下汽车库的防烟分区设置来说，分区面积不应超过 1000 m^2，而且在设计上也不应跨越防火分区。

最后，对占地面积大的一些地下汽车库来说，如自然进风系统数量有限，或是在防火分区内未设置同地下环境外相连的疏散通道，在这种没有自然进风的境况下，需结合相应标准在防烟分区增设合理的补风系统，而且还需保证补风量不宜小于排烟量的一半。

2. 消火栓

首先，为了保证地下汽车库消防设施的合理配置，提高车库消防效率，地下汽车库必须要配备适合数量的消火栓。而消火栓水源供体可由城市管网来提供，或是由消防水池供给。对于消火栓配置来说，还需配置水泵结合器，由此保证供水过程中水源的安全性和稳定性。

其次，地下汽车库中消火栓的设计一定要满足相应条件和标准，如任一位置都要满足 2 股充实水柱到达。而且还需达到分布易发现、使用易取的标准，以提升消防效率，保证人员及财产的安全。对于消火栓位置的选择，通常有两种：一种是设置在地下汽车库靠边处的墙上位置；另一种则是把其安放在地下汽车库柱条上。但是这两种布置方式都存在本身的不足，对于第一种设置方式来说，人员对消火栓的使用需先做好停车，这种方式不利于强化使用，在出现事故时，较易延误灭火的最佳时间。第二种设置方式对停车来说非常不方便，影响车辆正常的行驶及停车，严重的情况下，还会出现车体发生碰撞及刮花的情况。所以根据具体情况，消火栓通常设置在停车方向的柱体旁边，采用架体方式来给予支撑，把箱门开向无车位一侧比较适合。

3. 灭火器

首先是灭火器种类选择。在选择灭火器的时候，需综合思考，同时也要根据具体情况对火灾类型进行深入分析后选择。如汽车内装有大量汽油燃料，这种火灾就属于 B 类火灾，而汽车座椅及车内饰品则属于 A 类火灾。所以在灭火器种类选择上，需选择磷酸铵盐干粉式灭火器。

其次，相应数值的计算。在灭火器配置方面，还需结合相应规定及标准来进行计算后再确定灭火器的具体配置。

4. 自动灭火系统

（1）设置范围。根据《汽车库、修车库、停车场设计防火规范》规定，当地下汽车库停车数量大于 10 辆时，需设置自动喷水灭火系统；当地下汽车库停车数量大于 300 辆或总建筑面积大于 10000 m^2 的 I 类汽车库时，宜设置泡沫－水喷淋系统，其中对于泡沫灭火系统倍数要求可使用高倍数标准。

（2）小规模地下汽车库灭火系统的设置。小规模地下汽车库对于设置自动灭火系统的要求较低，可采用湿式自动喷水灭火系统、干式自动喷水灭火系统或预作用自动喷水灭火系统，在环境温度低于 4 ℃的非严寒或寒冷地区，应首先保证防冻的前提下，选用湿式自动喷水灭火系统。

（3）泡沫－水喷淋系统设置。泡沫－水喷淋系统就是在自动喷水灭火系统前提下，增加泡沫液体供给。所以，泡沫喷淋系统能够同时喷出水源和泡沫。在地下汽车库火灾事故当中，泡沫－水喷淋系统是先喷泡沫之后再喷水。在发生火灾时，火灾自动报警装置会及时运行进入工作状态，这时水泵便开始进行供水操作。水源流进后，管道内泡沫也同时会释放出来，之后通过调和阀装置，可避免泡沫流进管网中，之后通过相应比例混合装置，把泡沫和水源进行融合，从而调配成泡沫溶液而进行喷洒。对于燃油类的物品来说，只有喷洒完泡沫以后才能够进行喷水处理。

（三）地下汽车库消防设计的注意要点

1. 有利于人员和汽车疏散

地下车库的防火设计，首先应该遵循人员和车辆疏散要求，每个分区的消防人员和汽车安全出口应不少于两个，目前，很多地下车库出入口只有一个员工值班，甚至一些防火分区共用一个网关，一些地下车库没有设立专门的人员疏散，疏散人员完全依赖于地面建筑疏散楼梯，人为增大了疏散距离，因此，对于这类地下车库消防状况要增设疏散口。

2. 要加强自动消防设施的维护与保养

地下车库消防系统包括自动报警系统和自动喷水灭火系统，喷淋系统，补风，排烟系统等所有消防设备都应在正常时期加强维修和维护，如果缺乏定期维护可以减少自动消防系统的敏感性，在火灾的情况下很难保证工作时间，除地下车库的应急照明设施外，还应加强日常管理和检查，确保其完整性，以在发生火灾时能充分发挥其功能。

八、商用地下建筑消防监督管理

（一）商用地下建筑分析

1. 商用地下建筑特点

（1）人员流动性大。人员集中及流动性大是商用地下建筑的显著特征，且商用地下建筑的消费者来源复杂，表现出盲目性、方向性不足、综合素养良莠不齐等特点，在遇到火灾等突发事件时，易恐慌、混乱。相关统计数据表明，我国城市的商用地下建筑每天接待消费者高达 20 万人，客流量较大，建筑内滞留人口较多。一旦发生火灾，人员疏散难度较大，易引发较大人员伤亡。

（2）易燃、可燃物多。在商用地下建筑中，商家经营的商品以易燃物和可燃物为主，如服装、食品、电器等。另外，部分商用地下建筑的商家经营酒精、杀虫剂、摩丝等商品，这类物品内含有易燃易爆气体或液体，存在较大的火灾危险性。相关统计资料显示，部分商用地下建筑的火灾载荷密度为 100 ~ 300 kg/m^2，约为地面建筑的 3 倍。而且商用地下建筑的空气不流通，一旦发生火灾，燃烧时间最高可持续 18 h，危险性较高。

（3）电气线路复杂。商用地下建筑的自然光照条件较差，对照明系统的需求较大。同时，部分商家为提高美观性，烘托气氛，吸引更多消费者，会在店铺四周设置多彩的荧光灯具；部分经营电器的商家会设置多个插座，用于展示电视或为消费者测试商品提供便利。可见，商用地下建筑的电气系统较为复杂，一旦出现火灾，会出现停电或爆炸等事故，增加建筑危险性。

（4）内部纵深大。部分城市的商用地下建筑相互连通，内部纵深较大，增加了建筑布局的复杂性，易使消费者在建筑内部迷失方向，不利于消费者的及时疏散。尤其是环型地下商城，这类商用地下建筑的走道宽度较小，安全出口少，弯折位置多，易使消费者失去方向感，而且设计人员大都将通道和出口设计为单向型，一旦出现火灾，易将消费者困于建筑内。

2. 商用地下建筑火灾危害

基于商用地下建筑的上述特征，建筑火灾的危害较大，会造成严重的人员伤亡，引发较大的经济损失。细化来说，商用地下建筑的火灾危害体现在以下三个方面：

（1）难以控制。在商用地下建筑中，人员逃生自救及火灾扑救工作受多种因素影响，导致火灾难以控制。①在出现火灾后，商用地下建筑内的烟气及火灾方向，与建筑内人员的疏散方向一致，在大型火灾事故中，火势蔓延和烟气扩散速度远高于建筑内人员疏散速度，影响建筑内人员的逃生自救；②商用地下建筑的结构复杂，烟气难以排出，阴燃区域较大，消防人员的火场侦查、火灾扑救及人员救助难度较大；③商用地下建筑的通信条件较差，消防人员的通信受影响，不利于指挥调度工作的高效开展；④和地上建筑相比，商用地下建筑在出现火灾后，热量难以消散，消防人员为了降低建筑内部温度，会增加火灾扑救的射水量，不仅会加大水资源损失，还会影响建筑内部的人员搜救工作。

（2）烟气浓。商用地下建筑的可燃物及易燃物种类复杂，发生火灾时，会产生不完全燃烧物，形成大量烟气，且烟气中含有有毒气体。尤其是环形地下商城，基于单向型结构设计，烟气难以排除，聚集在建筑内部，产生窒息性烟雾，损害建筑内人员的身体健康，影响建筑内人员的正常疏散。

（3）易复燃。在商用地下建筑中，阴燃火势相对隐蔽，极易出现复燃现象。由于商用地下建筑相对密闭，在内部形成稳定的空气环境，且与外部空气的流通较慢，棉毛纤维织物或纸张等物质燃烧后，会进入由强变弱的过程，最终出现阴燃现象；再加上商用地下建筑的烟雾浓厚，难以引起扑救人员的注意，一旦阴燃区域的外部空气流通加大，棉毛纤维织物或纸张会立即复燃，扩大火灾的覆盖范围，加大扑救难度，甚至对扑救人员造成伤害。

（二）商用地下建筑消防监督管理工作建议

1. 制定完善的消防监督制度

为保障商用地下建筑消防监督管理工作的有效推进，管理者需遵循《机关、团体、企业、事业单位消防安全管理规定》，构建专门消防小组，由商用地下建筑的法人代表或主要负责人作为小组领导，各个职能部门的负责人为小组成员，共同开展消防监督管理工作，实现相关工作的上下联动、协调配合。以某商用地下建筑为例，管理者结合《消防安全管理规定》的内容，制定完善的消防人员管理制度及责任制度，引导商场工作人员开展消防监督管理工作。

在人员管理制度方面，由于该商用地下建筑面积超过 10000 m^2，管理者设立专职消防队，负责建筑的消防监督管理工作，规范建筑设计及消防隐患排查工作。对于低于 10000 m^2 的商用地下建筑，管理者无须设置专职消防队，仅设置消防管理人员即可。

在责任制度方面，管理者制定逐级岗位防火安全责任制，结合商用地下建筑的岗位设置，将防火安全责任落实到具体工作人员中，制定其禁烟制度及电气安全管理制度，避免香烟或电气问题引发火灾，从根本上保障建筑安全。

2. 优化消防安全管理工作

消防监督管理工作需渗透于商业地下建筑的各方面，开展消防知识宣传及火灾演练工作，深化建筑工作人员对消防安全的重视，并做好消防安全检查工作，及时发现商用地下建筑存在的安全隐患，提高消防监督管理的全面性，保障建筑内人员及财产的安全。

（1）在消防知识宣传中，管理者需结合建筑人员特点，开展针对性宣传教育工作，提高消防知识宣传的有效性。以某商用地下建筑为例，管理者在商场的进出口及厕所等位置设置宣传栏，用于展示该建筑的逃生路线图及火灾逃生方法，提高消费者的火灾自救能力；对于商场的工作人员，管理者定期开展消防教育，并举办消防知识竞赛，提高工作人员的安全意识，在出现火灾时，保障自身及消费者的人身安全。

（2）在火灾防护演练中，管理者需遵循《消防安全管理规定》的要求，结合商用地下建筑的特点，制定火灾应急预案，并组织商场人员进行火灾防护演练。在出现火灾时，商场工作人员可及时报警，并根据安全疏散方案，带领消费者及时疏散，减少火灾造成的人员伤亡及经济损失。

（3）在消防安全检查中，管理者需遵循《消防安全管理规定》的内容，构建完善的消防安全检查制度，明确消防安全检查的内容，及时发现消防隐患。以某商用地下建筑为例，其消防安全检查工作内容如下：建筑设计中的防火分区是否有效落实；商用地下建筑是否存在拆、改、扩等行为，破坏建筑的消防功能；建筑设计中的消防设施是否按照规范运行，是否存在遮挡、损坏或挪用等现象；建筑的疏散通道或安全出口能否正常运行，是否存在堵塞或关闭现象；商用地下建筑的商家是否存在违规用电现象等。

3. 做好疏散通道设计工作

在商用地下建筑消防监督管理中，合理的消防设计是预防火灾的关键，管理者需从建筑设计角度入手，规范消防监督管理工作，做好安全疏散通道设计，为火灾时建筑内人员的逃生自救提供便利。细化来说，商用地下建筑疏散通道设计需注重以下两项参数的合理设计。

（1）宽度的合理设计。消防安全疏散通道的宽度关系到建筑人员逃生自救的效果，设计人员需结合商用地下建筑的人流量及防火分区参数，计算最佳的疏散通道宽度，保障建筑安全。通常来说，如果商用地下建筑的外部通道和内部高度差低于 10 m，则参照每百人 0.75 m 的宽度指标，设计安全疏散通道的宽度；反之，则参照每百人 1 m 的宽度指标。同时，对于商用地下建筑来说，安全出口的宽度不可大于楼梯的宽度。

（2）出口间距的合理设计。在以往的建筑安全疏散通道设计中，设计者大都将其设计为垂直方向，但由于商用地下建筑为水平布局，设计者需将安全疏散通道设计为水平方向，利用台阶引导建筑人员进入下沉广场，再沿着通道进入商用地下建筑，这一流程的反方向，即为安全出口的设计方向。同时，设计者需根据商用地下建筑的人流量及易燃可燃物状况，设计安全出口的间距，要求每个防火分区至少配置两个安全出口。需要注意的是，在距安全出口 1.4 m 的位置上，不可设置踏步，避免建筑人员逃生自救时出现踩踏事件。

4. 设置防烟区及防火区

在商用地下建筑的设计中，防烟区及防火区的设置，可显著提升建筑的安全性，减少火灾造成的人员伤亡及经济损失。就防火区而言，设计人员需通过防火墙完成分区，防火区的面积由商用地下建筑的面积及建筑人流量决定，但不可大于 500 m^2。同时，为确保防火区功能的有效发挥，管理者需做好商用地下建筑装修管理工作，避免建筑装修破坏防火分区，提高火灾发生的概率。同时，设计者需在商用地下建筑引入先进技术，设计烟气报警系统、自动灭火装置，及时发现建筑内存在的火灾隐患，实现火灾的有效防控。

在商用地下建筑设计中，防烟区是指在防火区内设置隔墙或防烟垂壁，避免火灾引起的烟雾在建筑内扩散，不仅可控制火势，还可避免建筑内人员受烟气影响。在防烟区设计中，设计人员需结合商用地下建筑的具体布局，设计防烟区的面积，配置排烟系统。为提高商用地下建筑的排烟效果，设计人员需确保防烟分区的面积及排烟系统参数保持一致。

另外，设计人员在开展商用地下建筑消防设计时，需结合消防设计内容，进行消防标志的设计，为建筑内人员疏散提供指示，并设置应急照明灯，提高商用地下建筑的消防监督水平。

总之，地下建筑常与不同功能的建筑连成一体，形成地上、地下、地面立体交叉的空间组织形式。在消防安全设计上，要充分结合各种功能不同的建筑特点，根据人流量和空间特点，设计符合实际需求的防火和疏散设施，积极研究、创新建筑防火设计，开发更为先进的消防设施产品，借鉴先进的技术和方法，做好火灾预防和救援工作。

第三节　古建筑的消防

近年来，各地纷纷申请文化遗产和大力发展旅游业，社会各界对古文化、古迹、古建筑的关注日渐提升。而古建筑是古代建筑的简称，一般是指始建时间较长远的存在于地面上的各个历史时期的建筑物或者构筑物，建筑形式有陵墓、衙署、宫殿、街道、园囿、庵堂、佛塔、楼台、坛庙、民居、寺观、亭阁、城池以及堤坝、桥梁等。古建筑是一个国家文明的重要标志，是重要的历史文化遗产，是中华民族文明发展的历史见证，为研究历史和科学提供了实证，它具有重要的文化价值、精神价值和实用价值，同时也有着不可再生性。因为我国古建筑多以木材为主要材料，耐火等级低，因此预防火灾，是保护古建筑的首要前提。

一、古建筑消防安全特性

（一）古建筑地理位置、环境因素特性分析

古建筑是历史遗留建筑，其建筑位置受当时的建筑理念影响，一般位置较为偏僻、远离市区，如大多数的庙宇建在崇山峻岭之间，道路崎岖且位置分散，例如山西省的五台山建筑群。也有少数古建筑虽处于市区中心，但是不排除周边被民用、商用建筑包围，如山西的崇善寺与周边建筑间距狭小，若有火情，不易消防扑救。可见，扑救火灾及时与否，受到周边环境因素的制约。

从地理位置、环境因素角度分析，对古建筑的消防安全与火灾防护，应根据其所处地理位置和环境因素特性，就具体建筑采取与之相适应的消防安全方案及消防技术。

（二）古建筑主体材料、布局筑构特性分析

古建筑所用建筑材料多为石、砖、木等，我国古建筑的木质材料平均用量高达 1 m^3/m^2，还有的是纯木材料，如山西应县佛宫寺释迦塔等。以山西为例，列为国家级保护单位的古建筑 119 个，其中木及砖木材料的建筑就有 93 个。木质材料的耐火性能较差，存在较大的火灾隐患。

在构筑方面，大屋顶在中国古建筑中尤为典型，屋顶要占到建筑整个立面的 33%，而且大屋顶是由梁、檩条、椽条、斗拱、望板、挂瓦条等一系列木构件组成。木构技术一方面显示了古建筑的精湛技艺，而另一方面，无疑如同构筑了一个巨大的篝火架，如遇火灾，火势极难控制。如 2003 年，武当山古建筑遇真宫遇火灾，3 间正殿和 2 间厢房瞬间遭到毁灭性破坏，损失无法估量。

古建筑在布局上也有其特点，往往是单体建筑孤零独立，而群体建筑外部设计多采用四周围合，内部设计则突出主建筑，附属屋舍两边对称，院院相连，形成封闭性的格局。一旦遇有火情，若失去及时控制的机会，则会发生火烧连营的情况。

因此，有针对性地研究古建筑的主体材料和布局筑构的特性，是古建筑消防安全区别于其他建筑消防安全的重要内容。

（三）古建筑时空背景、保护开发特性分析

古建筑由于建筑时间较长，其材料已经不同程度地老化，结构发生改变，较现代建筑而言，火灾的破坏性会非常大。

古建筑历经岁月变迁，时过物存，当时的功用多数已经发生了变化，如北京故宫当时是皇帝处理国事的地点及生活处所，而今则是日均接纳上万游客的游览景点。再如山西的乔家大院、王家大院等，过去是富户人家的生活居所，现在则是民居博物馆及旅游去处。古建筑在时空变化背景下，其用途、功能也在改变。且不论古建筑在始建之初，就未能做到防火的长久大计，即使能做到，也难以适应如今社会快速发展的要求。

因此，对于古建筑的保护与开发，要在修旧如旧、保持原貌的原则下，根据其功能转移的实际，应融入现代科技，将新型材料、技术用于古建筑的保护。根据古建筑的承载能力，做到量力、适度，避免过度开发。尤其是在开发过程中对于消防安全技术的采用，既要满足当下的现实需要，更要符合具体古建筑的特殊品性。

二、古建筑火灾危害的分析

古建筑不仅材料的抗火能力差，群体组合也降低了其抗火能力，尤其是群体古建筑，防火分区设计理念淡薄，即使有，一般也十分简单，防火间隔设置或者没有，或者效果差。这样的建筑格局因其布局上的封闭性、屋舍间的连体性、建筑材料的易燃性以及构架叠加的助燃性，导致火灾发生时的速燃性、轰然性，往往是顷刻之间荡然无存，火灾的危害程度极大。一般情况下，发现火情的有效控制时间仅为 15 min，错过这段宝贵的时间，后果不堪设想。目前，古建筑的消防设施与装备普遍匮乏，新技术的使用参差不齐，尤其是位置偏远的建筑群落，尚无法保证充分的消防用水及道路畅通，预警信息管理滞后，在扑救方案措施和救灾反应速度等方面，还存在着很大的技术提升空间。

三、木构古建筑安全隐患危险性分析

（一）消防安全防护意识薄弱

从以往古建筑火灾事件中可发现，大部分火灾事件是因为管理人员消防安全意识薄弱，缺少火灾隐患与危险性认识导致的。消防意识缺乏最直接的表现是人们不熟悉灭火器使用方法及逃生、紧急疏散指示。总体来看，还因为古建筑内部分工作人员专业水平不足，且建筑内灭火设施不足，安全保护指数较低。

（二）古建筑消防技术不够完善

由于木构古建筑历史悠久，建造过程中不可能考虑到当代消防设备，所以，古建筑消防保护无法照搬现代消防技术规定。古建筑检验过程同样缺少可供借鉴的案例和参考依据，对于如何配备消防设施尤其是先进的消防体系更是缺少明文规定。这些历史局限性导致部分古建筑消防工作较为形式化，不能真正起到保护作用。

（三）古建筑整改中缺少消防设计

现阶段，一些单位在对古建筑进行修复和整改的过程中并未考虑消防安全保护，而紧急通道、自动消防设备、水源等均未达到规定要求。如相关部门在修缮陕西省华阴市西岳庙时，仅进行了外部的修缮，而未考虑消防车道、自动报警装置等消防安全保护的配备。

四、消防技术保护体系应用

（一）消防技术理念要求

1. 低碳环保

在发生火灾后，产生一些有毒、有害气体会与四周环境进行能量、质量转换，继而使环境受到损害。因此，在预防火灾时，若预防方式选择不当则会产生得不偿失的后果。如卤代聚合物尽管有一定的阻燃性，但在高热量条件下会散发浓烟和有毒气体，卤化氢与水接触后就会形成酸性物质。因此，在消防技术体系构建中也要注重环保理念的融入。

2. 属性化

属性化防火规划是构建火灾安全工程学条件下的新型消防技术形式。利用火灾安全工程学理论，结合古建筑风格和功能、易燃物等信息，进行火灾危险性综合分析。如此，便能够相对科学合理地规划消防技术保护，将古建筑消防安全防护落到实处。

（二）古建筑中消防技术的融入

1. 合理规划消防安全布局

注重古建筑群开发与使用保护要求，禁止违规使用，消除危险源。此外，做好周边环境防控，不能仅依赖于发生火情时的应急预案。在一些旅游景区做好区域功能划分，避免某一区域人员过于集中，增加火灾危险性。

2. 完善消防通道设计

（1）科学合理利用古建筑群外的道路。若其外部开阔地面积较大，那么对消防通道的设计应尽可能利用这一优势，降低对内部交通的依附。

（2）在通道架设上，应结合不同类型消防车辆的规格，诸如大小、转弯半径等，设置足够面积的消防通道。在地理环境较为复杂的古建筑中，也可巧妙通过高差作为最佳救援优势，尽可能地组织消防回路。

（3）做好人员紧急疏散线路设计。一旦发生火灾，工作人员应按紧急疏散线路的指示引领被困者尽快逃生，防止惊慌失措的群众与逆行救援的消防官兵出现路线冲突，进而影响救援，甚至酿成悲剧。

消防水源的设置与消防通道设置同等重要。结合古建筑坐落位置科学布设消防水源将为实地救援节省大量宝贵时间，为生命留下更多出口。若某建筑临近景观池塘、喷泉或河流，则可以利用该天然优势，设置消防取水区域。一些人迹罕至的偏远古建筑区也可利用低地、盆地或洼地地貌蓄积雨水，储藏地下水以备不时之需。

在城镇区域的古建筑中，市政供水管网、室外消火栓系统就可为消防应急提供水源，这种方式相对于另外两种有其显著优势。

（1）管网铺设于地下，不会占用地面面积，对维护古建筑外貌具有重要作用。

（2）人们能够利用消火栓及气态灭火设备进行火势控制，防止由于设置消防车道而影响古建筑空间特点的设计弊端。

3. 建立完善的消防安全监控系统

针对面积较大的古建筑可设置消防安全控制中心，并和各建筑相关联形成救援网。若某一区域出现紧急情况，则能够自动向控制中心发出信号，继而及时实施救援，将损失降到最低。

此外，也可以利用 GIS 系统进行消防安全保护，其中，数据信息是系统构建的关键，它包含了古建筑的基础状态信息、周边环境、消防保护状况、管理状态等。通过 GIS 系统可建构相关消防基础设施，同时还要进行消防公共设施分布状态和容量对比，所得数据将为古建筑群消防公共设施空间设计提供宝贵的参考依据。

（三）消防技术在古建筑单体保护中的运用

1. 阻燃技术在建筑保护中具有重要作用。在古建筑材料中展开阻燃技术处理可在一定程度上提升建筑材料的耐火性，控制火势蔓延。在古建筑的梁、柱等木质材料中涂刷防火材料，能使木质材料的建筑更不易发生火灾，降低火势蔓延速率。此外，在古建筑整修过程中，也要注重非燃材料与阻燃材料的使用，可将木质材料浸泡在磷酸铵、硼酸等溶剂中进行阻燃处理。

2. 报警技术应被引入古建筑单体保护体系中。该技术是以燃烧的物理现象为依据，全面掌控火灾状态，并将其转为电信号迅速做出反应，展开处理。在融合了神经生物学、数字信号处理等多种先进科技的报警系统中，精确的激光散射测量与烟粒子计数使人们能及时发现火情并在第一时间出警救援。这也意味着现代科技与古建筑消防保护间得到了完美融合，消防技术手段逐步发展上升到了一个新的高度。

3. 防雷击保护是必要且有效的消防措施。通常情况下，防侧击雷主要保护较高的古建筑，架设时应与建筑物间隔 6 m，在其周围放置圈式防雷均压带。同时，让均压带与建筑物周围的金属物及地面稳定连接，而防止球状闪电的最佳保护方式为安装与地面相连的金属屏蔽网。此外，一些古建筑物中安装有防盗报警、广播音响等弱电系统，针对这些设备的防火保护就是进行屏蔽、接地等电位连接，防止雷击电磁脉冲。

4. 灭火技术及设施。古建筑文物一般既不耐火也不耐水，尤其是在高温情况下骤然冷却，必然会严重毁坏。因此，在灭火技术及设施的选用上一定要正确处理好灭火与保护古建筑与文物的关系，在灭火的同时积极有效地保护古建筑与珍贵文物。此外，设备的使用不能破坏古建筑的风貌。古建筑的消防设施应当优先选用小型轻便的灭火器。它具有体积小、机动性强、经济性好的特点，最关键的是符合可逆性的原则，不会严重影响古建筑的空间特色。古建筑中灭火器的配置应当根据古建筑场所的危险等级及具体情况，合理选择手提式、推车式或背包式水型、泡沫、磷酸铵盐干粉及二氧化碳型等灭火器。设置灭火器时还要注意应当间距合理，位置明显，便于取用，且不会影响安全疏散。

五、我国古建筑消防法规与技术规范发展现状

2017 年 12 月 10 日四川省绵竹市九龙镇九龙寺发生火灾，造成九龙寺大雄宝殿、祖师殿、毗卢佛塔烧毁，过火面积 800 余平方米，寺内亚洲第一高木塔烧毁，造成不可估量的经济与文化损失。

近年来古建筑火灾时有发生，造成了极大损失与社会影响。我国各级政府及消防单位把古建筑消防作为了工作重点。

（一）近年中国古建筑火灾情况及特点

根据公安部消防局和国务院国家文物局公布的火灾统计数字，2012 ~ 2017 年，我国发生古建筑火灾 198 起，其中电气火灾占 30.81%（61 起），其他原因火灾占 25.76%（51 起），用火不慎占 13.64%（27 起）。

1. 火灾荷载大，火灾风险高。我国古建筑多以木结构为主，岁月侵蚀，古建筑木结构含水量降低，发生开裂，燃烧速度很快。古建筑中使用大量字画、木质家具和帷幔等易燃物为装饰，可燃物多。我国现行建筑防火标准要求建筑中火灾荷载不得超过 20 kg/m^2（即每平方米木材使用量小于 0.03 m^3）。古建筑内每平方米木材用量可达 1 m^3，为现行标准的 30 倍。

2. 火场热量集中，发烟量大。我国古建筑多为木结构或砖木结构建筑。其中墙体只做分隔，无承重作用，密封性差；屋顶为瓦片，重量大，防水隔热性好，透气性差。火灾时氧气补给充分，烟气与热量积聚于屋顶。火灾过程中，古建筑屋顶最先烧毁垮落。火灾过程烟气量大。相关实验显示，1 kg 木材燃烧可产生 20 m^3 烟雾，火灾时烟气量巨大。古建筑内无机械防排烟系统，火场内烟气极易积聚，能见度大幅度降低，阻碍人员疏散，有毒烟气致使火场内人员中毒窒息。

3. 地缘环境差，缺少防火间隔。古建筑通常地处老城区或景区，火灾扑救与日常消防管理困难。一些古建筑地处老城区，道路拥挤，供电与消防设施老化，火灾时消防力量无法深入救援；许多寺庙塔阁地处山区，交通不便，缺少消防水源与工具，基础设施不足。

我国古建筑多为建筑群落，通常采用“廊院”或“四合院”形式，建筑间缺少防火分隔，火灾时，火势快速蔓延。

4. 消防管理混乱，人因火灾占主导。我国古建筑消防管理混乱，火灾隐患严重。部分古建筑内电气安装不规范；消防安全管理松懈，责任不落实、制度执行不力。一些文物保护工程施工现场消防安全措施不足，易燃可燃物任意堆放；一些文物单位消防器材短缺，长期得不到保养维护，发生老化、过期、无效；个别古建筑消防站无人值守。古建筑火灾60% 以上为人为因素造成，违章使用电器，用火不慎和游客违规用火为主要原因。

（二）我国古建筑消防相关法规发展现状

我国古建筑消防工作主要由国家文物局与公安部消防局联合主管，地方文物行政部门监管，文物保护单位执行。现行古建筑消防相关法律体系以《消防法》为主导《文物保护法》为辅，地方性消防与文物保护相关法规、行政规章为补充，是各种规范标准相结合的体系。

我国古建筑消防法规体系从建立到发展可分为三个阶段：

（1）第一阶段：法规缺失阶段（1949—1984 年）。我国古建筑消防工作在 1949~1984 年未得到足够重视，无法律对古建筑防消防进行规定。此期间古建筑火灾频发，消防工作处于无法可依，管理混乱状态，一大批珍贵的历史文物遭到损毁。

（2）第二阶段：起步阶段（1984—2008 年）。1984 年文化部与公安部联合颁布了我国第一部古建筑消防安全管理专项法规《古建筑消防管理规则》。古建筑消防工作得到了一定重视，相关部门陆续颁布古建筑消防法规。但古建筑消防工作发展缓慢，法律体系不完善，消防责任难于落实，火灾事故时有发生。

（3）第三阶段：快速发展阶段（2008 年至今）。2008 年 2 月 24 日，国家文物局发布《关于加强文物消防工作的紧急通知》，我国古建筑消防工作进入快速发展阶段。2008 年至今共颁布古建筑消防法规与技术规范 6 部，并开展“文物消防安全百项工程”活动。此阶段古建筑消防工作成效显著，古建筑火灾数量与损失均有所下降。

1. 古建筑消防安全相关法规

我国主要负责古建筑消防工作的单位为原公安部消防局、文化部与文物保护局。建筑消防安全法律没有设立专项法律，《中华人民共和国消防法》中未对古建筑消防进行具体规定。迄今为止，我国共颁布古建筑相关法规文件 11 部。古建筑相关法律主要以 1984 年由文化部与公安部联合颁布实施的《古建筑消防管理规则》为基础，其中对古建筑消防责任，防火和灭火工作内容进行了规定。古建筑消防安全检查监督工作以 2002 年由公安部颁布的第 61 号令《机关、团体、企业、事业单位消防安全管理规定》为依据，古建筑单位需结合本单位的特点，建立健全各项消防安全制度和保障消防安全的操作规程。2008 年国家文物局发布的《关于加强文物消防工作的紧急通知》强调了“西区古建筑火灾事故教训，落实古建筑消防安全责任，确保文物安全，消除火灾隐患”的重要性。同年我国国务院颁布了第一部古建筑群落的消防管理文件《历史文化名城名镇名村保护条例》，其中对我国古建筑群落保护和消防技术要求进行规定。随着人们对古建筑火灾安全意识的不断提高，2011 年国家文物局发布《关于发布 < 文物消防安全检查规程（试行）> 的通知》，其中对古建筑消防检查的具体内容和形式进行了详细的规定，确立了三级联查制度。文物行政部门组织落实定期检查、重点抽查和专项督查。2014 年起我国古建筑消防法规出现飞速发展。国家文物局开展“文物消防安全百项工程”活动，全国范围内 100 处古城、古镇、古村落和古建筑群集中进行文物消防设施建设，增强其火灾防范能力，有效遏制古建筑火灾事故的发生。2015 年国家文物局发布我国第一部古建筑防火设计规范与文物建筑消防安全管理规定，明确了古建筑消防安全责任主体是古建筑的产权人、管理者和使用人。2017 年国家文物局与公安部消防局联合颁布了我国首部针对古建筑电气防火的技术规范。我国古建筑相关消防法律体系逐步完善，由规定笼统，无法可依向着精细化、专业化的方向快速发展。

2. 古建筑消防相关技术规范

目前我国古建筑的消防设施安装技术标准主要参照由住建部与质量监督检验检疫总局联合修订并颁布的《建筑设计防火规范》。自 2015 年起我国国家文物局陆续颁布了 4 部试用古建筑消防设计与管理相关规范。其中《文物建筑防火设计导则（试行）》是我国古建筑防火设计总纲，对古建筑防火设计进行了详细的说明;《文物建筑电气防火导则（试行）》是古建筑防火设计的专项技术规范。其中对古建筑电气火灾风险评估及风险等级确定方法、电气火灾隐患整改、电气火灾监控系统设置、电气火灾防控管理及日常检查等内容进行了详细说明;《文物建筑开放导则（试行）》对古建筑经消防改造后的需达到的防火性能和消防管理水平进行了详细说明;《古建筑修缮工程施工规程（征求意见稿）》对古建筑修缮施工应符合的安全技术要求和对修缮人员的消防培训内容与工作进行了严格要求。2011 年由国家文物局颁布的《文物消防安全检查规程（试行）》是我国古建筑消防安全检查机制和内容的总纲，其中要求古建筑单位必须建立三级联动的消防安全检查机制。我国古建筑消防相关技术规范陆续完善，在技术上为古建筑消防工作提供了保障。

（三）我国古建筑消防法规与技术规范存在的问题

1. 制度单一，灵活性差。我国古建筑种类繁多，所面临的消防安全问题各不相同。目前我国古建筑消防法律与技术规范内容相对单一，管理机制相对保守，对于某些特殊古建筑的消防管理收效甚微。相比我国，美国《古建筑消防规范》NFPA914 采用性能化评估方法，依据古建筑自身特点对预先设定的火灾场景进行检测和评估。采用性能化设计与评估方法能够有效提高古建筑消防安全工作效果。

2. 发展滞后，内容不完善。近年来，我国古建筑消防法规与技术规范体系有了飞速发展，针对性地解决了古建筑火灾中的突出问题。但由于起步较晚，存在问题较多，古建筑消防法规与技术规范存在许多空白，滞后于实际需求。法规方面，古建筑火灾责任追究与灾后复建尚缺乏相关规定；技术方面，古建筑消防技术规范仅 4 部，需要进一步完善。

3. 体系封闭，社会参与不足。目前我国古建筑消防管理的主要部门为国家文物局与公安部消防局，管理机制相对封闭，科研机构、专业消防企业与社会民众参与度低，发展缓慢。古建筑消防管理涉及包括公安消防、旅游、文物、民族宗教等部门和地区管理委员会协同工作。因此，古建筑消防工作中引入社会力量，进行有效的第三方评估和消防业务服务，有利于我国古建筑消防工作快速进步。

总之，古建筑的火灾保护任重而道远。在古建筑屋顶设置防雷措施，选择合适的防火材料，在古建筑内部合理的地方设置警报装置和喷水灭火装置，以及完善消防设施，最重要的是，人们自身需要有足够的消防意识，这样才能更好地保护我们的古建筑。

第八章　建筑安防工程

第一节　建筑安防工程概述

在现代社会经济高速发展的背景下，安全防范（安防）工程技术在建筑智能化系统中得到了良好的应用。目前，安防系统存在着技术水平低、安装规范性差、后期维护不足以及施工标准不统一的问题，因此要想提高建筑智能化系统中安防工程技术的应用效果，相关部门及人员就需要结合建筑工程的具体状况，对安防工程系统进行科学合理的设计规划，使安防系统技术的作用能够得到充分发挥。

一、安防系统的概念

安防系统主要是用来保护居民财产安全以及生命安全的技术防范系统，随着时代的变化与发展，科学技术也在不断更新换代，而安防系统也进行了更新，其所涉及的因素越来越多。一般情况下，建筑智能化系统应用的安防工程技术主要有电子计算机技术、现代信息技术以及现代物理技术等。如果系统中出现了安全隐患，那么就会即刻触动报警系统，信息技术监控体系也会随之启动，要对安全隐患的产生过程详细记录，目前的主要方式有音频、视频等。当系统触发时，会及时与安防系统连接，对值班工作人员发出警示，以便其采取相应的防范措施或直接启动应急预案

二、安防工程技术的设置原则

在设置安防工程技术时一定要严格遵循以下原则，以保证充分满足建筑智能化工程的需求。第一，安全性原则。安防工程应当充分满足国家所制定的安全准则，保证安防系统可以严密保障群众的生命以及财产安全。第二，经济性原则。对已存在的资源予以充分合理利用，以达到节省人力物力的目的。

三、建筑智能化系统中安防工程技术的具体应用

1. 控制功能。控制功能主要有两种方式，即识别控制和图像控制系统。前者主要是门

禁控制，通过IC卡来对人员的进出予以限制，只有手持特殊识别卡片的人员方可进入其中，如此可以将安全等级有效提升。而图像控制系统则是行为控制和图像切换时对安防系统控制功能的具体应用。

2. 探测警报功能。①鉴定图形。建筑智能化系统中一旦出现了安全事故，警报器就会被实时触发，安防技术也能在面对该突发状况时，及时准确地对安全事故发生的楼层、位置进行判断，从而对其实施相应的救援。②监控违纪违法行为。如果安防人员已经充分感知到会发生危急情况，那么可以将读卡器中的序列密码予以读取并通知系统内部的工作人员，使其能够立即采取防护策略。③探测内部防卫。主要是通过电子元件中具备较高敏感度的设备，比如传感器，应用较为广泛的传感器有双鉴移动探测器、声音探测器以及被动红外探测器等，通过这些传感器可以进一步优化安防工程技术在建筑智能化系统中的应用效果。

3. 自动化辅助功能。现阶段，该功能已被应用到建筑智能化系统中，其使用范围广泛且应用效果较好，其中应用最多的是内部人员之间进行交流沟通等。

4. 图像监控功能。该功能在日常生活中比较常见，譬如摄像头等监控设备。目前该设备在居民建筑、私人建筑、商场等多种大型建筑中都得到了广泛的应用。监控设备可以对家中某个区域的情况予以监控，而且还可以自动储存一定的时间，倘若家中发生了盗窃，可直接使用监控设备中的回放功能，从而为案件的处理提供帮助。

还有一种级别更高、更先进的设备是在门禁系统中应用图像识别体系，其是对人体的生物凭证和其他特性予以识别分析，从而确定人物的具体身份。该功能可有效预防财产被偷窃以及人身意外事故等。另一种是通过视频录像予以监控，当前被大力应用的主要是通过模拟数字进行录制，并透过多个屏幕进行观察，可对控制主机予以切换或者是通过其他类别的摄像机监控系统录制的内部与外部全部情况的视频影像。其还能够做到远距离监控，建筑房屋的主人能够利用移动设备在其他城市对自已住处进行远程查看，同时还能够对其进行远程操控。比如在远程查看的过程中，发现灯、窗户忘记关闭了，那么可以远程将其关闭，这些功能令现代化建筑变得更加温暖，更加人性化，也大大提升了居住群众的生活质量。除此之外，安全性也得到了有效加强，监控系统在出现突发状况时也能够发挥警示作用，比如有人入室抢劫或者是发生了火灾等事故时，监控系统可对其进行识别，并与救援人员联系。

总而言之，安防系统是建筑智能化的核心，也是未来建筑智能化发展的主要方向，在建筑智能化系统中应用安防工程技术顺应了新时代的发展潮流，也满足了社会发展的全新需求。未来安防系统将向规范性、全面性、技术性方向发展，且简化安防数据处理过程、提高数据的处理效率。同时，安防系统应该对内部设备、零件进行定期维护，及时更新相应的线路。另外，安防系统的施工应该具有科学性、规范性，在管理上应重视安防系统的应用，提高建筑的安全性、智能性，使其与智能建筑完美融合。

第二节 视频监控

科学技术的飞速发展和进步使建筑系统的工程和功能呈现出快速变化的趋势，建筑安全受到越来越多的关注。在建设项目中，建筑工程安全监控体系不仅能确保建筑安全，而且在建设过程中起着非常重要的作用。安全系统主要由计算机技术、网络技术和远程监控技术组成；用于维护社会公共安全的信息系统，包括入侵报警系统，视频监控系统等，它还指由上述系统组成的网络安全系统。在建设项目中，安全系统包括五类系统，如电子巡更系统、门禁系统、入侵报警系统、停车场管理系统和视频监控系统。由此可见，安防监控系统对建筑工程的意义和作用是巨大的。

当今社会必须建立对重要公共建筑敏感和可靠的安全监控系统，随着总体建筑变得越来越智能化，建筑的概念已经从最初满足住宅功能的简单使用发展到需要关注人性，建设项目的安全系统已成为建筑不可或缺的一部分。

一、智能化视频安防监控系统基本要求

1. 对于主要的监控对象，能进行探测画面再现、图像监控，并做好备份记录；对于重要的部分，和设施设备特殊的位置，能实现长时间录像，并且做好视频报警装置的设置。

2. 针对系统画面的显示方面，要能够进行编程、手动与自动可相互切换，同时在画面实现摄像机的编号、地址以及时间等相关信息的显示。

3. 自成网络，可独立运行，也可与入侵报警系统、门禁一卡通系统、停车场管理系统等几个系统形成整体的联动。当发生警报时，能够对现场的图像和声音进行自动化的复制，也能够对现场的图像进行自动切换，将其切换到指定的监控器上进行显示，并且自动录像。

二、智能化视频安防监控系统的构建

（一）视频监控的功能需求

视频监控系统的部署模式主要有：专网平台和公网平台。

1. 专网平台。系统所需的通信链路、网络设备、监控设备及其他配套设施均由用户投资，用户拥有全部产权，后期系统维护也由用户负责。

2. 公网平台。视频监控系统具备广泛的市场空间，国内运营商为迎合市场需求也提供了基于公网平台的网络视频监控业务，该业务是基于宽带网络的远程视频监控、传输、存储、管理的新型应用增值业务，如电信的“全球眼”、网通的“宽世界”增值业务，而这一业务正是运营商将视频监控业务与其自身具备的良好线路资源、深厚的技术资源进行整合，以租赁形式提供给客户，由运营商提供所有设备的安装、维护，客户获得相应资源的

使用权或部分设备的产权，因而客户能在较短时间内快速部署完成需要的监控系统。主要就是利用无处不在的宽带网络将独立以及分散的图像采集点来进行统一的联网，实现需求范围内的统一监控、跨区域、统一管理、统一存储以及资源共享，为我们当中的各个行业的管理人员共同提供了一种扩大听觉以及视觉范围的管理工具，可以整体提升工作的绩效。而且还可以通过二次应用的不断开发，为各个行业的资源再次利用提供专业的技术手段。

（二）多线程技术的应用

视频监控系统中，因为参与监控的用户量过大，为了对用户的请求做出及时响应，服务器终端要依靠多个线程来对数据包进行及时的接收、发送及处理。因此，如何对多线程进行合理的管理成为提高服务器性能的关键所在。

（三）监控系统的人机界面

在人机交互的过程中，操作员作为运营的管理方，它承担的工作量就会相应地减少。而机器作为基本的设备，它承担的工作量需要尽量地加大。在最大的限度中充分利用机器的同时，还要充分地发挥工程人员的积极性，充分发挥人的主导作用并进行有效的人机结合，这样就可以更好地保证系统的可靠性。画面可以有数字、文字、符号、线条等多种表现形式，它的作用在于表现各种运行的设备的动态以及静态的信息。目前的国内集成商基本上都是需要根据施工图来进行各子系统的深化设计，并完全根据设计方案开发相关的系统功能，系统工艺很难完全依据施工图来体现，主要是从已运营的项目上来分析，所以就需要集成商通过自身对子系统工艺理解和实施经验，如果仅仅只是保留能够辅助操作员进行事件分析的部分，那么就需要对设计蓝图来进行功能性的优化以及筛选。

三、视频安防系统应用

出入口控制系统控制车辆和人员进出社区，确保社区居民的财产安全，提高社区管理质量。在设置系统时，应有效协调读卡器和开关按钮等组件的位置，以方便操作。选择相关设备时，应结合设计要求，注意设备的性能参数和电缆、电压等的具体要求，合理布线，避免重复工作；线路预留电子锁时，应考虑锁具的具体位置，有效协调防火安全门和室内装饰，确保施工合理；电视监控系统，主要使用监控器和摄像头及相关辅助设备获取现场信息。值班人员可以实现对社区各个区域的实时在线监控，及时发现问题和隐患，之后也可以容易地查询存储在其中的图像和音频和视频信息；防盗报警系统通常安装在社区重要区域的墙壁上，周围区域由红外警报探测器监控；电子巡更系统也可以是离线巡逻系统，其具有相对简单的结构并且不需要考虑线路，但需要对应于入侵防御系统的警报按钮的位置，是人员巡逻的一个非常关键的组成部分；楼宇对讲系统，该系统在社区安全中起着非常重要的作用，可在宾客访问时用于双向电话和可视电话，实现居民与访问人员之间的相互沟通，确认其身份的真实性，如果访客是犯罪分子，居民可以直接向社区安全中心发送警报信息。

四、视频安防监控系统施工管理

视频安全系统的构建包括隐蔽的构造和安全设备构造，安全系统建设中隐藏的工作主要是埋地管道的建设。为了保证施工质量，在施工过程中，必须严格按照设计和施工图纸进行地沟开挖和管道埋设。确保沟槽开挖的深度、高度、方向等符合设计要求，所用管道符合相关施工标准。安装管道时，必须进行施工控制，以避免接头暴露或线路变形等质量问题，保护环放置在喷嘴位置，以避免电缆在管道中随意移动。如果要将管道铺设在墙内，就必须充分考虑墙体的美观性和坚固性。将管道布置在非承重墙中，同时最小化管道距离并避免管道频繁弯曲。此外，还需要对管道进行接地施工和搭接施工，并控制墙体与管道之间的净距离大于 15 mm。安全系统的管道应尽可能与其他管道一起放在天花板上，并应对管道进行处理，以避免杂乱和交叉现象，确保施工质量。

其次进行安全设备的安装和施工，在此之前必须先进行全面检查，以确保设备处于正常工作状态，然后，根据设备的特点和功能，合理选择安装位置。如摄像机应该放置在相对开阔区域，并且易于管理和维护，以确保安全系统的正常功能。

安全系统的施工管理验收涉及多个行业，其内容也非常复杂。了解施工的关键点和难点，协调各行业之间的工作。同时，在施工过程中，应经常检查施工图纸，找出问题并减少返工。施工结束后，要做好项目验收，控制工程施工质量，确保安全系统的可靠性和实用性。一旦发现设备在验收过程中出现质量问题或性能问题，有必要及时分析和处理，以尽可能消除安全系统中的质量危险。

总之，随着人们安全意识的逐步提高，建筑弱电安全系统不再是过去传统的监控视频系统。安全系统在建设弱电项目中的应用，可以有效提高建筑物的自动化水平，确保施工安全。工程设计和施工人员，必须充分注意安全系统设备的选择、测试和安装，以促进中国建筑业的可持续健康发展。

第三节　门禁考勤

门禁系统是智能建筑安防系统的重要组成部分，通常是指采用现代电子与信息技术，在出入口对人或物这两类目标的进、出，进行放行、拒绝、记录和报警等操作的控制系统。门禁系统主要包括身份识别单元、处理控制单元、执行单元与管理系统单元四大部分。

在当前的智能楼宇安防建设中，各系统独立建设、分散管理的模式逐步被智能楼宇集成安防管理系统融合接入、集中管理的模式所取代，传统单纯的门禁已经沦为非主流。门禁系统实现了与视频监控、考勤、消防、访客、梯控、停车场、巡更等系统的无缝融合，成为整个集成安防系统的一个功能模块，而身份识别单元、处理控制单元、执行单元也成为整个智能楼宇安防系统的感知与输出控制的一部分，根据需求分别应用其他安防子系统或其他业务系统。另外，在应对不同的场景需求时，门禁系统自身的形态也在发生着变化。

一、可视化门禁管理

目前大多数门禁产品采用非接触式智能卡的方式进行身份识别，智能卡自身的漏洞、卡片遗失、卡片冒用等问题都会降低门禁系统的整体安全性。在集成安防管理系统中，视频监控子系统与门禁子系统实现联动，使上述问题得到很好的解决。

正常情况下只要有刷卡行为，系统将自动抓拍现场图像，抓拍图像与系统数据库中的人像可实现自动对比与留存，当刷卡人与所持卡片信息不符时，将实时产生告警信息通知安保人员，同时启动录像存储，及时记录人员进出的信息，为每一道门禁的进出记录留下实时的图像与视频资料。

当门禁发生非正常打开或遭到破坏时，门禁报警信息将通过网络自动上报至集成安防管理系统，集成安防管理系统将位于或临近于事件发生地点的摄像机、云台调整到预设的预置点位置，将现场视频图像信息及时显示在安保中心大屏或特定的监视器上，安保人员可第一时间准确掌握现场情况。

二、在线巡更应用

安防子系统融合之后，门禁子系统中的任意一个读卡器均可作为巡更子系统的一个巡更点，这样做一方面可复用前端设备，减少投资，另一方面可实现在线式巡更应用。其特点如下：

充分利用现有门禁设备：巡更人员直接在门禁点的读卡器上刷卡进行巡更。正常的巡更刷卡，不会将门打开，只会在刷卡时，产生一个巡更刷卡记录。巡视员成功或不成功地执行巡更任务均会产生详尽的巡更记录。

在线监控：电子地图让管理人员实时掌握巡更人员的巡更情况，如巡更人员当前所在的位置，哪些巡更点已经巡查，下一站巡更位置是什么，以及相应的巡更时间。如果在规定的时间内没有到达巡更点，系统会给出报警提示。

保障巡更人员安全：一旦巡更人员没有按指定的时间到达巡更点，系统将报警提示，安保中心管理人员可以马上通过对讲机与巡更人员联络，了解巡更人员的目前状况，防止意外情况发生。

三、与消防系统的联动

在人流量比较密集的场所，在出现火警、恐怖袭击等紧急情况下人员疏散比较困难，尤其这些场所安装了门禁系统后，这个问题就表现得尤为明显，平时安全保障的“门神”，此时就成为人们逃生的重大障碍。因此，门禁系统必须具备消防火灾联动功能。

门禁系统与消防报警系统有两种联动方式，一种是硬联动，即：门禁系统的报警输入模块接收消防报警主机输出的干接点报警信号，此种方式功能相对简单。另一种是系统级的软联动，即：集成安防管理系统与消防报警系统通过网络通信方式实行联动。当火灾发生时，集成安防管理系统能够在监控中心及时显示该区的分区图及报警位置，按照预设程序指令来定义疏散线路，根据火灾发生的地理位置，自动将紧急疏散门打开或将防火隔离门关闭。

四、与电梯控制系统的联动

门禁控制单元通过梯控模块与电梯机房内的电梯控制器对接，也可以采用与轿厢内楼层控制面板线路相连的方式实现对电梯的控制功能。门禁系统与电梯联动控制主要实现以下功能：可以实现用户刷卡使用电梯、用户刷卡后电梯到达楼宇指定楼层，从而减少电梯误操作和空转，有效减少损耗，减轻电梯维修负担，节省维修费用。在紧急情况发生时，如火灾报警时，梯控系统将实现工作状态的自动转换，电梯在收到消防信号后将不再受电梯控制系统的控制，而由电梯本身或者消防系统切入控制，以便于人员的及时疏散和撤离。

五、与其他系统的联动

在智能建筑集成安防系统中，门禁系统还可以与很多系统联动，实现多种应用。可与灯光/空调控制系统实现联动，实现场景环境控制功能。当持卡人读卡进入的同时，可以自动打开预先设定的灯光照明和空调系统；还可与报警系统进行联动，可以通过卡片刷卡的方式进行布撤防管理，以卡号验证作为布撤防手段方便报警系统的布撤防。

六、与可视对讲的硬件集成

在有些智能建筑场景应用中，门禁系统的身份识别及开门方式与传统方式有所不同，如在住宅小区中，访客需要与业主进行可视对讲确认身份之后，由业主在室内实现远程开门。在实际应用中，门禁控制功能直接硬件集成于可视对讲的门口主机，实现视频、对讲、门禁控制一体化。

七、车行出入口管控

目前，视频智能分析技术逐渐应用于门禁系统身份识别单元，大大提升了身份识别的效率与用户的体验。其中车行出入口的车牌识别就是一个典型的应用案例。

在非接触式 IC 卡的停车场管理系统中，车主在出入停车场或园区时，经车辆检测器检测到车辆后，将 IC 卡在出入口控制机的读卡区掠过，读卡器读卡并判断卡的有效性。

对于有效的IC卡，自动道闸的闸杆升起放行并将相应的数据存入数据库中。若为无效的IC卡或进出场的车辆，则不给予放行。对临时停车的车主，在车辆检测器检测到车辆后，按入口控制机上的按键取出一张IC卡，并完成读卡放行。在出场时，车主将临时卡交给保安读卡并缴纳停车费用，无异常情况时道闸升起放行。非接触式IC卡的车辆出入口进出效率较低，用户体验性差。

随着车牌识别技术的引入，可实现免取卡、不停车进出。用户的车辆在经过出入口，出入口摄像机自动抓拍车辆的车牌，识别之后与系统内部预置的合法车牌信息进行比对，比对成功则自动道闸的闸杆升起放行并将相应的车辆进出数据存入数据库中。若为无效车牌的车辆，则不给予放行。整个过程无须人工参与，用户体验大幅提升。

总体来说，门禁系统在智能建筑领域的应用变化，一方面体现在门禁系统与其他系统之间的联动与复用，另一方面体现在新技术的引入与需求场景的变化促使着门禁系统自身形态的改变。但无论如何，门禁系统的本质将始终以准确的身份识别技术为基础实现通道或区域的访问控制，在保证安全性的同时，不断地提升用户的使用体验。

第四节　防盗报警

随着电子科技的发展，单片机在电子防盗系统中的应用越来越广泛，不仅可以使用到单一的住宅建筑设计中，对于大面积的智能建筑系统也发挥了重要的作用。

一、防盗探测器电路设计

防盗探测器的具体工作原理为只有同时检测到红外线和微波探测两种信号经过与非门处理后达到单片机，报警系统才会发出警报。根据红外探测对温度反应比较敏感和微波探测只针对活动目标的特性，新一代的双鉴探测器集合了两种探测的优势，更实用有效，降低误报率。

（一）热释电红外线探测器的设计

热释电红外传感器可以接收到人体辐射出的特定波长的红外线信号，通过处理单元的分析可以判定出人体活动的频率、距离、方向等信号，但是恒定不变的红外线信号并不能认为是人或其他物体入侵。活动物体的移动频率越快，转化出来的电信号越强烈，比较适用于防盗系统的设计。当人体进入警戒区，人体自身的温度会引起周围环境温度发生变化，菲涅尔透镜能协助捕捉人体的辐射信号变化，处理单元部分电路对接收到的信号进行分析。

热释电红外线探测器的电路组成有红外传感信号处理器、热释电红外探头以及一些外围的电子元件等，当热释电红外探头检测到人体的温度变化，经过红外传感信号处理器产生一个点频信号发送到运算放大器，经过放大处理的信号再输送给二级信号放大器，同时抬高电流电压的输入值，经过双向分析对比红外线探测数值，通过处理单元检测出有效的触发信号来启动延迟时间定策器。

（二）微波探测器的设计

微波探测器主要针对的是空间范围的探测，对于探测空间的温度要求不高，没有光源和热源的要求，主要探测对象为一些活动的物体。主要工作原理为在一个特定的检测范围发射一种微波段，如果该空间有其他活动的物品侵入就会发生微波段的反射，发射源和反射波段之间存在差值引发防盗报警系统的启动。一般这种频率的变化和移动物体的速度以及探测器探测过程中的角度变化有关。

微波探测器主要使用的元件有单电源通用四运算放大器、环形天线、微波振荡管以及其他一些电子器件。当有人在微波场范围内活动时，反射回微波探测器的信号其振荡频率和幅度就会有所改变，一旦检测电路判定改变的信号幅值超过设定范围，探测器就会发出报警信号。

二、防盗报警系统硬件设计

防盗报警系统主要由信号采集端、数据处理显示、报警输出三部分组成。这里主要从硬件组成和电路分析两部分入手，简单分析一下防盗报警系统的硬件设计原理和内部构造。

（一）报警器主机

报警器的主机主要由单片机构成，单片机其实是一台微型的电子计算机，融合了中央处理器、随机存储存取器、只读存储器、定时计数器以及一些电路电阻等元件。随着集成电路的飞速发展，单片机的运算速度有很大的提高，目前主要有使用 32 位和 64 位的单片机。根据不同建筑防盗系统的需要，可以选取不同的单片机使用，本文主要选取 8 位单片机做简单的研究。

（二）防盗报警输出系统

防盗报警输出系统的硬件设备主要是时钟电路系统，即通俗意义上我们熟知的触发报警启动的音频报警电路系统。

报警输出电路系统主要由单片机构成，单片机内部有一个可以构成高增益反相放大器，放大器有输入端和输出端两个端口，发生报警输出的时钟可由内部和外部两种电路方式产生，按照电路连接的端口位置不同就会产生不同的报警模式。

通常电路设计中有两个外端接口 L1 和 L2，属于反相放大器的输入和输出端口。这个外接端口可以使用反向振荡器，振荡器有石晶震荡和陶瓷震荡两种。如果在设备中采用外部时钟源的震荡方式，那么通常 L2 的端口不接。一般时钟发生器都存在 6 个工作状态周期，每一个状态周期又存在两个振荡周期，因此推算出每一个时钟发生器有 12 个震荡周期。如果外接的石英振荡器额振荡频率为 12 Hz，那么一个振荡周期就为十二分之一。

时钟发生器可以根据频率把单片机内时钟划分为两个时间段的频率，自然也形成两个时钟。一个时钟的报警输出为缓冲信号，给检测到的报警装置留有缓冲的时间，可以降低报警误报率。只有经过第二次时间段的频率缓冲产生的时钟报警才会触动音频报警系统。

近几年来，犯罪分子的高科技犯罪手段更加复杂化、智能化，单纯的依靠人防来保卫社区或者建筑物的安全已经无法满足要求。各种智能建筑物的复杂性和功能的多样性，也对楼层的安全防范提出了更高的要求。随着网络技术和信息技术的发展，数字化、集成化的智能建筑发展必然导致防盗报警系统技术的转变，只有不断提高防盗报警系统的设计才能跟上时代的潮流，才能更有效保证人们的生命和财产安全。

结 语

随着城市化进程的加快，人们对生活的要求逐渐提高，建筑行业的发展速度也越来越快，我国建筑水平也稳步提升。进入 21 世纪以来，我国的建筑工程无论是结构还是规模都发生了翻天覆地的变化，智能化建筑无论在数量还是质量上都提升了一个档次。随着建筑水平的提升，自动化电气设备逐渐增多，建筑物一旦发生火灾，灾情蔓延的速度会加快，造成难以估量的损失。为了消除建筑物的火灾隐患，必须保证建筑消防系统的稳定运行，提升建筑物应对火灾的水平。在推进城市化进程，提升建筑物智能化水平的同时，也要保证建筑物的质量，除此之外，我们还要努力地提高建筑物消防系统的水平，保证人民生命财产的安全，任何一个细节都要做到极致，避免疏忽大意导致的严重后果。

参考文献

[1] 曾虹，殷勇 . 建筑工程安全管理 [M]. 重庆：重庆大学出版社，2017.

[2] 曾昭兵 . 建筑工程安全与节能环保 [M]. 重庆：重庆大学出版社，2017.

[3] 杜峰，杨凤丽，陈升 . 建筑工程经济与消防管理 [M]. 天津：天津科学技术出版社，2020.

[4] 何以申 . 建筑消防给水和自喷灭火系统应用技术分析 [M]. 上海：同济大学出版社，2019.

[5] 胡戈，王贵宝，杨晶 . 建筑工程安全管理 [M]. 北京：北京理工大学出版社，2017.

[6] 胡林芳，郭福雁 . 建筑消防工程设计 [M]. 哈尔滨：哈尔滨工程大学出版社，2017.

[7] 季俊贤 . 消防安全与信息化文集 [M]. 上海：上海科学技术出版社，2021.

[8] 郎禄平 . 建筑自动消防工程 [M]. 北京：中国建材工业出版社，2006.

[9] 李联友 . 建筑设备施工技术 [M]. 武汉：华中科技大学出版社，2020.

[10] 李念慈，张明灿，万月明 . 建筑消防工程技术 [M]. 北京：中国建材工业出版社，2006.

[11] 李天荣等 . 建筑消防设备工程 [M]. 重庆：重庆大学出版社，2002.

[12] 李孝斌，刘志云 . 建筑消防工程 [M]. 北京：冶金工业出版社，2015.

[13] 李亚峰，马学文，余海静等 . 建筑消防工程 [M]. 北京：机械工业出版社，2013.

[14] 梅胜，周鸿，何芳 . 建筑给排水及消防工程系统 [M]. 北京：机械工业出版社，2021.

[15] 石敬炜，郭树林，佟芳 . 建筑工程消防速成 [M]. 哈尔滨：哈尔滨工业大学出版社，2013.

[16] 孙景芝 . 建筑电气消防工程 [M]. 北京：电子工业出版社，2010.

[17] 王学谦等 . 建筑工程消防设计审核与验收 [M]. 北京：中国人民公安大学出版社，2013.

[18] 巫英士，朱红梅，王仪萍 . 建筑工程质量管理与检测 [M]. 北京：北京理工大学出版社，2017.

[19] 伍培，李仕友 . 建筑给排水与消防工程 [M]. 武汉：华中科技大学出版社，2017.

[20] 谢水波，袁玉梅 . 建筑给水排水与消防工程 [M]. 长沙：湖南大学出版社，2003.

[21] 徐志嫱，李梅，孙小虎 . 建筑消防工程（第二版）[M]. 北京：中国建筑工业出版社，

2018.

[22] 许光毅 . 建筑消防工程预（结）算 [M]. 重庆：重庆大学出版社，2020.

[23] 许佳华 . 建筑消防工程设计实用手册 [M]. 武汉：华中科技大学出版社，2016.

[24] 闫宁 . 建筑消防安全工程实务 [M]. 北京：中国劳动社会保障出版社，2014.

[25] 杨树峰 . 建筑工程质量与安全管理 [M]. 北京：北京理工大学出版社，2018.

[26] 姚亚锋，张蓓 . 建筑工程项目管理 [M]. 北京：北京理工大学出版社，2020.

[27] 尤朝阳 . 建筑安装工程造价 [M]. 南京：东南大学出版社，2018.

[28] 周义德，吴杲 . 建筑防火消防工程 [M]. 郑州：黄河水利出版社，2004.